Ian Graham

50 Schiffe, die unsere Welt veränderten

Haupt
NATUR

Ian Graham ist Physiker und seit mehr als 30 Jahren als Journalist in der Wissenschaftsvermittlung an das breite Publikum tätig. 2012 gewann er gemeinsam mit anderen den Royal Society Young People's Book Prize; 2014 stand er auf der Short List für den Educational Writers' Award.

Der Haupt Verlag wird vom Bundesamt für Kultur mit einem Strukturbeitrag für die Jahre 2016–2020 unterstützt.

Die englische Originalausgabe erschien 2016 unter dem Titel *Fifty Ships that Changed the Course of History.*

Konzept, Gestaltung und Produktion:
Quid Publishing, an imprint of the Quarto Group
6 Blundell Street
London N7 9BH
United Kingdom

Gestaltung: Lindsey Johns

Aus dem Englischen übersetzt von Ulrike Kirsch, D-München
Lektorat und Korrektorat der deutschsprachigen Ausgabe: Uta Koßmagk, D-Wiesbaden
Satz der deutschsprachigen Ausgabe: Die Werkstatt Medien-Produktion GmbH, D-Göttingen
Diese Publikation ist in der Deutschen Nationalbibliografie verzeichnet.
Mehr Informationen dazu finden Sie unter http://dnb.dnb.de

ISBN: 978-3-258-08085-7

Swiss Climate CO_2neutral Transport

MIX
Papier aus verantwortungsvollen Quellen
FSC www.fsc.org FSC® C101537

Printed in China

Um lange Transportwege zu vermeiden, hätten wir dieses Buch gerne in Europa gedruckt. Bei Lizenzausgaben wie diesem Buch entscheidet jedoch der Originalverlag über den Druckort. Der Haupt Verlag kompensiert mit einem freiwilligen Beitrag zum Klimaschutz die durch den Transport verursachten CO_2-Emissionen und verwendet nachhaltiges FSC®-Papier.

Ian Graham

50 Schiffe, die unsere Welt veränderten

Übersetzt von Ulrike Kirsch

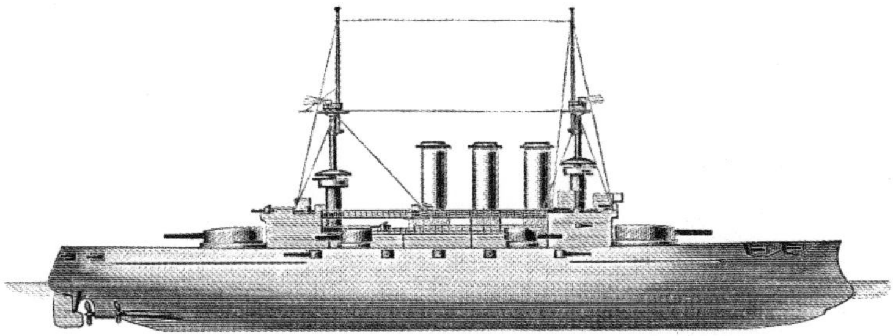

Haupt Verlag

Inhalt

DIE *HMS* Victory, *siehe Seite 54*

DIE Clermont (North River Steamboat), *siehe Seite 64*

Einleitung

Niemand weiß, warum und wann unsere Vorfahren sich das erste Mal von Land aufs Wasser wagten. Vielleicht waren es Jäger auf der Jagd nach Essbarem oder Händler, die ihre Ware feilboten. Vielleicht auch Krieger auf Eroberungszügen oder wissbegierige Forschungsreisende, die das andere Ufer eines Stroms oder das Land hinter dem Meereshorizont erkunden wollten. Im Laufe der Zeit wurden primitive Wassergefährte weiterentwickelt zu größeren seetüchtigen Schiffen. Schiffe und die Art ihrer Nutzung haben seit jeher unsere Geschichte, Kultur und Zivilisation beeinflusst.

In Ägypten wurden 2550 v. Chr. große, seetüchtige Wassergefährte gebaut, die man durchaus als Schiffe bezeichnen kann. Eines der ältesten aus der Antike fand man in Ägypten in den 1950er-Jahren. Es war ein 4500 Jahre altes Begräbnisboot, das man für den Pharao Cheops gebaute hatte. Diese frühen ägyptischen Boote wurden mit Rudern oder Paddeln bewegt. Auch die ersten nur durch Segel angetriebenen Boote, die Daus, stammen von Ägypten. Die seit Jahrtausenden nahezu unveränderten Boote kann man dort auch heute noch sehen.

Nach den einfachen Anfängen in Ägypten und andernorts lernten nachfolgende Generationen, immer größere Schiffe zu bauen. Im Laufe der Zeit wurden unterschiedliche Schiffstypen für unterschiedliche Aufgaben entwickelt. Während dickbäuchige Schiffe Handelszwecken dienten, wurden schlanke, schnelle Schiffe zur Kriegsführung eingesetzt. Rudergaleeren waren die ersten Kriegsschiffe, die, lange nachdem Frachtschiffe bereits unter Segel fuhren, weiterhin durch Ruderkraft angetrieben wurden. Bevor man sich auf Distanz mit Schiffsgeschützen bekämpfte, musste man erst nah genug an die feindlichen Boote herankommen, um sie rammen oder entern zu können. Kriegsruderboote waren sehr viel wendiger als Segelboote und konnten gezielt beschleunigen. Trieren oder Triremen, die drei Ruderreihen besaßen, waren mehr als tausend Jahre lang die erfolgreichsten Kriegsschiffe im Mittelmeer. Weiter im Norden entwickelten die Wikinger schlanke, elegante Schiffe, mit denen sie Überfälle an Küsten und Flüssen verübten. In Fernost gab es die markante Dschunke, die sowohl für Handelszwecke als auch für kriegerische Absichten auf See zum Einsatz kam.

> Ich muss wieder zur See, zur einsamen See und dem Himmel, und alles, worum ich bitte, ist ein grosses Schiff und ein Stern, nach dem ich navigieren kann.
> **John Masefield, «Sea Fever»**

Als Schiffe Ozeane zu überqueren vermochten, machten sich Entdecker auf, um neues Land zu erkunden, ihr Glück in anderen Ländern zu suchen oder schließlich, um den Erdball zu umrunden und Inseln und Küsten zu vermessen. Mit der Entstehung von Überseekolonien und -imperien gerieten die großen Seemächte in Konflikte miteinander und mit Piraten und so wurden größere Kriegsschiffe mit mächtigeren Waffen gebaut. Als man Explosivgeschosse erfand, baute man Schiffe nicht mehr aus Holz, sondern aus Eisen und später aus Stahl. Mitunter fanden herausragende Schiffe aufgrund von Konstruktionsfehlern, extremen Wetterbedingungen oder Unfällen ein vorzeitiges Ende, wie etwa die *Vasa*, *Mary Rose* oder die *Titanic*.

Krieg, Handel, Wissenschaft und Freizeit

Die Kriegskolosse erreichten mit den großen Schlachtschiffen des Ersten Weltkriegs und Schiffen wie *Bismarck*, *Yamato* und *Missouri* aus dem Zweiten Weltkrieg ihren Höhepunkt. Unterdessen entwickelten sich Handelsschiffe in zwei Richtungen. Während manche Frachtschiffe größer und größer wurden, tauschten Klipper wie die *Cutty Sark* Frachtraum gegen Schnelligkeit. Als Flugzeuge den Schnelltransport übernahmen, wurden noch größere Frachtschiffe gebaut, bis hin zu gigantischen Supertankern und Containerschiffen. Die zunehmende Verfrachtung per Container, möglich durch Vorreiter wie die *Ideal X*, veränderte den globalen Frachttransport. Und zu Beginn des 20. Jahrhunderts lösten Ingenieure und Erfinder endlich das Problem der Fortbewegung unter Wasser und bauten die ersten praxistauglichen U-Boote, wodurch sich die Kriegsführung auf See für immer veränderte.

Die Wissbegierde, mehr über die Ozeane zu erfahren, führte zu Forschungsexpeditionen. Dafür nutzte man in der Regel umgebaute Kriegsschiffe, wie etwa die *Beagle* oder die *Challenger*.

Als im kommerziellen Bereich Dampfmaschinen den Segelantrieb verdrängten, gewann das Freizeit- und Sportsegeln zunehmend an Beliebtheit.

Weil Flugzeuge auch in Kriegsgebieten eingesetzt werden sollen, in denen es keine Landepisten gibt, wurden immer größere Flugzeugträger entwickelt, bis hin zu den gigantischen 100 000-Tonnern der *Nimitz*-Klasse, die von den ebenfalls riesigen Schiffen der *«Gerald R. Ford»*-Klasse abgelöst wurden. Aufgrund des Nuklearantriebs besitzen diese Schiffe einen praktisch unbegrenzten Operationsradius.

Als der Dampfantrieb transatlantische Reisen nach Fahrplan ermöglichte, baute man größere, schnellere und luxuriösere Passagierschiffe, wie etwa die *Normandie*, die auf der lukrativen Route zwischen Europa und den Vereinigten Staaten verkehrten und um das Blaue Band für die schnellste Atlantiküberquerung wetteiferten.

In einer Welt, in der Rohstoffe und Waren in gigantischen Mengen vom Anbieter zum Verbraucher geliefert werden, sind Schiffe ein integraler Bestandteil unseres täglichen Lebens, unserer Lebensmittelversorgung und unserer Sicherheit. Die Gründe, warum wir zur See fahren, sind die gleichen wie vor Tausenden von Jahren, als die ersten Boote in See stachen: Fischfang, Warenhandel, Krieg und Forschung.

LINKS: *Die Skizze zeigt die* Princeton *(1851), das erste Kriegsschiff der US Navy mit Dampfantrieb und Propeller. Es war das zweite US-Kriegsschiff namens* Princeton.

UNTEN: *Die* Mayflower II *ist ein Nachbau in Originalgröße der berühmten* Mayflower, *die die Pilgerväter 1620 in die Neue Welt brachte.*

Die Sonnenbarke von Pharao Cheops

Die altägyptische Zivilisation begann vor rund 5000 Jahren an den Ufern des Nils. Der Fluss und die Küstengewässer waren zum Transport von Menschen und Handelsgütern lebensnotwendig, ebenso zum Fischen und zur Kommunikation. Bald entwickelten die Ägypter kleine Flussboote, dann größere seetüchtige Schiffe für den Handel mit den Hafenstädten des Mittelmeers. Lange hatte man geglaubt, dass aus dieser Zeit keine größeren Schiffe erhalten waren, bis 1954 ein Archäologe einen außergewöhnlichen Fund machte.

TYP: Sonnenbarke

ERBAUT: Altes Reich, Ägypten, ca. 2566 v. Chr.

LÄNGE: 43,6 m

TONNAGE: unbekannt

KONSTRUKTION: Beplankung mit Libanonzeder

ANTRIEB: fünf Ruderpaare

Pharao Khufu, oder Cheops auf Griechisch, regierte Ägypten zwischen 2589 und 2566 v. Chr. und ist bekannt für den Bau der Cheopspyramide, die größte der Pyramiden von Gizeh. Darüber hinaus wissen wir nur wenig über ihn. Die einzige Statue, die man je von ihm fand, ist die kleinste aller aufgefundenen ägyptischen Königsskulpturen: eine winzige, gerade einmal 7,5 cm große Statuette, die ihn sitzend zeigt.

Bei Aufräumarbeiten am Fuße der Cheopspyramide entdeckten Arbeiter in den frühen 1950er-Jahren die Überreste einer Mauer, die sich nach Auffassung von Archäologen an einer ungewöhnlichen Stelle befand, nämlich sehr dicht an der Pyramide. Der Archäologe Kamal el-Mallakh schloss nicht aus, dass sie etwas im Erdboden verdecken sollte. Man hatte in der Umgebung der Cheopspyramide bereits mehrere Gruben gefunden, in denen Gegenstände gelegen haben, die Pharaonen im Jenseits brauchten; darunter auch Boote. Nach den religiösen Vorstellungen der damaligen Zeit benötigte ein Pharao eine sogenannte Sonnenbarke, um mit dem Sonnengott Ra über die kosmischen Himmelsgewässer zu segeln. Cheops soll mit fünf Booten für das Jenseits ausgestattet worden sein. Leider waren alle bis dahin entdeckten Gruben vor langer Zeit geplündert worden.

Nach Beseitigung der Ablagerungen fand man riesige aufgereihte Steinblöcke, die als Mauerfundament zu groß erschienen. El-Mallakh vermutete, dass es sich dabei um die Abdeckung einer großen Grube handeln könnte. Eine kleine Probebohrung im Boden bestätigte seine Annahme. Als er sich zur Öffnung beugte, bemerkte er einen auffälligen Geruch – den Duft von Zedernholz, aus dem gewöhnlich die Begräbnisboote für Pharaonen hergestellt wurden. Noch ließ sich

RECHTS: *Die Teile der Cheops-Sonnenbarke in der Begräbnisgrube waren so gut erhalten, dass man die Barke rekonstruieren konnte. In die Einzelteile geschnitzte Symbole zeigten, wie sie zusammenzubauen war.*

nichts über den Zustand des Holzes sagen, vielleicht war es verrottet oder von Ameisen zerfressen. El-Mallakh verlangte nach einem Spiegel, um Sonnenlicht in den Hohlraum umzulenken. Er begann zu zittern, als er eindeutig die Kontur eines Ruders ausmachte. In der Grube befand sich ein sehr gut erhaltenes Boot, das vor mehr als 4500 Jahren zur Bestattung des toten Pharaos in der Pyramide dort hineingelegt worden war. Es bestand aus Einzelteilen, eine Art antikes Selbstbauboot zum Aufbau im Jenseits, und war mit Überresten antiker Matten und Tauwerk bedeckt. Man fand 1224 Teile, von kleinen Zapfen bis zu langen Planken, und es dauerte fast zwei Jahre, bis alles aus der Grube geborgen war. Die Konservierung und Rekonstruktion des Bootes beanspruchte mehr als 10 Jahre.

LINKS: *Die Sonnenbarke des Cheops wurde in Einzelteilen in einer Grube an der Südseite der Cheopspyramide gefunden. Dort hatte sie die Jahrtausende bis zu ihrer Entdeckung in den 1950er-Jahren unversehrt überstanden.*

OBEN: *Die elegante, bogige Form des Rumpfs mit hochgezogenem Vorder- und Achtersteven wird als «papyrusförmig» bezeichnet, weil sie an die Form früherer Papyrusboote aus der Region angelehnt ist.*

Ein würdiges Boot für den Pharao

Der Schiffsrumpf wurde in Schalenbauweise gefertigt, es wurden also zuerst die Planken miteinander befestigt, danach die Spanten oder das innere Gerüst eingesetzt. Aus bis zu 23 m langen Baumstämmen wurden 30 Planken gehauen und vorsichtig mit Querbeilen bearbeitet, um sie der Rumpfkrümmung anzupassen. Die Rumpfform mit hochgezogenem Bug und Heck schien nach Vorbild früherer Papyrusboote gestaltet zu sein. Dies waren gängige Boote im alten Ägypten: Papyruspflanzen waren weit verbreitet, während es nur wenig Bäume gab, die sich für den Bau großer Schiffe geeignet hätten. Die Sonnenbarke des Cheops bestand fast nur aus Zedernholz, das man vermutlich aus dem östlichen Mittelmeerraum importiert hatte. Der Rumpf besaß einen flachen Boden ohne Kiel. Auch die folgenden tausend Jahre fuhren ägyptische Boote ohne Kiel.

Die einzelnen Bootsteile wurden mit Zapfenverbindungen und Gras-Seilen zusammengefügt. Auf dem Deck saß eine fensterlose, 9 m lange Kabine mit einer kleinen Kammer, in die knapp ein menschlicher Körper passte. Vielleicht lagen darin die sterblichen Überreste des Pharaos auf seiner letzten Reise. Auf beiden Seiten des Schiffs befanden sich jeweils fünf Ruder sowie achtern zwei Steuerruder. Jedes Ruder war aus einem einzigen Stück Holz geschnitzt.

Seither wurden in verschiedenen ägyptischen Grabstätten und Tempeln weitere Gruben entdeckt. Viele waren leer, andere enthielten noch die Boote, die vor Jahrtausenden hineingelegt worden waren. 1991 fand man in der Wüste nahe Abydos die Überreste von 14 fast 5000 Jahre alten Booten, die dort vergraben worden waren.

Eine Seefahrernation wurde das alte Ägypten aufgrund der Baumknappheit

DIE DAU

Dauen beherrschten die Seefahrt an den Küsten von Arabien, vom Persischen Golf, von Ostafrika und Indien bis ins 15. Jahrhundert. Ihr Ursprung könnte im Mittelmeer, Roten Meer oder Indischen Ozean liegen. Entwickelt wurden sie irgendwann zwischen 600 v. Chr. und 600 n. Chr., sodass die letzten altägyptischen Pharaonen sie vielleicht noch auf dem Nil fahren sahen. Es gab sie als kleine Fischerboote bis hin zu großen seetüchtigen Schiffen. Ihr bedeutendster Beitrag zur Seefahrt war das dreieckige «Lateinersegel», das effizienter war als die in Europa und Fernost verwendeten viereckigen Segel. Eine lateinergetakelte Dau war wendiger, weil sie dichter am Wind segeln konnte als Rahsegler.

OBEN: *Dauen dienten vor allem als Handelsschiffe. Sie besaßen einen langen, schlanken Rumpf und ein oder zwei «Lateinersegel». Dank der charakteristischen dreieckigen Schratsegel waren Dauen sehr wendig.*

zwar nicht, doch besitzt es heute mit der Sonnenbarke des Cheops eines der ältesten beplankten Boote, die erhalten geblieben sind. Es ist schon eigenartig, wenn man bedenkt, dass dieses Boot vor 4500 Jahren womöglich den Leichnam eines Pharaos zu seiner letzten Ruhestätte trug.

Ein zweites Schiff

1954 wurde am Fuße der Cheopspyramide eine zweite Grube entdeckt, die ebenfalls eine Barke aus der Zeit der Pharaonen barg. Zunächst wollte man sie dort belassen, doch Untersuchungen in den 1990er-Jahren ergaben, dass sich der Zustand des Holzes verschlechterte. Da man die versiegelte Grube geöffnet hatte, drangen Feuchtigkeit und Schimmel ein. Das Boot musste geborgen werden, um es vor dem Zerfall zu bewahren. Radiokarbonuntersuchungen bestätigten, dass das Holz 4500 Jahre alt war. Nach Konservierung des Holzes soll das Schiff rekonstruiert werden, eine Feinstarbeit, die viele Jahre in Anspruch nehmen wird.

LINKS: *Das zerlegte Boot hatte man sorgfältig in eine bei Gizeh angelegte Grube gesetzt, die mit Kalksteinplatten verschlossen wurde.*

Trieren

Die zwei großen Seefahrervölker der Antike, die Phönizier und die Griechen, bau ten Handels- und Kriegsschiffe, mit denen sie das gesamte Mittelmeer befuhren. Sie erfanden das vorherrschende Kriegsschiff der damaligen Zeit, die Triere. Zu Berühmtheit gelangte dieses rudergetriebene Kriegsschiff durch die griechische Flotte in einer Schlacht, die entscheidenden Einfluss auf den Lauf der Geschichte in der westlichen Welt nahm.

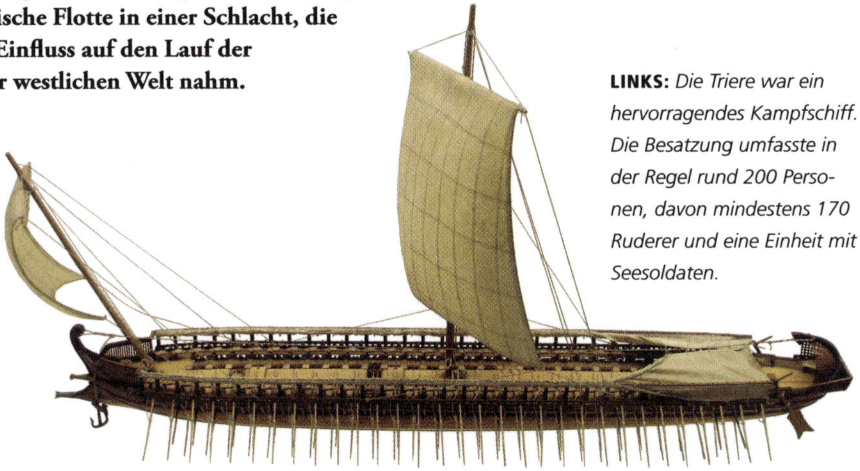

LINKS: *Die Triere war ein hervorragendes Kampfschiff. Die Besatzung umfasste in der Regel rund 200 Personen, davon mindestens 170 Ruderer und eine Einheit mit Seesoldaten.*

TYP: Kriegsruderschiff

STAPELLAUF: Griechenland, Phönizien und Rom, ca. 600 v. Chr.

LÄNGE: ca. 37 m

TONNAGE: 70 Tonnen Wasserverdrängung

KONSTRUKTION: Holzbeplankung

ANTRIEB: 170 Ruderer und zwei rechteckige Segel

Sogenannte Rudergaleeren gab es seit der Zeit der altägyptischen Pharaonen. Sie besaßen einen langen, schlanken Rumpf mit geringem Tiefgang und wurden hauptsächlich von Ruderern fortbewegt, die auf jeder Seite des Schiffes in einer Reihe ruderten. Die Trieren verfügten meist auch über wenigstens einen Mast, um bei günstigem Wind unter Segel zu fahren. In konfliktreichen, kriegerischen Zeiten dienten die Galeeren vorwiegend zum Transport von Soldaten, kamen in den Schlachten selbst aber nicht zum Einsatz. Das Kriegsschiff war erst gegen 800 v. Chr. geboren, als man den Sporn erfand, der unten am Schiffsbug angebracht wurde. Rammspornbewehrte Schiffe wurden mit möglichst hoher Geschwindigkeit in die Seite des feindlichen Schiffs gerudert, sodass der Sporn den Rumpf unterhalb der Wasserlinie durchstieß. Die Griechen erfanden eine spornbewehrte Kriegsgaleere namens *Pentekontere*. Sie wurde von 50 Ruderern, 25 auf jeder Seite, bewegt. Die kleinere Version, die *Triakontere*, besaß 30 Ruderer. Etwa 700 v. Chr. ersannen die Phönizier einen neuen Galeerentyp, indem sie die *Pentekontere* mit einem Ausleger für eine zweite, obere Ruderreihe versahen. Den zwei Ruderreihen verdankte das Schiff nicht nur größere Schnelligkeit und Stärke, sondern auch seinen Namen: Bireme.

Etwa 600 v. Chr. machten Griechen oder Phönizier den nächsten logischen Schritt in der Weiterentwicklung und fügten der Bireme eine weitere Ruderbank über den zwei anderen hinzu. Diese sogenannte Triere entwickelte sich im östlichen Mittelmeer rasch zum Standardkriegsschiff.

RECHTS: *Die Ruderer der Triere saßen in drei übereinanderliegenden Reihen. Dieses Relief aus Athen zeigt die oberste Reihe mit Ruderern, die ihre Ruder auf dem Dollbord abgelegt haben.*

Die Schlacht von Salamis

Eine der bedeutendsten Seeschlachten der Antike wurde von Hunderten von Trieren ausgetragen. 482 v. Chr. bauten die Athener eine Trieren-Flotte, um auf eine mögliche persische Invasion vorbereitet zu sein. Der Angriff erfolgte 480 v. Chr., die Perser waren zunächst erfolgreich und schlugen in der berühmten Landschlacht bei den Thermopylen die zahlenmäßig kleinere griechische Truppe. Unterdessen kämpften in der Seeschlacht von Artemision Hunderte griechische Trieren gegen eine deutlich größere Anzahl persische. Als die Griechen keine weiteren Verluste mehr verkraften konnten, gaben sie sich geschlagen und befahlen den Rückzug. Dem Anführer der griechischen Flotte Themistokles gelang es jedoch, die Soldaten davon zu überzeugen, sich bei der Insel Salamis zur Wehr zu setzen.

Trotz schwerer Verluste besaßen die Perser weiterhin die größere Anzahl an Schiffen und erfahrenere Mannschaften als die Griechen. Sie erwarteten,

RECHTS: *In der Schlacht von Salamis kämpften die Trieren-Flotten auf engstem Raum in der schmalen Meerenge zwischen der Insel Salamis und dem griechischen Festland.*

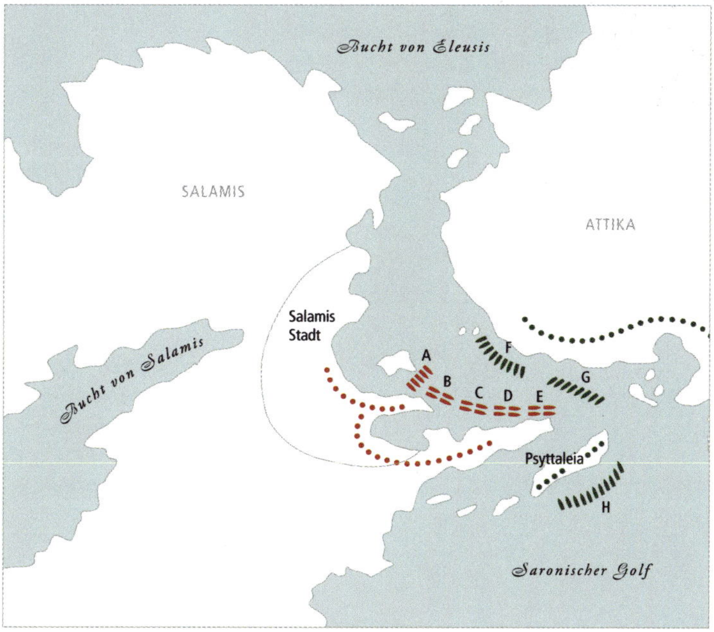

griechische Truppen

persische Truppentroops

griechische Flotte:

- A Korinther
- B Athener
- C Ägineten
- D andere Griechen
- E Spartaner

persische Flotte:

- F Phönizier
- G Ionier
- H andere Perser

dass die griechischen Schiffe bei einem Angriff auseinanderstieben und die Flucht ergreifen würden. Doch die Griechen machten sich die schmale Meerenge zwischen Salamis und der Küste von Athen zunutze, in die sie den Feind lockten. Die persischen Boote hatten dort Schwierigkeiten beim Manövrieren, es entstand ein Chaos; die persischen Schiffe rammten sich mitunter sogar gegenseitig. In der nachfolgenden Schlacht wurden die Perser geschlagen und verloren Hunderte ihrer Schiffe. Der Sieg der Griechen bei Salamis bedeutete für die persische Armee – da von den Seestreitkräften keine Unterstützung mehr zu erwarten war – den Abbruch ihres Einmarschs in Griechenland.

OBEN: *Die Perser besaßen zwar die größeren Trieren, in der Seeschlacht von Salamis hatten sie dennoch das Nachsehen, weil die Griechen einen idealen Austragungsort gewählt hatten. Die Griechen schlugen die Perser und versenkten Hunderte ihrer Schiffe.*

Die Seeschlacht bei Salamis ist auch wegen ihrer weitreichenden Folgen legendär. Da das alte Griechenland als Wiege der westlichen Demokratie und Zivilisation gilt, hätte, so eine Theorie, bei einem Sieg der Perser mit anschließend erfolgreicher Eroberung Griechenlands die westliche Geschichte einen ganz anderen Lauf genommen.

Die römische Kriegsflotte

Die Schlacht von Salamis machte deutlich, wie wichtig Seestreitkräfte waren. Als Rom, das vor allem eine Landstreitmacht war, im 3. Jahrhundert v. Chr. mit der Expansion seiner Interessensphäre begann, kam es zu Feindseligkeiten mit Karthago an der Küste des heutigen Tunesiens. Im Gegensatz zu den Römern waren die Karthager versierte Seefahrer, die das westliche Mittelmeer beherrschten. So blieb Rom zur Verteidigung seines Territoriums, seiner Häfen und Handelswege nichts anderes übrig, als eine eigene Flotte mit Trieren, auch «Triremen» genannt, und den größeren Penteren zu bauen, um eine eigene Seestreitmacht aufzustellen. Penteren waren Triremen mit mehr als einem Ruderer pro Riemen. Die beiden oberen Reihen wurden jeweils von zwei Ruderern bedient, in der untersten Reihe saß ein Mann pro Ruder, also fünf Ruderer an jeder Position, daher der Name Pentere (Fünfruderer). Jede Pentere besaß eine 400-köpfige Besatzung, davon 300 Ruderer.

Die Römer ersannen eine neue Taktik, um den Feind zu schlagen: Sie rüsteten ihre Kriegsschiffe mit einem sogenannten Corvus («Rabe») aus, einer Fallbrücke, die auf ein feindliches Schiff herabgelassen wurde, damit die römischen Legionäre es entern und Mann gegen Mann kämpfen konnten. Unter dem Corvus befand sich ein schnabelförmiger Dorn, der die beiden Schiffe aneinanderhielt.

Als die Karthager schließlich besiegt waren und es keine weiteren Feinde auf See zu schlagen gab, wurde die römische Kriegsflotte umfunktioniert: Sie sicherte nun Küsten und größere Flüsse, eskortierte Handelsschiffe und

bekämpfte Piraten. Zu diesem Zweck waren schwere Kriegsschiffe ungeeignet, so baute man kleinere, leichtere Schiffe.

Im Byzantinischen Reich – als das das Oströmische Reich nach Untergang des Römischen Reichs im 5. Jahrhundert n. Chr. weitere tausend Jahre fortbestand – tauchte ein neues Kriegsschiff auf: die Dromone. Sie war die Weiterentwicklung der Liburne, einer kleinen römischen Galeere, und wurde zum wichtigsten Kriegsschiff der Byzantiner. Dromonen, die es in unterschiedlichen Größen mit einer, zwei oder drei Ruderreihen gab, verfügten über ein geschlossenes Deck und Lateinersegel, besaßen aber keinen Rammsporn mehr am Bug.

OBEN: *Dieses in Tunesien entdeckte Mosaik zeigt eine römische Trireme. Das auf den Bug gemalte Auge war in vielen Kulturen ein gängiges Symbol auf Schiffen, vermutlich, um böse Geister zu vertreiben und den Feind einzuschüchtern.*

Im 16. Jahrhundert verschwanden Kriegsgaleeren allmählich. Die letzte größere Galeerenschlacht war jene von Lepanto im Jahr 1571, als ein von Spanien angeführtes Bündnis verschiedener Nationen das Osmanische Reich besiegte. Danach dienten Galeeren nur noch zur Versorgung größerer Kriegssegelschiffe oder für Küsten- und Flussoperationen. Doch die Tage der Trieren oder Triremen und der vielen nachfolgenden Ruderboote waren für immer vorbei.

OBEN: *Die* Olympias *ist eine originalgroße Nachbildung einer athenischen Triere aus dem 5. und 4. Jahrhundert v. Chr. Das 70 Tonnen schwere Boot lief 1987 vom Stapel und ist das einzige seiner Art.*

DER BAU DER *OLYMPIAS*

Da aus der Antike keine Trieren erhalten sind, rief man 1985 ein Projekt zu einem Nachbau ins Leben. Das *Olympias* genannte Schiff entstand in zwei Jahren in einer Werft in Piräus, in der bereits in der Antike viele athenische Trieren hergestellt wurden. Für ihren Bau verwendete man Douglasfichte und Virginia-Eiche, außerdem erhielt sie einen bronzebeschlagenen Rammsporn am Bug. Spanntaue sollten verhindern, dass sich der Rumpf im Seegang biegt oder durchhängt. Bei Erprobung auf See übertraf die *Olympias* alle Erwartungen. Mit einer kompletten, aus 170 Ruderern bestehenden Crew erreichte sie eine Geschwindigkeit von 9 Knoten (17 km/h) und schaffte eine 180°-Wende in nur zweieinhalb Schiffslängen in einer Minute. Die *Olympias* wurde von der griechischen Marine übernommen und ist das einzige Kriegsschiff dieses Typs, das je in einer modernen Marine in den Dienst gestellt wurde.

Das Nydamboot

Mitte des 19. Jahrhunderts entdeckte ein dänischer Lehrer bei Ausgrabungen in einem Moor eines der ältesten bekannten Ruderboote aus Nordeuropa. Mehr als 1600 Jahre hatte es dort gelegen. Das sogenannte Nydamboot zählt noch immer zu den schönsten Beispielen früher nordischer Schiffsbaukunst der Vorwikingerzeit. Als einer der Vorläufer des Wikinger-Langschiffs spielt es dabei eine bedeutende Rolle.

TYP: Kriegsschiff der Vorwikingerzeit

STAPELLAUF: Süddänemark, ca. 315 n. Chr.

LÄNGE: 23 m

TONNAGE: etwas über 3 Tonnen Wasserverdrängung

KONSTRUKTION: Eiche, Klinkerbauweise

ANTRIEB: 15 Ruderpaare

UNTEN: *Das Nydamboot ist das älteste bekannte Ruderboot in Klinkerbauweise aus Nordeuropa. Es lag mehr als 1600 Jahre verborgen in einem Moor.*

Dänemark siegte 1851 im Ersten Schleswig-Holsteinischen Krieg gegen eine Allianz von Preußen, Schleswig und Holstein. Mit der teilweisen Besetzung Schleswig-Holsteins entfernten die Dänen Beamte und andere Sympathisanten des Feindes vom Dienst und schufen so auch freie Stellen für neue Lehrer. Conrad Engelhardt (1825–81) war einer von ihnen. Zu seinen Aufgaben gehörte es unter anderem, sich um ein Lager mit vorgeschichtlichen Funden zu kümmern. Er bat einheimische Bauern und Torfstecher, dieser sogenannten Sammlung Jaspersen Schwerter, Töpfe oder sonstige Gegenstände, die sie gefunden hatten, zur Verfügung zu stellen. Engelhardt selbst unternahm ebenfalls Ausgrabungen in der Hoffnung auf weitere Funde.

1859 grub er im etwa 8 km vom süddänischen Sønderborg entfernten Nydam-Moor. Im Laufe der folgenden vier Jahre fand er dort drei altertümliche Boote und zahlreiche Gegenstände aus der Eisenzeit, darunter über 100 Schwerter. Dann brach der Zweite Schleswig-Holsteinische Krieg (1863–64) aus. Dänemark verlor und Engelhardts Funde gingen in preußischen Besitz über. Leider wurde dabei eines der von ihm entdeckten Boote unwiederbringlich zerstört, als die Truppen es im Krieg zu Brennholz machten. Das Nydamboot blieb hingegen erhalten und wurde zunächst in die schleswig-holsteinische Hauptstadt Kiel gebracht. Später verlegte man es ins Archäologische Landesmuseum im Schloss Gottorf in Schleswig, wo es auch heute noch zu sehen ist.

Erbaut wurde das Nydamboot aus Eichenholz, den 14,3 m langen und 57 cm breiten Kiel fertigte man einem einzigen Stück. Auf jeder

Seite befinden sich fünf Planken oder Plankengänge. Diese sowie Vorder- und Hintersteven wurden miteinander und an die innenliegenden Spanten mit Holzzapfen und Eisennieten befestigt. Als Antrieb dienten 15 Ruder auf jeder Seite, die, da sie nur 3,5 m lang waren, mit kurzen, schnellen Schlägen bewegt werden mussten. 1993 fand man ein breites Steuerruder, es handelte sich um ein Seitenruder, das achtern auf der Steuerbordseite befestigt war. Da im Schiffsinneren nichts auf einen Mast oder Mastfuß – ein Holzblock zur Aufnahme eines Masts –, hinweist, ist anzunehmen, dass das Nydamboot keine Segel hatte. Weitere 350 Jahre sollten vergehen, bis die Skandinavier Segel verwendeten. Der lange, schlanke Rumpf und die Anzahl der an selber Stelle entdeckten Waffen deuten darauf hin, dass es sich beim Nydamboot um ein altertümliches Kriegsschiff handelt, das den Stand der Technik kurz vor Erfindung des Wikinger-Langschiffs widerspiegelt.

OBEN: *Im Nydam-Moor lagen nicht nur mehrere Boote, sondern auch eine Reihe von Pfeil- und Speerspitzen aus Geweihen und Knochen.*

UNTEN: *Das Nydamboot wurde aus Eichenholz gefertigt und mit Holznägeln, Eisennieten und Tauen zusammengehalten.*

Heilige Stätte

Spätere Untersuchungen im Nydam-Moor ergaben, dass die Gegenstände dort in bis zu acht verschiedenen Zeiträumen niedergelegt wurden. Die vier

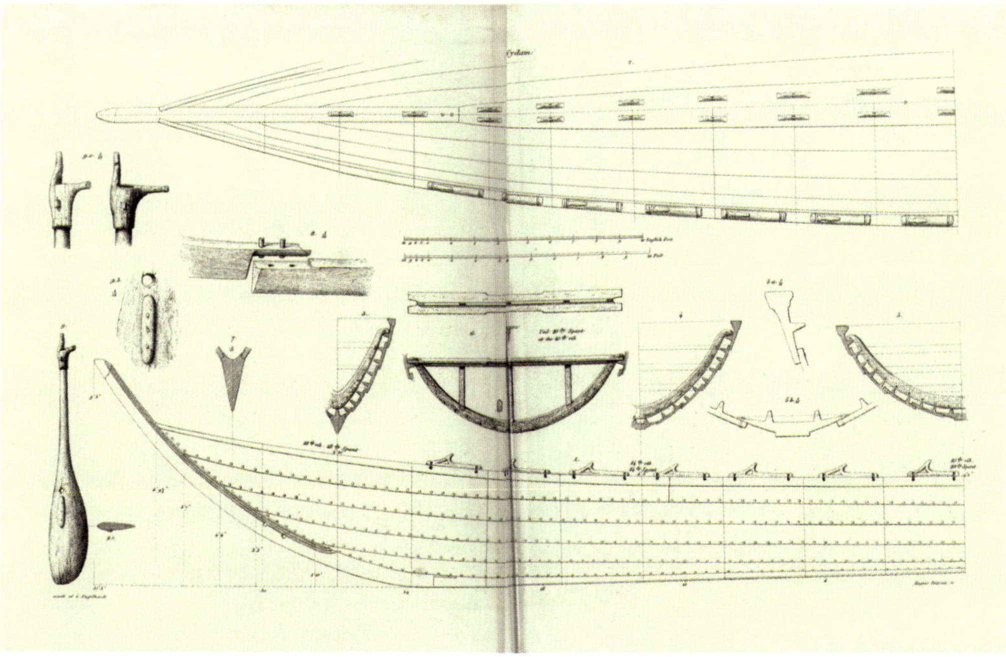

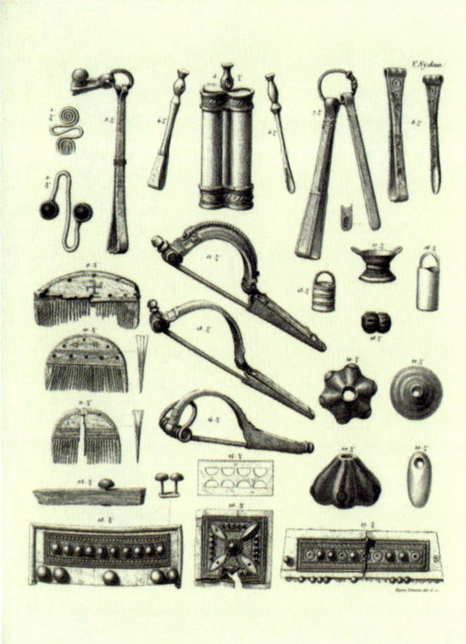

größten Niederlegungen, bekannt als Niederlegungsphasen Nydam A bis D, wurden zwischen 200 und 400 n. Chr. getätigt, als das Moor noch ein See war. Das Nydamboot, das größte der drei von Engelhardt gefundenen Boote, wird auf die dritte größere Niederlegung im Jahr 350 n. Chr. datiert. Mithilfe der Dendrochronologie (Jahresringforschung) wurde das Holz, aus dem es gefertigt worden war, auf 310–320 n. Chr. datiert. Bis ca. 475 n. Chr. gab es wenigstens noch drei weitere Niederlegungen. Die letzte umfasste bis zu tausend Gegenstände, die von einem aus 36 Schwertern geformten «Zaun» umgeben waren.

Einige der bekanntesten altertümlichen Schiffe, die man in Nordeuropa und Skandinavien fand, gehörten zu Grabstätten, entweder in Form von Grabbeigaben (Gegenstände, die mit dem Toten vergraben wurden) oder als Ruhestätte für einen oder mehrere Tote. Das trifft jedoch nicht auf das Nydamboot zu. Dieses war offenbar zusammen mit weiteren Booten und Waffen als Kriegsbeute vergraben worden, die man wahrscheinlich nach erfolgreicher Schlacht dem Feind abgenommen und den Göttern zum Dank für den Sieg als Opfergabe dargereicht hatte.

OBEN: *Bei seinen Ausgrabungen im Nydam-Moor und an weiteren Stellen in Dänemark fand Conrad Engelhardt eine Vielzahl persönlicher Besitztümer aus der Eisenzeit, darunter Waffen, Kleidung, Kämme, Anhänger, Ohrringe und Knöpfe.*

Die große Anzahl der im Moor gefundenen Waffen lieferte einige Erkenntnisse über die Organisationsstruktur der Armeen in der Eisenzeit. Die meisten Krieger waren mit Lanzen oder Speeren bewaffnet, der Rest größtenteils mit Schwertern, und ein kleiner Teil bestand aus Bogenschützen und Kavallerie.

Nach weiteren Funden von Gegenständen im Jahr 1984 nahm das Institut für Meeresarchäologie des Dänischen Nationalmuseums eine gründliche Untersuchung des Moors vor. Weitere Dinge wurden freigelegt, darunter Teile des Nydamboots, die Engelhardt vermisst hatte, unter anderem zwei geschnitzte Holzköpfe, die vermutlich an beiden Seiten des Bugs als Klampen dienten. 2011 entdeckte man ein viertes Boot. Es war größer als das Nydamboot, für eine Rekonstruktion jedoch zu stark beschädigt.

RECHTS: *Das Nydamboot wurde mithilfe eines seitlich befestigten Ruders gesteuert. Dies war die übliche Art der Steuerung in Nordeuropa, bis man im späten Mittelalter das Steuerruder einführte.*

Die Entwicklung des Langschiffs

Das Nydamboot gehört zu einer Reihe von Funden, die die Entwicklungsstufen zum Langschiff zeigen. 1920 erfuhren Archäologen erstmals von einem Boot, auf das Bauern bereits Jahrzehnte zuvor, 1880, beim Torfstechen auf dem Hjortspringhof auf der dänischen Insel Alsen gestoßen waren. Von dem ursprünglich 19 m langen Hjortspringboot waren noch 14 m erhalten. Es wird auf circa 350 v. Chr. datiert und ist ein relativ einfaches paddelgetriebenes «Kriegskanu», das aus «zusammengenähten» Planken bestand. Die Planken überlappten sich, zeigten also die später bei vielen Schiffen angewandte Klinkerbauweise.

Das Nydamboot stammt aus späterer Zeit, ca. 315 n. Chr., und ist größer und fortschrittlicher. Die längsten Planken bestanden jeweils aus zwei oder mehr Teilen, die fachmännisch mit nicht sichtbaren Verbindungen zusammengehalten wurden. Die genieteten Planken und der Gebrauch von Rudern sind bereits Verbesserungen gegenüber dem Hjortspringboot.

1920 wurden zwei Boote aus dem 7. Jahrhundert im norwegischen Kvalsund ausgegraben. Das größere der beiden war breiter als frühere Boote und besaß einen Kiel, mithilfe dessen es bei schlechtem Wetter besser Kurs halten konnte. Das Kvalsundboot wies bereits die meisten Merkmale des Wikinger-Langschiffs auf. Der nächste Schritt bestand im Bau des Langschiffs.

SUTTON HOO

Bootsbestattungen oder Boote als Grabbeigaben oder Opfergaben liefern wichtige Erkenntnisse über den Schiffsbau im Altertum, und das nicht nur in Skandinavien. 1939 beauftragte Edith Pretty den Archäologen Basil Brown mit der Untersuchung eines Grabhügels auf ihrem Grundstück in Sutton Hoo im englischen Suffolk. Darin fand Brown den Abdruck eines 27 m langen Schiffs, das vermutlich aus dem frühen 7. Jahrhundert n. Chr. stammte. Das Schiff war verrottet, doch seine Form war noch deutlich im Boden zu erkennen. Man fand die Eisennieten, die die Planken zusammenhielten. Zudem entdeckte man eine Grabkammer mit spektakulären Schätzen, wie Silberwaren, Schmuck, einen Eisenhelm und Kleidungsreste.

OBEN: *Vom Holzschiff selbst war in Sutton Hoo nichts mehr übrig, es hatte jedoch unverkennbar einen Schiffsabdruck im Boden hinterlassen.*

LINKS: *Eines der wichtigsten Fundstücke von Sutton Hoo ist ein prunkvoller angelsächsischer Helm mit Verzierungen.*

Isis

Während skandinavische Bootsbauer entwicklungstechnisch auf dem Weg zum Langschiff waren, expandierte das Römische Reich nach Europa. Der zunehmende Handel der Römer erforderte Lastschiffe. 1988 machte der Unterwasserarchäologe Robert Ballard einen sensationellen Fund: ein unberührtes römisches Handelsschiff aus dem 4. Jahrhundert. Seine Lage in großer Tiefe hatte es vor Plünderungen bewahrt. Die Erforschung des Wracks der Isis geschah auf neuartige Weise: Ballard ließ Schüler weltweit mithilfe von Tauchrobotern und Satellitenverbindungen daran teilhaben.

TYP: Handelsschiff

STAPELLAUF: Römisches Reich, 4. Jahrhundert n. Chr.

LÄNGE: ca. 30 m

TONNAGE: 100–200 Tonnen

KONSTRUKTION: Eiche (Weißeiche) mit Bleiüberzug

ANTRIEB: Ruder und rechteckige Segel an zwei Masten

Robert Ballard und sein Team suchten den Grund des Mittelmeers nach Hinweisen auf antike Schiffswracks ab. Als ihr Schiff *Starella* über die zwischen Sizilien und Tunesien gelegene Skerki-Bank fuhr, sandte der mitgezogene Kameraschlitten *Argo* Live-Bilder nach oben. Die Skerki-Bank liegt 760 m unterhalb des Seewegs von Karthago nach Rom, es war also denkbar, dass sich hier Überreste eines in Seenot geratenen antiken Schiffs befänden.

Am 3. Juni 1988 war auf den Bildschirmen in der Kontrollkabine der *Starella* deutlich die Form einer Amphore zu erkennen. Römische Handelsschiffe hatten Tausende dieser Vorratsgefäße geladen, gefüllt mit Olivenöl, Fischen oder Wein. *Argos'* Kameras entdeckten weitere Amphoren: Ballards Team war auf die Überreste eines altrömischen Schiffes gestoßen. Nun begann die systematische Suche nach dem Schiff, von dem die Amphoren stammten.

Am 12. Juni zeigten die Bildschirme im Kontrollraum plötzlich eine regelrechte Anhäufung an Amphoren und anderen Gegenständen. Anscheinend hatte man die Stelle gefunden, an der das von den Forschern *Isis* getaufte Schiff auf den Meeresboden gesunken war. Es gab keine Hinweise auf Rumpf oder Takelage. Falls das Schiff Kornsäcke geladen hatte, so war davon nichts mehr übrig, weil sich vor langer Zeit alles zersetzt hat oder von Meerestieren gefressen worden war. Eindeutig zu erkennen waren aber neben den unzähligen Amphoren auch ein Krug, ein Topf und ein Schleifstein, zudem fand man Metallteile, die vielleicht zu einem Ofen oder zum Schiffsanker gehörten. Erstmals seit dem Untergang des Schiffs warf jemand einen Blick auf diese Gegenstände!

Ballard beendete seine Unternehmung vorerst und plante, die Erkundung im darauffolgenden Jahr im Rahmen eines ambitionierten Projekts fortzusetzen: Er führte als Erster die sogenannte Telepräsenz ein. Er übertrug Live-Bilder vom Meeresboden in Tausende von Kilometern entfernte Klassenzimmer, sodass die Schüler alles mitverfolgen und dem Team Fragen stel-

OBEN: *Lastschiffe mit rundlichem Rumpf waren die «Arbeitstiere» des Römischen Reichs – unablässig unterwegs auf den Handelsrouten des Mittelmeers mit lebensnotwendigen Waren, die sich auf dem Seeweg schneller transportieren ließen als über Land.*

LINKS: *Das von Dr. Robert Ballard entdeckte römische Lastschiff befand sich auf der Skerki-Bank. Sie liegt zwischen Sizilien, Sardinien und Tunesien unterhalb einer verkehrsreichen alten Seeroute zwischen Karthago und dem römischen Hafen Ostia.*

len konnten. Dies war Teil des von ihm entwickelten Jason-Projekts, das junge Menschen dazu anregen sollte, naturwissenschaftliche, mathematische oder technische Berufe zu ergreifen. Die Expedition von 1989 war die erste «Exkursion».

Diesmal stach Ballards Team mit der *Star Hercules* in See; mit dabei war ein neuer Kameraschlitten, *Medea*, sowie *Jason*, ein Tauchroboter. Die ersten Übertragungen stammten von der Erkundung des aktiven Unterwasservulkans Marsili in 300 m Tiefe. Danach begab man sich auf die Suche nach der *Isis*. Gerade als die nächste Liveübertragung begann, entdeckte *Medea* das Wrack. Die Stelle wurde sorgfältig kartiert, da alle Informationen über Fundstellen sowohl heutigen als auch zukünftigen Archäologen von Nutzen sein können. Aufgrund der Fundstellengröße und der Art der Fundstücke gelangten die Forscher zu der Überzeugung, dass es sich um das Wrack eines römischen Lastschiffes handelte.

Bei einem typischen römischen Frachtschiff waren Bug und Heck hochgezogen. Der Hintersteven war nach vorn gebogen, oft in Form eines Schwanenhalses. Es besaß zwei Masten: Am Hauptmast, mittschiffs, befand sich ein rechteckiges Segel, darüber mitunter ein zusätzliches dreieckiges Toppsegel. Vorn saß ein kleinerer Mast, der schräg nach vorn über den Bug ragte und ein kleineres Segel, *artemon*, trug. Kleine Lastschiffe wie die *Isis* transportierten bis zu 3000 Amphoren, größere bis zu 10 000.

LINKS: *Das Gemäldefragment aus Ostia zeigt ein Lastschiff namens* Isis Giminiana*, das mit Kornsäcken beladen wird. Der Kapitän (Magister) hieß Farnaces, der Schiffseigner Arascantus.*

Auf dem Weg nach oben

Nach Abschluss der Kartierung schickte man *Jason* nach unten, um die Gegenstände zu bergen. Experten bezweifelten, dass die Amphoren aus so großer Tiefe (818 m) heil geborgen werden konnten. *Jasons* Greifarm hob jede Amphore auf und setzte sie in eine Netztasche, die zu einer Art Aufzug gehörte, der auf dem Meeresboden platziert war. Ein durch das Wasser gesandtes akustisches Signal bewirkte die Freigabe eines schweren Stahlgewichts am Aufzug, sodass die daran angebrachten Schwimmkörper genug Auftrieb hatten und er nach oben fahren konnte, wo das Mutterschiff *Star Hercules* die wertvolle Fracht entgegennahm.

Die Amphoren überstanden die Reise an die Oberfläche gut. Sie gehörten zu einem in Tunesien hergestellten Typ, woraus man schloss, dass sich das Schiff auf dem Weg von Nordafrika nach Italien befand und, wie man aus der Art der Amphoren folgerte, wahrscheinlich im 3. oder 4. Jahrhundert n. Chr. unterging. Auch eine Öllampe hatte man gefunden – was sehr hilfreich war, da römische Öllampen zeitlich recht gut eingeordnet werden

RECHTS: *Dr. Robert Ballard spricht zu Schülern von Bord seines Forschungsschiffes. Er führte als Erster die Telepräsenz ein: Per Satellit wurden Schüler, Lehrer und Wissenschaftler in Echtzeit mit der weit entfernten Wrackfundstelle unter Wasser verbunden.*

NUKLEARGETRIEBENER TAUCHER

NR-1 war ein nukleargetriebenes Forschungs-U-Boot. Es lief 1969 vom Stapel und stand bis 2008 im Dienst. Mit einer Verdrängung von 406 Tonnen konnte es die Ozeane bis in eine Tiefe von knapp 1000 m erkunden, damit wurden die meisten der weltweiten Kontinentalschelfe zugänglich. Mit nur 44 m Länge war *NR-1* im Vergleich zu anderen U-Booten mit Nuklearantrieb klein. Zudem besaß es, anders als die meisten U-Boote, drei Beobachtungsfenster und externe Scheinwerfer, damit die Besatzung die Umgebung in Augenschein nehmen konnte. Einzigartig waren die einziehbaren Räder an der Unterseite, dank derer es auf dem Meeresboden fahren konnte. 1997 wurde *NR-1* in einem weitläufigen Gebiet auf der Suche nach vielversprechenden Wrackstellen eingesetzt, die dann vom Tauchroboter *Jason* näher untersucht wurden.

UNTEN: *Gewöhnlich vermeiden U-Boote den Kontakt mit dem Meeresboden.* NR-1 *dagegen war so konstruiert, dass es auf dem Boden fahren konnte! Dank des Nuklearantriebs konnte es länger als alle anderen Forschungs-U-Boote tauchen.*

können. Die Lampe der *Isis* stammte aus der zweiten Hälfte des 4. Jahrhunderts. Beim Röntgen eines aus dem Wrack geborgenen Topfes entdeckte man eine Münze auf dem Gefäßboden – eine etwa 355 n. Chr. geprägte Bronze-*Centenionalis*, die die Datierung der Öllampe bestätigte.

Unentdeckte Schätze

Ballards Ausrüstung eignete sich nur für die Bergung von Gegenständen, die auf dem Meeresgrund lagen. Man vermutete jedoch Reste des Schiffes im Schlammboden, vielleicht mit Tausenden weiterer Amphoren. Tatsächlich wurde ein kleines Fragment des Schiffsrumpfs entdeckt und geborgen. Es wies die für römische Schiffe typische Bauweise mit Zapfenverbindungen auf und dürfte in Schalenbauweise gefertigt worden sein, bei der zuerst die Planken durch Zapfenverbindungen zur Rumpfschale geformt und danach innenliegende Spanten und Streben eingesetzt wurden.

1997 kehrte Ballard zur Wrackstelle der *Isis* zurück, diesmal mit einem neuen Gefährt, einem kleinen nukleargetriebenen U-Boot namens *NR-1*. Sein Vorteil bestand darin, dass es bis zu 30 Tage unter Wasser bleiben konnte. Mithilfe von *NR-1* wurden fünf weitere antike Wracks aufgespürt.

Mora

Die Eroberung Englands durch die Normannen war eines der einflussreichsten Ereignisse in den letzten 1000 Jahren. Es ist fast unmöglich, das vergangene Jahrtausend der britischen Geschichte zu verstehen, ohne den Ehrgeiz des normannischen Adels zu berücksichtigen, der 1066 die Macht in England ergriff. Von der Entstehung der englischen Sprache, wie wir sie heute kennen, über die Verbreitung des Protestantismus bis hin zur Kolonialisierung ganzer Kontinente – die Folgen sind vielfältig und weitreichend. Und alles begann mit einer Invasionsflotte, angeführt vom Flaggschiff von Wilhelm II., Herzog der Normandie: der *Mora*.

TYP: Drakkar-Langschiff

STAPELLAUF: Barfleur, Frankreich, 1066

LÄNGE: unbekannt

TONNAGE: unbekannt

KONSTRUKTION: Holz, Klinkerbeplankung

ANTRIEB: ein viereckiges Segel, 60–70 Ruder

Als Englands König Edward «der Bekenner» im Januar 1066 kinderlos starb, ließen die Nachfolgekämpfe nicht lange auf sich warten. Kaum war Edwards Schwager Harold Godwinson, Earl of Wessex und einer der mächtigsten Adligen Englands, zum König gekrönt worden (Harald II.), wurde ihm das Amt von seinem Bruder Tostig, vom norwegischen König Harald III. Hardrade sowie von Edwards Cousin Wilhelm II., Herzog der Normandie, streitig gemacht. Harold rechnete damit, dass Wilhelm früher oder später über den Ärmelkanal einfallen würde. Doch Tostig und Harald griffen zuerst an, sodass Harold und seine Truppen mehr als 390 km nach Yorkshire marschieren mussten, wo sie die vereinten Streitkräfte von Tostig und Harald in der Schlacht von Stamford Bridge schlugen. Dann ging es im Eilschritt zurück in den Süden, um Wilhelm entgegenzutreten.

Dieser hatte zwischenzeitlich eine Einmarschtruppe von rund 7000 Mann aufgestellt, darunter auch Kavallerie und Bogenschützen. Im Gegensatz zu Harolds Männern waren sie frisch und kampfbereit.

LINKS: *Nachdem König Harold in der Schlacht von Stamford Bridge die einfallenden Wikinger besiegt hatte, marschierte er mit seiner Armee in nur zwei Wochen 400 km südlich bis Hastings, um eine zweite Invasion zu bekämpfen, die aus der Normandie herangerückt war.*

Feldzug von Wilhelm dem Eroberer, 1066

Haralds Route von York nach Hastings

OBEN: *Wilhelm II., Herzog der Normandie, fiel in England mit Langschiffen ein. Mit seiner Flotte gelang ihm der größte, erfolgreichste amphibische Angriff seit der griechischen Antike.*

Die Invasionsflotte

Die Größe von Wilhelms Flotte ist unbekannt, wahrscheinlich umfasste sie mehrere Hundert Schiffe. Die Schiffstypen dagegen kennt man gut. Wilhelm regierte in einer Region Frankreichs, die von Normannen besiedelt worden war und daher als «Normandie» bekannt wurde; diese Nachfahren der Wikinger hatten zwar weitgehend die französische Sprache übernommen, waren im Schiffsbau jedoch ihrer eigenen Tradition treu geblieben.

Ein Teil von Wilhelms Männern und der Ausrüstung wurde sicherlich in Knarrs transportiert, d. h. in Frachtschiffen, mit denen die Normannen im 9. und 10. Jahrhundert Island und Grönland besiedelten. Doch überwiegend bestand seine Flotte aus Langschiffen; speziell für amphibische Angriffe konstruierte Kriegsschiffe. Gering in Gewicht und Tiefgang, konnten sie auf jedes leicht abschüssige Ufer gesetzt und aus dem Wasser gezogen werden. Männer und Fracht waren rasch von Bord gebracht, was Langschiffe zu geeigneten Kriegsinstrumenten machte, denn insbesondere beim Anlanden waren einfallende Truppen verwundbar. Mit ihren Langschiffen verübten die Wikinger erfolgreiche Ein- und Überfälle in etlichen Ländern von Irland bis zur Ukraine, dabei bewiesen die Langschiffe ihre Schlagkraft immer wieder aufs Neue.

Langschiffe gibt es in etlichen Variationen, sie unterscheiden sich meist in der Länge und in der Anzahl der Ruder, das größte und schnellste jedoch war der Drakkar, das Drachenboot.

MORA

Wilhelms Flaggschiff

Wilhelm erhob Anspruch auf den Thron von England, daher benötigte er ein prestigeträchtiges Boot, das die Expedition anführen sollte. So ließ seine Frau Matilda von Flandern eines für ihn in Barfleur bauen: die *Mora*, ein Drakkar, das längste Boot in Wilhelms Flotte. Mit über 30 m Länge dürfte die *Mora* bis zu 34 Ruderpositionen auf jeder Seite besessen haben, somit Platz für wenigstens 68 Ruderer, eventuell sogar doppelt so viele, wenn jeweils zwei Männer ein Ruder bedienten. Zusätzlich zu Wilhelms eigenem Gefolge befanden sich zehn Ritter an Bord. Das mag nach wenig klingen, man muss jedoch bedenken, dass jeder Ritter mehrere Dienstmänner, ein bis zwei Pferde und jede Menge persönlicher Ausrüstung und Proviant mit sich führte.

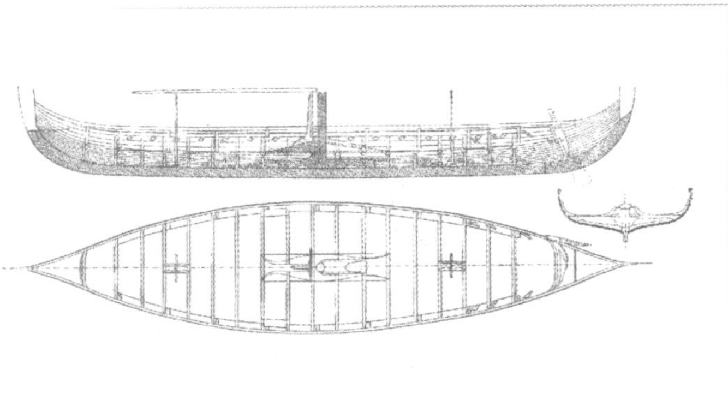

OBEN: *Wegen ihres geringen Gewichts und des geringen Tiefgangs ließen sich Langschiffe auf Strand setzen, um amphibische, tödliche Schnellangriffe auszuüben. Langschiffe waren die Schiffe der Wahl von Harolds beiden Hauptgegnern.*

Die *Mora* war eine Schönheit. Sie besaß ein buntes Segel und eine vergoldete Galionsfigur in Form eines Kindes, das auf einer Elfenbeintrompete blies und nach vorn zeigte – vermutlich nach England. Einer Überlieferung zufolge soll ein päpstliches Banner die Mastspitze geziert haben, doch Papst Alexander II. dürfte Wilhelm seine Zustimmung wohl erst nach erfolgreicher Eroberung gegeben haben.

Langschiffe

Die *Mora* war ein Langschiff *par excellence*: länger, prächtiger und schneller als die meisten, aber ansonsten «aus demselben Holz» geschnitzt wie alle Kriegsschiffe der Wikingerzeit. In jahrhundertelanger Weiterentwicklung waren schlanke, doppelendige (an Bug und Heck spitze) Langschiffe mit Klinkerbeplankung entstanden. Unter Ruder waren sie leicht zu führen und wenn sie unter ihrem großen, einzigen Rahsegel fuhren, waren sie extrem schnell, sodass sie bisweilen mit 15 Knoten regelrecht übers Wasser schossen. Sie besaßen Kiele, dank derer sie gegen den Wind segeln konnten und trotzdem flexibel genug waren, um den Wellen «nachzugeben».

Die Dollborde wiesen schmale Öffnungen auf, damit die Riemen weit genug nach unten auf eine geeignete Höhe über der Wasserlinie gebracht werden konnten. Wenn die Langschiffe bei Fahrt unter Segel krängten, wurden die Öffnungen mit Klappen verschlossen, um Wassereinlauf zu verhindern. Es gab keine Kabinen oder sonstige Aufbauten, noch nicht einmal Ruderbänke. Man nimmt an, dass die Ruderer auf ihren eigenen Seemannskisten saßen. Ein einziges großes Steuerruder hing achtern auf der rechten Seite des Boots.

Aufgrund des geringen Gewichts und des geringen Tiefgangs konnten Langschiffe weit flussaufwärts rudern oder segeln oder durch ansonsten unpassierbare Untiefen oder Stromschnellen mit Manneskraft getragen wer-

FUNDE VON WIKINGERSCHIFFEN

Mehrere archäologische Funde geben uns hervorragende Einblicke in den Schiffbau der Wikinger. Die wichtigsten sind das Oseberg- und das Gokstad-Schiff, die bei Begräbnissen hochrangiger Würdenträger im norwegischen Bezirk Vestfold benutzt wurden und nun im Wikingerschiffmuseum in Oslo ausgestellt sind. Fünf weitere Langschiffe, die im dänischen Hafen von Skuldelev zur Abwehr von Angreifern absichtlich versenkt wurden, stehen heute im Wikingerschiffmuseum in Roskilde in Dänemark.

RECHTS: *Forscher konnten durch moderne Rekonstruktionen viel über die Segeleigenschaften der Schiffe aus der Wikingerzeit herausfinden.*

den; davon machten die Wikinger häufig Gebrauch. Im 9. Jahrhundert begannen sie ihre ausgedehnten Streifzüge, verübten Blitzüberfälle in Schottland, Wales und Irland, entlang der Nordküste Europas und sogar an der südspanischen und nordafrikanischen Küste. Sie fuhren auf Dnjepr und Wolga ins Landesinnere und gründeten ein Land, das später Russland werden sollte, und ließen sich sogar in Süditalien, Sizilien und in Konstantinopel nieder.

Die Invasion

Während sich Harolds Streitkräfte noch im Norden befanden, machte sich Wilhelm am 27. September spätabends auf den Weg nach England. Damit die Flotte in der Dunkelheit folgen konnte, wurde eine Laterne an *Moras* Mastspitze angebracht und regelmäßig ein Horn geblasen. Doch die *Mora* war so schnell, dass bei Tagesanbruch des 28. der Rest der Flotte nirgendwo zu sehen war. *Mora* strich die Segel, damit die Flotte aufholen konnte. Wilhelm wartete mitten im Ärmelkanal, so die Chroniken, und frühstückte «mit Wein».

Völlig ungestört konnte Wilhelm in Pevensy an der englischen Südküste landen und in Ruhe seine kriegerischen Vorbereitungen treffen, bis er am 14. Oktober in Hastings auf Harolds erschöpfte Armee traf. Sie lieferten sich eine unerbittliche Schlacht, in der Harald fiel. Es war das entscheidende Ereignis beim Sieg der Normannen und machte Wilhelm zum «Eroberer».

UNTEN: *Ein Teil des Teppichs von Bayeux zeigt die Invasionsflotte von Wilhelm dem Eroberer auf der Überfahrt nach England, darunter auch sein eigenes Schiff* Mora.

Zheng Hes Schatzschiffe

In seiner zweitausendjährigen Geschichte blieb das chinesische Kaiserreich größtenteils für sich und blickte nur nach innen. Das änderte sich, als China Anfang des 15. Jahrhunderts sieben große Schiffsflotten in den Indischen Ozean bis nach Afrika entsandte. So man alten Berichten Glauben schenkt, übertrafen einige dieser Schiffe in ihrer Größe alle bis dahin und sogar in den nachfolgenden Jahrhunderten gebauten Schiffe. Alle sieben Flotten wurden vom legendären Eunuchen Admiral Zheng He kommandiert.

TYP: Dschunke

STAPELLAUF: China, zu Beginn des 15. Jahrhunderts

LÄNGE: bis zu 164 m (strittig)

TONNAGE: 20 000–30 000 Tonnen Wasserverdrängung

KONSTRUKTION: Holzbeplankung

ANTRIEB: 12 viereckige Segel an 9 Masten

Der dritte Kaiser der chinesischen Ming-Dynastie, Zhu Di (auch bekannt als Yongle-Kaiser), ging bei der Abwehr potenzieller Feinde Chinas sehr aggressiv vor. Er selbst führte Feldzüge gegen mongolische Stämme an und entsandte Armeen, um Gefahren aus der Mandschurei, aus Korea, Vietnam und Japan abzuwehren. Um Feinde abschrecken zu können, die in entfernteren Regionen lauern könnten, beauftragte er den als verlässlich geltenden General Zheng He. 1403 ließ der Kaiser die Expeditionsflotte *Xiafan Guanjan* bauen, die von Zheng He befehligt werden sollte.

Die Flotte war riesig. Sie umfasste mehr als 60 *baoshan*, gigantische Schatzschiffe, die bis zu 164 m lang gewesen sein sollen. Sie waren doppelwandig gebaut, besaßen vier Decks und wasserdichte Kammern. Die Wasserverdrängung betrug angeblich bis zu 30 000 Tonnen, die Beladungskapazität 2540 Tonnen. Wenn das stimmt, sind es die größten Schiffe, die bis zu diesem Zeitpunkt jemals gebaut worden waren; sie wären damit doppelt so lang gewesen wie die seinerzeit größten europäischen Schiffe. Ähnlich große Schiffe, die man in Europa im 19. Jahrhundert baute, offenbarten Konstruktionsschwächen und mussten mit Eisenstreben verstärkt werden, um ein Auseinanderbrechen des Rumpfs zu verhindern.

RECHTS: *Eine imposante Persönlichkeit: Bronzestatue des Yongle-Kaisers, der den Bau der Schatzflotte des Admirals Zheng He beauftragte. Die Statue steht in den Grabbauten der Ming-Dynastie in Peking, China.*

Der Schiffsbau in China war im 15. Jahrhundert sehr viel weiter fortgeschritten als in Europa. Dennoch hielt man Berichte über die gigantischen Schatzschiffe der Chinesen für übertriebene Darstellungen fantasiebegabter Schreiber. 1962 fand man

RECHTS: *Die Replik eines mittelgroßen Schatzschiffs von Zheng He in Originalgröße steht auf dem Gelände der Schatzschiffe-Werft in Nanjing, China. Sie wurde aus Beton gebaut und mit Holz beplankt.*

einen Ruderschaft eines Schatzschiffes an einer archäologischen Grabungsstätte in Nanjing, einem Binnenhafen, der in der frühen Ming-Periode (1368–1421) als Chinas Hauptstadt diente. Der Schaft war 11 m lang. Geht man von der Ruderschaftlänge bekannter Schiffe aus, dann dürfte er zu einem rund 150 m langen Schiff gehört haben.

Die sieben Fahrten des Zheng He

Die erste Schatzflotte war die größte. Bis zu 60 Schatzschiffe stachen 1405 von Nanjing aus in See, begleitet von Hunderten von Kriegs- und Lastschiffen voller Lebensmittel und anderen Vorräten. Die Kriegsschiffe waren aus Gründen der Manövrierfähigkeit im Gefecht mit die kleinsten und leichtesten Schiffe der Flotte, dennoch waren selbst diese doppelt so lang wie das Flaggschiff *Santa María* von Christoph Kolumbus. Die Schatzschiffe erreichten mitunter sogar die fünffache Länge der *Santa María*.

Insgesamt 317 Schiffe mit mehr als 27 000 Männern segelten nach Vietnam, Siam (das heutige Thailand), Java, die Straße von Malakka, Kochi und Kalikata (heute Kolkata bzw. Kalkutta) an der indischen Westküste. Die Schatzschiffe führten edles Porzellan, Seide, Tee und Lackkunst als Geschenke für ausländische Herrscher an Bord. Im Gegenzug schenkte man ihnen Gewürze, Elfenbein, Perlen, Edelsteine und Arzneien. 1407 kehrte die Flotte heim nach China. 1407 und 1409 wiederholten kleinere Flotten die Reise. Eine vierte Expedition im Jahr 1413 kam bis Hormus im Persischen Golf. Auf der fünften und sechsten Expedition in den Jahren 1417 beziehungsweise 1421 wurden Staatsoberhäupter und Botschafter in ihre Heimatländer zurückgebracht. Die fünfte Fahrt erreichte die Ostküste Afrikas, von wo man Löwen, Zebras und andere exotische Tiere mitbrachte, die

RECHTS: *Dieses Wandgemälde in einem chinesischen Tempelschrein in Penang, Malaysia, zeigt eines der gigantischen Schatzschiffe der Ming-Dynastie.*

man in China bis dahin noch nie gesehen hatte. Bei der siebten und letzten Reise im Jahr 1431 wurden die Schiffe ins Rote Meer entsandt. Wo immer sie in Kriege, Aufstände oder Piratenkämpfe gerieten, schlugen die Flotten diese nieder. 1433, auf dem Rückweg der siebten Flotte nach China, starb Zheng He. Der 62-jährige Admiral wurde auf See bestattet. Angeblich brachte man einen Haarzopf von ihm zurück nach China und begrub ihn.

Die Schockmethode der Ming-Dynastie

Die großen Fahrten dienten weniger der Erkundung und dem Handel, da chinesische Händler bereits bis Indien und Ostafrika gereist waren. Vielmehr wollte der Kaiser alle potenziellen Feinde Chinas durch Machtdemonstrationen abschrecken. Das war die «Schockmethode» der Ming-Dynastie, ihre Botschaft lautete: «Schaut her, was wir alles können, welch große Schiffe wir bauen und welch fortschrittliche Technologie wir besitzen. Legt euch nicht mit uns an, sonst …!» Darüber hinaus wollte man in fremden Ländern nach Hinweisen auf den Verbleib des Kaisers Jianwen suchen, dem Vorgänger des Yongle-Kaisers, der unter mysteriösen Umständen verschwunden war. Sein Palast war niedergebrannt worden, doch seine Leiche wurde nicht unter den Toten gefunden. Gerüchten zufolge soll er unerkannt geflohen sein. Der Yongle-Kaiser befürchtete, dass Jianwen zurückkehren und den Thron beanspruchen könnte, doch er blieb spurlos verschwunden.

Relativ plötzlich verlor China das Interesse an der Machtprojektion auf See. Die Schatzflotten wurden eingestellt, es gab Wichtigeres im eigenen Land zu tun. Zudem fehlte es an Geld, da der Yongle-Kaiser die Staatskasse arg strapaziert hatte, indem er die Hauptstadt von Nanjing nach Peking verlegt und die riesige Verbotene Stadt als neue Residenz erbaut hatte. Darüber hinaus verursachten Naturkatastrophen schreckliche Hungersnöte, Überschwemmungen und Epidemien. Und die feindlichen Stämme an Chinas Landgrenzen wurden zunehmend aggressiv.

Der Yongle-Kaiser starb 1424. Nachfolger war sein Sohn Hongxi, der das Ende der Schatzflotten verkündete. Er regierte nur neun Monate, als neuer Kaiser folgte sein Sohn Xuande, der Zheng He noch eine letzte Expedition, die siebte, gestattete. Letztlich wurden die Schatzflotten eingestellt, sie waren zu kostenintensiv und brachten dem Staat nur wenig. Man verbrannte die gewaltigen Schiffsflotten, auch die gigantischen Schatzschiffe, oder ließ sie verfallen. Der Überseehandel wurde verboten, es galt als Kapitalvergehen, China mit einem Mehrmaster zu verlassen. Die Flotte schrumpfte auf einen Bruchteil ihrer einstigen Größe, schließlich wurden alle großen Schiffe zerstört. Konfuzianische Hofbeamte und Gelehrte, die schon immer gegen die Schatzflotten gewesen waren, löschten nach Möglichkeit jeden Hinweis auf deren Existenz in den offiziellen Aufzeichnungen, damit künftige Kaiser nicht in Versuchung gerieten, sie wieder aufleben zu lassen. Und wer weiß: Hätten die Schatzflotten weiterhin existiert und noch größere Entfernungen bewältigt, wären es vielleicht nicht europäische Mächte gewesen, die im Laufe der folgenden zwei Jahrhunderte entlegene Länder dieser Erde kolonialisiert hätten, sondern China.

UNTEN: *Ein maßstabgetreues Modell eines Schildkrötenschiffs ist im Museum der koreanischen Kriegsgedenkstätte* War Memorial of Korea *in Seoul ausgestellt. Ein gepanzertes Deck und ein dicker Holzrumpf boten der Besatzung im Inneren Schutz.*

KOREANISCHE SCHILDKRÖTENSCHIFFE

Koreas Marinegeschichte reicht bis ins 7. Jahrhundert zurück. Das berühmteste Kriegsschiff der Koreaner ist das *Geobukseon,* das Schildkrötenschiff. Admiral Yi Sun-sin hatte es im 16. Jahrhundert erbauen lassen, um die von japanischen Streitkräften ausgehende Gefahr zu bekämpfen. Es besaß mehrere Decks und wurde mit Ruderkraft oder Segel angetrieben. Die japanische Taktik bei Seegefechten bestand damals darin, die feindlichen Schiffe zu entern. Daher überdachte man das oberste Deck eines Schildkrötenschiffs mit Holz und bedeckte dies mit Eisenplatten und -dornen, sodass Entern relativ wirkungslos war. Die Schildkrötenschiffe waren in der koreanischen Kriegsflotte bis ins 19. Jahrhundert im Dienst.

Santa María

Die Entdeckung der Neuen Welt und ihre Besiedelung durch die Europäer ist eines der bedeutendsten Ereignisse der Weltgeschichte. Zwar war Christoph Kolumbus nicht der erste Entdecker aus der Alten Welt, der den amerikanischen Kontinent betreten hatte, doch waren es seine Reisen, die zu weiterer Erkundung und Besiedelung führten.

TYP: Nao (Karacke)

STAPELLAUF: Pontevedra, Galizien, 1460

LÄNGE: ca. 19 m

TONNAGE: ca. 108 Tonnen

KONSTRUKTION: Holzrumpf

ANTRIEB: 5 Segel an 3 Masten und Bugspriet

Christoph Kolumbus wurde 1451 geboren. Der erfahrene Kaufmann und Seefahrer war überzeugt davon, auf westlichem Kurs nach China und Indien gelangen zu können, doch um dies zu beweisen, benötigte er die Hilfe eines vermögenden Mäzens. In Frankreich, England und Portugal fand er keine Unterstützung, in Spanien dagegen schon. Begierig auf Überseeterritorien, gewährten ihm König Ferdinand und Königin Isabella von Kastilien und Aragon Unterstützung und stellten ihm drei Schiffe zur Verfügung: die *Santa María*, *Niña (Mädchen)* und *Pinta (die Angemalte)*. Das größte und langsamste der drei, die *Santa Maria*, wurde von Kolumbus als Kapitän befehligt, der sie *La Capitana* (das Flaggschiff) nannte. Sie war eine dreimastige Karacke, *nao* auf Spanisch (und *nau* auf Portugiesisch), mit einer rund 40-köpfigen Besatzung. *Niña* und *Pinta* waren kleinere dreimastige Karavellen mit einer Crew von jeweils etwa 20 Mann.

Kolumbus' Pläne waren für das Ende des 15. Jahrhunderts äußerst ungewöhnlich. Damals wagten sich Schiffe nur selten mehr als ein paar Hundert Meilen auf die offene See hinaus. Kolumbus dagegen plante eine Reise von mehreren Tausend Meilen. Seine Zuversicht, Hin- und Rückfahrt erfolgreich überstehen zu können, basierte auf drei Fehlannahmen. Er hielt die Welt für erheblich kleiner, als sie ist; er dachte, dass sich die asiatischen Landmassen viel weiter nach Osten erstreckten, als dies der Fall ist; und er glaubte, einen Zwischenstopp auf einer Insel namens Cipangu einlegen zu können, die nach damaliger Vorstellung rund 2400 Kilometer östlich von Asien liegen soll.

Karacken und Karavellen

Karacken waren gängige Frachtschiffe des 15. Jahrhunderts. Sie trugen viereckige Segel an Fock- und Hauptmast und ein Lateinersegel am Besanmast. Viereckige Segel dienten der Schnelligkeit, Lateinersegel der Manövrierfähigkeit. Auch am Bugspriet konnte sich ein viereckiges Segel befinden. Die Karavelle war kleiner und ursprünglich ein Fischerboot, wurde später aber zu einem größeren Frachtschiff ausgebaut. Mit einem größeren Längen-Breiten-Verhältnis waren Karavellen wendiger und leichter zu manövrieren als Karacken. Sie waren ursprünglich nur mit Lateinersegeln ausgestattet *(caravela latina)*, konnten aber auch eine Kombination aus viereckigen und Lateinersegeln *(caravela redonda)* führen, wodurch sie schneller wurden, wenn sie vor dem Wind segelten.

OBEN: *Christoph Kolumbus startet mit seiner winzigen Flotte zur Fahrt über den Atlantischen Ozean in die Neue Welt. Die* Santa María*, das größte der drei Schiffe, war Kolumbus' Flaggschiff.*

Auf der Suche nach Asien

Am 3. August 1492 verließen Kolumbus' drei kleine Schiffe das südspanische Palos. Sie legten einen Zwischenstopp auf der Kanareninsel La Gomera ein, um letzte Ausbesserungen vorzunehmen und Vorräte für die Reise über den Ozean zu laden. Die Takelage der *Niña* wurde ebenfalls verändert, und zwar von Lateinersegel zu einer Kombination aus Lateiner- und Rahsegel, sie war damit das schnellste Boot der kleinen Flotte. Am 6. September stachen sie von La Gomera aus in See. Einen Monat später – die Crew drohte zu meutern und Kolumbus war kurz davor kehrtzumachen –, stießen sie hier und da auf im Wasser treibende Holzstücke und Pflanzen, am Himmel erblickten sie Vögel. Sie vermuteten ganz richtig, dass das Land nicht mehr fern sein könne, und am 12. Oktober kam es schließlich in Sicht. Beim Näherkommen erkannten sie Menschen am Strand und stellten fest, dass es sich um eine kleine Insel handelte. Kolumbus beanspruchte sie als spanischen Besitz und nannte sie San Salvador. Ihre genaue Identität und Lage sind unklar, man weiß aber, dass sie zu den heutigen Bahamas gehörte. Da die Flotte nach Asien wollte, segelte sie weiter. Man hatte sieben Inselbewohner mitgenommen, die die Schiffe nach Kuba lotsten, von Kolumbus fälschlich für eine asiatische Halbinsel gehalten. Dort begegnete er zum ersten Mal Tabakrauchern.

DIE SEE GIBT JEDEM MENSCHEN NEUE HOFFNUNG, SO WIE DER SCHLAF TRÄUME VON DER HEIMAT BRINGT.
Christoph Kolumbus

DIE WIKINGER IN AMERIKA

Christoph Kolumbus wird zwar als erster Europäer gefeiert, der die Neue Welt betrat, doch vor ihm waren bereits die Wikinger dort. 500 Jahre, bevor Kolumbus die Karibik erreichte, war der Wikinger Leif Eriksson, Sohn von Erik dem Roten, in Neufundland gelandet. Vom Verlauf der Reise, mündlich weitergegeben von Generation zu Generation, gibt es unterschiedliche Versionen. So soll er einer Version zufolge beim Segeln von Island nach Norwegen vom Kurs abgekommen und zufällig in Nordamerika gelandet sein. Eine andere besagt, dass die historische Reise nicht dem Zufall geschuldet war, sondern dass Eriksson den Spuren des isländischen Kaufmanns Bjarni Herjólfsson gefolgt sei, der die nordamerikanische Küste ein Jahrzehnt früher gesehen hatte. Eriksson nannte das von ihm entdeckte Land Vinland (Weinland), weil er dort Trauben zur Weinherstellung fand. Er blieb den Winter über und kehrte dann heim. In den 1960er-Jahren entdeckten Archäologen in L'Anse aux Meadows im Norden Neufundlands die Überreste einer Siedlung im Stile der Wikinger.

Der Kapitän der *Pinta* entfernte sich unerlaubt, um auf eigene Faust Erkundungen durchzuführen. Die beiden anderen Schiffe erreichten am 5. Dezember die Insel Hispaniola (die sich heute die Staaten Haiti und Dominikanische Republik teilen). Als die *Santa María* am Heiligabend an der Küste Hispaniolas entlangsegelte, ging Kolumbus in seine Kabine, um seit zwei Tagen das erste Mal ein wenig zu schlafen. Die See war so ruhig, dass das Steuerruder einem Schiffsjungen überlassen wurde. Gegen Mitternacht lief das Schiff auf einer Sandbank auf. Kolumbus entsandte den Steuermann in einem Boot, damit er achteraus Anker setzte, um das Schiff von der Sandbank zu ziehen, doch er flüchtete stattdessen zur *Niña*, wo man ihn jedoch nicht an Bord ließ. Kolumbus ließ die Masten der *Santa María* kappen, er hoffte, sie würde dann, mit weniger Gewicht, aufschwimmen. Doch sie kippte zur Seite und der Rumpf bekam Risse. Das Schiff war verloren.

Weil die *Niña* zu klein für beide Besatzungen war, mussten 39 Seeleute auf Hispaniola zurückbleiben. Sie gründeten die Stadt Villa de Navidad (Weihnachtsstadt), die erste europäische Siedlung in der Neuen Welt. Anfang Januar 1493 trat die *Niña* den Heimweg an, ein paar Tage später stieß die *Pinta* dazu. Während eines Sturms wurden die beiden Schiffe getrennt, sie überstanden ihn jedoch. Nach kurzem Zwischenstopp auf den Azoren Mitte Februar setzte Kolumbus die Fahrt nach Osten fort. Ein erneuter Sturm zwang ihn nach Lissabon in Portugal, bevor er am 15. März schließlich Spanien erreichte.

LINKS: *Der Wikinger und Entdecker Leif Eriksson hatte möglicherweise als erster Europäer das nordamerikanische Festland betreten. Dieses Ereignis wird in den Vereinigten Staaten am 9. Oktober als «Leif-Eriksson-Tag» gefeiert.*

OBEN: *Das Gemälde von Sebastiano del Piombo (auch bekannt als Sebastiano Luciani) soll Christoph Kolumbus darstellen, allerdings entstand es erst etliche Jahre nach dessen Tod.*

MAN KANN DEN OZEAN NUR ÜBERQUEREN, WENN MAN SICH NICHT DAVOR FÜRCHTET, DIE KÜSTE AUS DEN AUGEN ZU VERLIEREN.

Christoph Kolumbus

Ein Held in Ketten

Kolumbus unternahm drei weitere Reisen in die Neue Welt, um die Karibik und die Küste Südamerikas zu erkunden. Auf seiner zweiten Flotte befanden sich auch spanische Siedler. Als er nach Hispaniola fuhr, um die zurückgelassenen Seeleute abzuholen, musste er feststellen, dass Einheimische sie getötet hatten. Gegen Ende seiner dritten Reise fiel Kolumbus in Ungnade. Man warf ihm Misswirtschaft in den von ihm gegründeten neuen Kolonien vor. In Ketten brachte man ihn nach Spanien zurück, sein Besitz wurde konfisziert.

Er erlangte letztendlich seine Freiheit wieder und begab sich trotz schlechter Gesundheit auf eine vierte Seereise. Die Schiffe leckten dermaßen, dass er sie in Jamaica auf Strand laufen ließ. Kolumbus und seine Mannschaft verbrachten dort ein Jahr, bevor sie gerettet wurden. In den folgenden anderthalb Jahren verschlechterte sich sein Gesundheitszustand immer mehr, bis er am 20. Mai 1506 in seinem Zuhause im spanischen Valladolid starb.

RECHTS: *Kolumbus' erste Reise in die Neue Welt leitete ein neues Zeitalter europäischer Entdeckungen und Eroberungen ein. Kolumbus behauptete beharrlich, einen Seeweg nach Asien gefunden zu haben und wollte nicht akzeptieren, dass er stattdessen einen anderen Kontinent entdeckt hatte.*

Mary Rose

Das Kriegsschiff *Mary Rose* der Royal Navy ist eines der berühmtesten Schiffe der frühen Neuzeit. Diesen Ruhm verdankt sie allerdings weniger den Errungenschaften während ihrer Dienstzeit als vielmehr den mysteriösen Umständen ihres Untergangs und ihrer Rückkehr an Land nach mehr als 400 Jahren auf dem Meeresgrund. Sie gehörte mit zu den ersten Kriegsschiffen, die über die neu erfundenen Stückpforten verfügten. Tausende Fundstücke aus dem Wrack verschafften Archäologen einen beispiellosen Einblick ins Leben an Bord eines Tudor-Kriegsschiffs.

TYP: Kriegskaracke

STAPELLAUF: Portsmouth, England, 1511

LÄNGE: Kiel 32 m

TONNAGE: ursprünglich 500 Tonnen, nach Umbau 700–800 Tonnen

KONSTRUKTION: ursprünglich Klinkerbauweise, später umgebaut zu Kraweelbeplankung (glatte Beplankung)

ANTRIEB: 9–10 Segel an vier Masten und Bugspriet

Da Englands Feinde auf See immer mächtiger wurden, allen voran Frankreich und Spanien, ließ Heinrich VIII. zur Verteidigung seines Königreichs eine Kriegsflotte bauen und legte damit den Grundstein für die moderne Royal Navy. Die *Mary Rose* war eines der größten Schiffe der britischen Marine. Die Kiellegung erfolgte 1510, im darauffolgenden Jahr lief sie vom Stapel. Sie war in zwei Kriegen gegen Frankreich im Einsatz und danach bis 1535 in Reserve.

Etwa zu dieser Zeit erfolgte ein umfangreicher Umbau. Die Klinkerbeplankung wurde durch Kraweelbeplankung ersetzt, die überlappenden Planken wurden entfernt und die gekerbten Spanten mit dem Querbeil geglättet, um die Planken eben anbringen zu können. Zudem versah man die Schiffsseiten mit Stückpforten, die wegen der immer größeren und massiveren Schiffsgeschütze notwendig geworden waren. Aus Gründen der Schiffsstabilität mussten die schweren Geschütze tiefer im Rumpf sitzen, sodass man seitliche Öffnungen benötigte, durch die man feuern konnte. Um diese nahe an der Wasserlinie liegenden Stückpforten bei Bedarf schließen zu können, versah man sie mit wasserdichten Abdeckungen, was dank der glatten Beplankung möglich war.

Angriff der Franzosen

Nachdem sich Heinrich VIII. von der römisch-katholischen Kirche losgesagt und die Church of England gegründet hatte, befürchtete er eine Invasion aus Frankreich, das nicht nur Englands Erzfeind, sondern auch eine der katholischen Mächte Europas war. Am 16. Juli 1545 drangen mehr als 100 französische Schiffe in die zwischen der Isle of Wight und dem englischen Festland gelegene Meerenge von Solent ein. Rund 80 englische Schiffe, darunter auch die modernisierte *Mary Rose*, erwarteten sie bereits.

Am 18. Juli trafen die beiden Flotten aufeinander und die Schlacht begann. Zunächst kam es auf beiden Seiten nur zu geringen Verlusten. Tags darauf war der Wind für die Segelschiffe zu schwach. Die Franzosen besaßen jedoch Rudergaleeren, mit denen sie sich der in der Flaute liegenden englischen Flotte näherten, um das Feuer zu eröffnen. Als der

UNTEN: *Zur Verteidigung seines Königreichs ließ Heinrich VIII. die kleine «Navy Royal» vergrößern. Die* Mary Rose *war eines der ersten großen Schiffe, die er bauen ließ.*

Wind auffrischte, machten sich die Engländer auf den Weg. Zwei der größten Schiffe, die *Henry Grâce à Dieu* und die *Mary Rose*, führten die Flotte in den Kampf. Plötzlich, unter den Augen von König Heinrich, der von Southsea Castle aus zuschaute, bekam die *Mary Rose* Schlagseite und sank. Nur etwa 25 der 400 Männer an Bord überlebten, die übrigen verfingen sich in Netzen, die als Enterschutz über die oberen Decks gespannt waren. Augenberichten zufolge waren die Stückpforten geöffnet und die Kanonen einsatzbereit ausgefahren. Die *Mary Rose* hatte beim Wenden Schlagseite bekommen, sodass durch die geöffneten Stückpforten Wasser einschoss und sie kenterte. Die Schlacht verlief ergebnislos und die Franzosen begaben sich auf den Rückzug.

DIE *ANTHONY ROLL*

Die einzige zeitgenössische Darstellung der *Mary Rose* findet sich in einem Dokument namens *Anthony Roll*. Dabei handelt es sich um Illustrationen von 58 englischen Marineschiffen, die Anthony in den 1540er-Jahren auf drei Vellum-Rollen als Geschenk für König Heinrich VIII. angefertigt hatte. Sie wurden später auseinandergeschnitten und als Buch gebunden. Die Zeichnungen sind zwar nicht immer detailgetreu, doch geben sie einen guten Überblick über die Marineschiffe der Tudors, darunter auch die *Mary Rose*.

In den 1540er-Jahren wurde mehrfach vergeblich versucht, die *Mary Rose* zu heben. Sie war so schnell untergegangen, dass sie im Schlammboden versank und in einem Winkel von etwa 60 Grad schräg auf ihrer Steuerbordseite zum Liegen kam. Was der Schlamm nicht bedeckte, wurde im Laufe der Zeit von Meeresorganismen vertilgt, die *Mary Rose* verschwand. Gelegentlich brachten wechselnde Meeresströmungen das eine oder andere Stück Holz zum Vorschein, weshalb die Pioniertaucher John und Charles Deane 1836 das Wrack eines Tages entdeckten. Sie bargen mehrere Waffen und es wurde rasch klar, dass es sich um das Wrack der *Mary Rose* handelte. Doch schon bald geriet sie abermals in Vergessenheit.

Erneute Entdeckung

Erst 1965 kam wieder Bewegung in die Geschichte. Der Hobbytaucher Alexander McKee (1918–92) lud Taucher des britischen Tauchclubs British Sub-Aqua von der Southsea-Abteilung ein, die im Solent liegenden Wracks zu kartieren. Generell nahm man zwar an, dass die vor Jahrhunderten versunkenen Holzschiffe inzwischen verrottet und komplett verschwunden seien, doch tatsächlich fand man etliche Teile von zwei noch auf dem Grund liegenden Kriegsschiffen aus dem 18. Jahrhundert, die *Royal George* und die *Boyne*. McKee schloss nicht aus, dass vielleicht auch von der *Mary Rose* noch etwas vorhanden war. 1966 entdeckten die Taucher eine Vertiefung im Meeresboden an einer Stelle, an der man das Schiff vermutete. Im darauffolgenden Jahr wurde auf einer Sonaraufnahme eine im Schlickboden «vergrabene Auffälligkeit» geortet.

DIE BERGUNG DER *VASA*

Die einzige vergleichbare Bergung eines frühen, modernen Kriegsschiffs war die der schwedischen *Vasa*. Sie wurde in den 1620er-Jahren, rund 100 Jahre nach der *Mary Rose,* erbaut und sank 1628 auf ihrer Jungfernfahrt. Das Untergangsszenario ähnelt dem der *Mary Rose:* Aufgrund einer Sturmbö bekam sie so stark Schlagseite, dass Wasser durch die Stückpforten einbrach. Als Bergungsversuche scheiterten, wurde sie aufgegeben, und ihre Wrackposition geriet in Vergessenheit. Erst in den 1950er-Jahren wurde sie in Nähe des Stockholmer Hafens entdeckt und 1961 nahezu intakt geborgen.

OBEN: *Nicht einmal ein Jahr, nachdem man die* Mary Rose *vom Meeresgrund geborgen hatte, wurden die Überreste ihres Rumpfes öffentlich ausgestellt. Millionen Besucher haben sie seither gesehen, oftmals in einem Sprühnebel aus einem wächsernen Konservierungsmittel.*

Im Mai 1971 machten Taucher das Wrack ausfindig und begannen, es vom Schlamm zu befreien. Ausgehend von den Maßen der Hölzer – Größe, Winkel etc. – versuchten sie zu schätzen, wie viel vom Schiff noch übrig war. In den darauffolgenden Jahren halfen mehr als 600 freiwillige Taucher, das Wrack freizulegen, es auszumessen und Gegenstände zu bergen. Zwischen 1979 und 1982 absolvierten sie 28 000 Tauchgänge, bis das Wrack 1982 schließlich vollständig freigelegt war. Zur großen Freude der Archäologen war die Steuerbordseite des Schiffs größtenteils noch intakt, der luftdichte Einschluss im Schlamm hatte es vor der Zerstörung durch Meeresorganismen bewahrt. Abnehmbares Schiffsholz wurde zusammen mit 19 000 kleineren Funden an Land gebracht. Restauratoren standen nun vor der großen Herausforderung, die zahlreichen Holz- und Ledergegenstände zu konservieren, damit sie nicht auseinanderfielen und für immer verloren gingen.

Hätte man das Wrack in freigelegtem Zustand liegenlassen, wäre es verrottet. Man beschloss, es zu heben. Am 15. Juni 1982 positionierte man einen Stahlrohrrahmen über dem Wrack und verspannte Drahtseile zwischen Rahmen und Rumpf. Am 28. September wurde eine mit Luftkissen ausgelegte Wanne in Rumpfform auf den Grund gesenkt. Anfang Oktober hob ein Schwimmkran den Stahlrahmen mit dem darunter hängenden Rumpf und hievte ihn über die Wanne, dann wurde der Rahmen herabgelassen, bis der Rumpf auf den Luftkissen zum Liegen kam. Man hob Stahlrahmen und Wanne samt Rumpf, die ein Gesamtgewicht von 570 Tonnen auf die Waage brachten, auf einen Lastkahn, der das Ganze zur Marinewerft in Portsmouth

Sie ist das nobelste Schiff unter Segel und, wie ich meine, ein prächtiges Schiff in dieser Stunde der Christenheit. So bald wird es kein anderes Schiff von 100 Tonnen geben, welches es mit ihr aufzunehmen vermöchte.

Admiral Sir Edward Howard 1513 in einem Brief an Heinrich VIII. über die *Mary Rose,* nachdem die Leistungsfähigkeit der Flotte auf See erprobt worden war (und vor ihrem umstrittenen Umbau)

OBEN: *Vizeadmiral George Carew kommandierte die* Mary Rose *am schicksalhaften Tag ihres Untergangs. Er hatte das Kommando erst an diesem Tag übernommen.*

schleppte. 60 Millionen Zuschauer verfolgten das Unterfangen live im Fernsehen. Es war ein außergewöhnlicher Anblick, das Tudor-Kriegsschiff nach mehr als 400 Jahren aus dem Meer auftauchen zu sehen.

Man brachte den Rumpf in einer Halle unter und besprühte ihn zum Schutz vor Austrocknung und Bakterienwuchs mit Kühlwasser. Rund 800 Holzbauteile und Decksplanken, die man entfernt hatte, wurden wieder montiert, dann ersetzte man den Wassersprühnebel durch eine inerte, wachsartige Chemikalie, Polyethylenglycol (PEG). Das Wachs drang nach und nach ins Holz und verdrängte das Wasser. Zur Versiegelung des Holzes kam dann ein höher konzentriertes Wachs zum Einsatz. 2013 wurde die Benebelung eingestellt und der Trocknungsprozess begann.

Die Fundstücke

Man hatte zahlreiche Teller, Krüge und Löffel aus Zinn gefunden, die von den Schiffsoffizieren verwendet wurden. Manche trugen die eingestanzten Initialen GC, sie gehörten dem Flottenkommandanten und Vizeadmiral Sir George Carew (ca. 1504–45). Die übrige Besatzung musste sich mit Tellern und Trinkgefäßen aus Holz begnügen. Zutage kam auch die massive, aus Ziegelstein gemauerte Kombüse mit riesigen Kochtöpfen sowie Brennholzstapel. Würfel, Spielbretter, Trommeln, Flöten und lederne Bucheinbände lassen erahnen, wie die Matrosen ihre Freizeit verbrachten. Auch ein Schleifstein zum Schärfen der Messer und eine Litze zum Weben von Matten und für Reparaturen der Takelage war unter den Fundstücken.

LINKS: *Unter den vielen im Wrack der* Mary Rose *gefundenen persönlichen Gegenständen der Besatzung befanden sich auch verschiedene Kämme.*

RECHTS: *An Bord der* Mary Rose *befanden sich mehr als 90 Waffen unterschiedlichster Größe, darunter auch Kanonen aus Gussbronze wie die hier abgebildete, die einen Löwenkopf als Verzierung trägt.*

Die Gebeine von etwa 200 Mann wurden ebenfalls an Bord des Schiffes gefunden. Von ihnen getragene Hüte, Jacken und Schuhe aus Leder hatte der Schlamm gut konserviert, ebenso manche Stücke aus Wolle und Seide. Zur Mannschaft gehörten neben 200 Matrosen, 185 Soldaten und 30 Kanonieren auch Bogenschützen. Zwar wurden Pfeil und Bogen im 16. Jahrhundert durch Kanonen ersetzt, doch englische Langbogenschützen galten noch immer als hervorragende Kämpfer.

In den letzten Jahren gab es verschiedene Erklärungsansätze zur Ursache des Untergangs der *Mary Rose*. Der gängigste ist, dass das Schiff aufgrund der Modernisierung und der Ausrüstung mit zusätzlichen Waffen an Stabilität eingebüßt hatte, wodurch es beim Wendemanöver so stark Schlagseite bekam, dass durch die neuen Stückpforten Wasser eindrang. Die Entdeckung einer französischen Kanonenkugel im Wrackrumpf gab jedoch Anlass zur Vermutung, dass eine der Kugeln, die von den französischen Galeeren abfeuert wurden, das Schiff getroffen hatte. Beim Wendemanöver wäre folglich das durch das Loch eingedrungene Wasser auf eine Seite geschwappt, wodurch das Schiff Schlagseite bekommen hätte. Das durch die Stückpforten einschießende Wasser hätte der *Mary Rose* dann den Rest gegeben. Was genau passiert ist, wird sich nie klären lassen. Doch wäre sie nicht untergegangen, könnten wir die *Mary Rose* und die Fundstücke heute nicht bestaunen.

LINKS: *Teile der im Wrack gefundenen Schiffstakelage waren noch intakt. Einige der Blöcke und Rollen befanden sich in hervorragendem Zustand.*

Victoria

Triebfeder für manche der waghalsigsten Entdeckungsreisen war nicht nur Forscherdrang oder Eroberungswille, sondern auch der Wunsch, den Handel auszubauen. Die erste Weltumsegelung diente dem Zweck, einen Seeweg zwischen Europa und den Gewürzinseln zu erschließen. Kommandant dieser historischen Expedition war der portugiesische Seefahrer Ferdinand Magellan, der sie jedoch nicht zu Ende brachte. Nur eines seiner Schiffe kehrte nach vollendeter Weltumrundung nach Hause zurück: die *Victoria*.

TYP: Karacke

STAPELLAUF: Gipuzkoa, Spanien, 1519

LÄNGE: 18–21 m

TONNAGE: 85 Tonnen

KONSTRUKTION: Holz, kraweelbeplankt

ANTRIEB: an Fock- und Hauptmast Rahsegel, am Besanmast Lateinersegel

Nach seinem Militärdienst in Indien auf der Malaiischen Halbinsel und in Marokko wollte Ferdinand Magellan (ca. 1480–1521) einen neuen Seeweg von Portugal zu den erst kürzlich entdeckten Molukken (Gewürzinseln) finden. Nachdem der portugiesische König wenig Interesse zeigte und finanzielle Unterstützung verweigerte, wandte Magellan sich an den spanischen König Karl I. (der spätere Karl V., Kaiser des Heiligen Römischen Reichs), der fünf Schiffe zur Verfügung stellte – *Victoria, Trinidad, San Antonio, Concepción* und *Santiago* – sowie Vorräte für zwei Jahre. Bis auf die kleinere Karavelle *Santiago* handelte es sich bei den Schiffen um Karacken. Als Flaggschiff wählte Magellan die *Trinidad*. Die gesamte Besatzung der fünf Schiffe belief sich auf rund 270 Mann. Ein wohlhabender Kaufmann steuerte Handelsware bei. Für Magellan konnte bei der Expedition viel herausspringen. Der spanische König hatte ihm bei Erfolg unter anderem einen Anteil an den Erträgen der Reise versprochen, eine eigene Insel und die Stellung als Gouverneur in einem der Länder, die er für Spanien in Besitz nehmen würde.

Die Flotte verließ Sevilla am 10. August 1519 und folgte dem Guadalquivir hinab bis Sanlúcar de Barrameda. Am 20. September setzten die

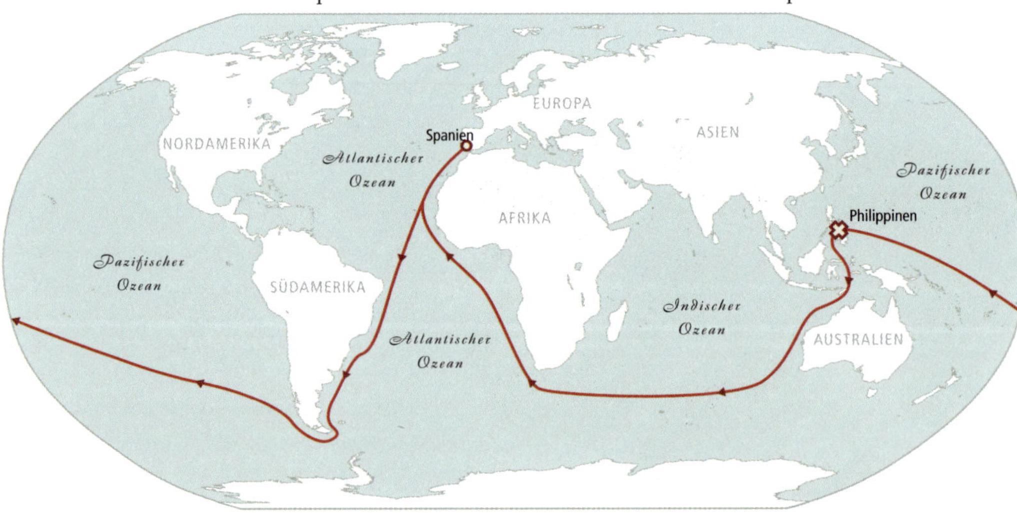

OBEN: *Bei Fahrt in unbekannten Gewässern versuchten Magellans Schiffe, immer in Sichtweite zueinander zu bleiben. Doch nur ein Schiff, die* Victoria, *vollendete die Erdumrundung und kehrte nach Spanien zurück.*

Schiffe Segel für die Atlantiküberfahrt. Der Kurs wurde durch den Vertrag von Tordesillas (1494) bestimmt, der alle außereuropäischen Länder zwischen Portugal (Länder in östlicher Richtung) und Spanien (Länder in westlicher Richtung) aufteilte. Wäre Magellan unter portugiesischer Flagge gefahren, hätte er nach Osten fahren können, so blieb ihm aufgrund des Vertrags nur zu hoffen, dass die Gewürzinseln in der westlichen (spanischen) Hälfte lagen, und er setzte westlichen Kurs. Der portugiesische König war derart empört über Magellans Verrat, dass er ihm eine Kriegsflotte hinterherschickte, der Magellan jedoch entkam.

Meuterei!

Magellans Flotte erreichte am 13. Dezember die Bucht des heutigen Rio de Janeiro und folgte der Küste in südlicher Richtung. Während der Überwinterung im argentinischen Puerto San Julián in Patagonien kam es Ende März 1520 zu einer Meuterei auf drei Schiffen, die Magellan aber niederschlagen konnte. Die Aufständischen wurden exekutiert oder an der Küste ausgesetzt, die Expedition fuhr weiter. Die *Santiago*, die weiter südlich an der Küste auf Erkundungsfahrt war, erlitt in einem Sturm Schiffbruch.

Die übrige Flotte setzte am 24. August südlichen Kurs. Am 21. Oktober entdeckten sie eine durch die Spitze Südamerikas verlaufende Meerenge, die den Atlantik mit dem Pazifik verbindet: die nach ihrem Entdeckter benannte Magellanstraße. Zu diesem Zeitpunkt setzte sich die *San Antonio* von der Flotte ab und kehrte nach Spanien zurück. Die drei übrigen Schiffe – *Trinidad*, *Victoria* und *Concepción* – erreichten am 28. November den Pazifischen Ozean, den Magellan *Mar Pacífico* (Friedliches Meer) nannte. Sie hatten als erste Europäer den Pazifik überquert und trafen im März 1521 auf den Philippinen ein.

LINKS: *Magellan segelte über den Atlantik, die südamerikanische Küste hinab und um die Südspitze des Kontinents in den Pazifik. Er war der erste Europäer, der den Pazifik überquerte.*

Einheimische Stammesmitglieder brachten sie zum Inselstaat Cebu, dort konnte Magellan seine Vorräte auffüllen. Er stellte ein Kreuz auf und begann, die Inselbewohner zu taufen, einschließlich König und Königin. Am 27. April wurden sie von einem rivalisierenden Stamm angegriffen, dabei kam Magellan in der sogenannten Schlacht von Mactan ums Leben. Die Angreifer trugen seinen Leichnam fort und verweigerten die Herausgabe. Ein paar Tage später wurden die zwei als Nachfolger Magellans bestimmten Männer ebenfalls getötet.

> Die Kirche sagt, die Erde sei eine Scheibe; doch ich sah ihren Schatten auf dem Mond und ich habe selbst in einen Schatten mehr Vertrauen als in die Kirche.
>
> **Ferdinand Magellan**

Die Rückreise

Da die Anzahl der überlebenden Matrosen als Besatzung für drei Schiffe nicht ausreichte, wurde die *Concepción* verbrannt. Unter dem Kommando von Joáo Lopes de Carvalho stachen die beiden übrigen Schiffe, *Victoria* und *Trinidad*, in See. Sie erreichten ihr Ziel, die Molukken, am 8. November 1521. Als sie mit kostbaren Gewürzen beladen und bereit für die Rückreise nach Spanien waren, stellte man ein starkes Leck bei der *Trinidad* fest. Sie konnte sich unmöglich auf den Weg machen, daher blieben Carvalho und seine Mannschaft mit dem Schiff zurück, um es zu reparieren und später nachzukommen. Die *Victoria* überquerte unter dem Kommando von Juan Sebastián

UNTEN: *Die erste Karte vom Pazifischen Ozean wurde 1589 vom flämischen Kartografen Abraham Ortelius erstellt. Auf ihr ist Magellans Schiff* Victoria *bei der Ozeanüberquerung zu sehen.*

LINKS: *Magellan starb vor Vollendung der ersten Weltumsegelung auf den Philippinen. Er wurde 1521 in einem Gefecht mit Einheimischen von einem Bambusspeer tödlich getroffen.*

DER VERLORENE TAG

Als die *Victoria* nach ihrer Weltumsegelung nach Spanien zurückkehrte, glaubte die Mannschaft, man schriebe den 6. September. Tatsächlich war es jedoch der 7. September. Man hatte sorgfältig das tägliche Logbuch geführt und konnte sich den Verlust dieses einen Tages nicht erklären. Knapp 60 Jahre später machte Sir Francis Drake eine ähnliche Erfahrung, auch er beklagte den Verlust eines Tages, als er von seiner Weltumsegelung nach England zurückkehrte. Später berichteten holländische Entdecker über dieses Phänomen. Schließlich stellten Seefahrer fest, dass man bei einer Erdumrundung in westliche Richtung 24 Stunden verliert, während man in Richtung Osten 24 Stunden gewinnt. Die Beobachtung der Besatzung der *Victoria* führte zur Einführung einer Internationalen Datumsgrenze, einer gedachten Linie von Pol zu Pol auf der Erdoberfläche. Wer diese Linie in westlicher Richtung überschreitet, fügt dem Datum einen Tag hinzu, wer in die entgegengesetzte Richtung fährt, zieht einen Tag ab. Man hätte die Datumsgrenze an jeder beliebigen Stelle ziehen können, die dem Nullmeridian gegenüberliegende Seite war jedoch am günstigsten. Der nullte Längengrad verläuft von Pol zu Pol durch das englische Greenwich, die Datumsgrenze größtenteils mitten durch den Pazifischen Ozean.

Elcano den Indischen Ozean, umschiffte das Kap der Guten Hoffnung und erreichte Anfang September 1522 schließlich Spanien. Die Weltumsegelung war vollbracht! Die *Trinidad*, die den Heimweg über den Pazifik angetreten hatte, wurde dagegen von einer portugiesischen Flotte gekapert. Mit der *Victoria* kehrten nur 18 von Magellans Matrosen nach Spanien zurück. Sie hatte 68 000 Kilometer zurückgelegt. Auch wenn man die Größe der Erde bereits in der Vergangenheit berechnet hatte, vermittelte die Fahrt der *Victoria* den Menschen erstmals eine konkretere Vorstellung von der Größe ihres Planeten.

Spanien betrachtete die Molukken gemäß Vertrag von Tordesillas als sein Territorium und entsandte eine Flotte, die die Inseln besetzen sollte. Auch der Kapitän der *Victoria* Elcano war dabei. Er und viele andere Seeleute starben unterwegs den Hungertod. Mit dem Vertrag von Saragossa legten Spanien und Portugal 1529 ihren Streit über die Herrschaft über die Molukken bei, die Molukken wurden Portugal, die Philippinen Spanien zugesprochen.

Die historische Bedeutung der *Victoria* wurde seinerzeit nicht erkannt. Man reparierte sie und verkaufte sie als Handelsschiff, das für das Spanische Kolonialreich in den beiden Amerikas diente. Gegen 1570 ging sie auf ihrem Weg von den Antillen nach Sevilla mitsamt Besatzung mitten auf dem Atlantik unter.

Mayflower

1620 machte sich eine Gruppe Abtrünniger Christen, die sich von der Kirche von England losgesagt hatten – auf, den Atlantik zu überqueren, um der religiösen Intoleranz zu entkommen. Diese sogenannten Pilgerväter gründeten eine Siedlung in dem Land, das später die Vereinigten Staaten von Amerika werden sollte. Auch wenn es nicht die erste europäische Siedlung in Nordamerika war, so ist diese tiefer im amerikanischen Volkstum verankert als andere. Das Schiff, auf dem sie auswanderten, war die *Mayflower*.

TYP: Holländische Handelsfleute

STAPELLAUF: möglicherweise Harwich, England, ca. 1580

LÄNGE: ca. 30 m

TONNAGE: rund 180 Tonnen

KONSTRUKTION: Holz, kraweelbeplankt

ANTRIEB: Segel an drei Masten und Bugspriet

Im England des frühen 17. Jahrhunderts war es ein Vergehen, den Messen der Church of England fernzubleiben. Wer sich weigerte, wurde bestraft. Nur zum Teil arrangierten sich die Puritaner (reformierte Protestanten) mit diesen neuen Gesetzen, daher beschlossen einige, auszuwandern. Sie ließen sich zunächst im holländischen Amsterdam nieder, dann in Leiden. Doch das Schicksal war nicht allen wohlgesonnen, nicht alle fanden Arbeit, manche taten sich schwer mit Sprache und Kultur. Zudem bereitete ihnen die in ihren Augen freizügigere Moral der Holländer Unbehagen. Weil sie den Einfluss fürchteten, den diese auf ihre Kinder ausüben könnte, beschlossen sie, erneut auszuwandern. Ziel war die Neue Welt, dort wollten sie eigene Siedlungen gründen, um ihren Glauben frei und nach eigenem Gutdünken zu leben. Jamestown, eine existierende Siedlung in Virginia, schlossen sie als neue Heimat aus, sie fürchteten, dort auf die gleichen Formen von Missbilligung und Anpassungsdruck zu stoßen, denen sie zu entkommen versuchten.

OBEN: *Die* Mayflower *war ein typisches englisches Handelsschiff des 17. Jahrhunderts, das auf eine holländische Konstruktion zurückging. Die hohen Kastelle an Bug und Heck schützten das Hauptdeck ein wenig vor den Elementen.*

LINKS: *Das Gemälde von Robert Walter Weir aus dem Jahr 1857,* Embarkation of the Pilgrims, *zeigt an Deck versammelte Pilger, die sich auf ihre Reise in die Neue Welt vorbereiten.*

Die jüngeren, kräftigeren Gruppenmitglieder machten sich zuerst auf den Weg, die älteren sollten nachkommen. Im Juli 1620 verließen sie Delfshaven nahe Rotterdam an Bord der *Speedwell.* Sie hatte zur Flotte gehört, die 1588 die spanische Armada vernichtete, und war eine 60 Tonnen schwere Pinasse, also ein kleines rahgetakeltes Handelsschiff. Sie segelten nach Southampton in England, wo bereits ein zweites Schiff, die *Mayflower*, und weitere Dissenter auf die Abfahrt in die Neue Welt warteten.

Die *Mayflower* war eine Fleute. Hierbei handelte es sich um Handelsschiffe holländischen Ursprungs, die günstig herzustellen und auf große Ladekapazität für lange Fahrten mit kleiner Crew ausgelegt waren. Da sich so die Transportkosten senken ließen, waren sie im 16. und 17. Jahrhundert gefragte Frachtschiffe. Englische Schiffsbauer erkannten rasch die Vorteile und fingen mit dem Bau eigener Fleuten an. Meist waren sie für den Handel bestimmt, manche wurden jedoch für Kriegszwecke mit Geschützen ausgerüstet. Es lässt sich nicht mit Sicherzeit sagen, wo und wann die *Mayflower* gebaut wurde; als Heimat der *Mayflower* sieht sich jedenfalls die Stadt Harwich in Essex. So wird das Schiff in einigen zeitgenössischen Dokumenten als «Mayflower of Harwich» bezeichnet. Auch der Kapitän und Miteigner Christopher Jones stammte aus Harwich, er war vor der historischen Fahrt bereits 11 Jahre lang Kapitän der *Mayflower* gewesen und hatte vornehmlich englische Wolle nach Frankreich und auf dem Rückweg französischen Wein transportiert.

Abfahrt in die Neue Welt

Die *Speedwell* bedurfte zunächst noch einiger Reparaturen. Am 5. August 1620 legten die beiden Schiffe dann ab, die *Speedwell* mit 30 Passagieren an Bord, die *Mayflower* mit 90. Kaum abgelegt, schlug die *Speedwell* leck und die Schiffe fuhren zur Reparatur nach Dartmouth in der Grafschaft Devon. Beim nächsten Auslaufen leckte die *Speedwell* erneut, sodass die Schiffe nach Plymouth segelten. Dort ließ man die *Speedwell* zurück, und die *Mayflower* trat die Reise mit 102 Passagieren und der rund 30-köpfigen Besatzung allein an. Die Passagiere waren auf dem nur 15 m mal 7,5 m großen und 1,50 m hohen Kanonendeck untergebracht. Bei gutem Wetter stand ihnen auch das Hauptdeck zur Verfügung, bei Unwetter dagegen

OBEN: *Die* Mayflower *bot den Pilgern nur wenig Platz. Abgesehen vom kleinen Deck zwischen den Kastellen und dem darunterliegenden Zwischen- oder Kanonendeck war das Schiff voll beladen.*

zwängten sie sich auf das enge Kanonendeck, das sie sich zudem mit 10 Kanonen teilen mussten.

Am 6. September 1620 verließ die *Mayflower* die Stadt Plymouth, die als letzter Anlaufhafen gilt, wenngleich manche behaupten, sie habe noch einmal in Newlyn in Cornwall Zwischenstopp gemacht, um vor der Ozeanüberquerung Wasser aufzufüllen. Sie hatte Kurs auf die Mündung des Hudson River gesetzt. Nach der gut zwei Monate dauernden, recht stürmischen Überfahrt landete sie am 11. November jedoch am Cape Cod. Gründlich erkundeten die Siedler die Umgebung, bevor sie entschieden, wo ihr neues Zuhause entstehen sollte. Die Gegend hieß New Plymouth, so benannt vom englischen Entdecker und Kapitän John Smith, der sie 1614 vermessen hatte. Den Namen behielten die Pilger bei, klang er doch zufällig wie der Name ihres Auslaufhafens in England. Die Stelle, an der sie an Land gingen, ist als Plymouth Rock bekannt.

FRÜHERE ERKUNDUNGEN VON CAPE COD

Die Pilgerväter waren nicht die ersten Europäer in der Umgebung von Cape Cod. Zuvor hatte bereits der italienische Entdecker Giovanni Caboto (ca.1450 bis ca. 1500) das nordamerikanische Festland betreten, und zwar 500 Jahre, nachdem die Wikinger dort waren (Kolumbus war nie in Nordamerika). Mit der Entdeckung Neufundlands durch Caboto im Jahr 1497 begann ein neues Zeitalter der Erkundungen entlang der Ostküste des amerikanischen Kontinents.

Der französische Seefahrer und Gründer der Stadt Quebec, Samuel de Champlain (1574–1635), hatte Cape Cod 1605 erkundet. John Smith (1580–1631), englischer Soldat, Entdecker und Mitbegründer der Kolonie Jamestown, erforschte die Umgebung von Cape Cod im Jahr 1614 und nannte sie New England. Seine Karte von 1616 zeigt die Lage der von ihm «New Plymouth» genannten Kolonie Plymouth.

Krankheiten und schlechtes Wetter zögerten den Bau der ersten Häuser hinaus, bis die Siedler Ende Januar mit dem Entladen der *Mayflower* beginnen konnten. Von den amerikanischen Ureinwohnern gab es kaum Widerstand, was vor allem darauf zurückzuführen war, dass eine Pockenepidemie 90 Prozent von ihnen dahingerafft hatte.

Rückkehr nach England

Im April setzte die *Mayflower* Segel für die Rückfahrt nach England. Zuvor ließ man noch vier ihrer Kanonen zur Verteidigung der Kolonie zurück. 1623 trafen weitere Auswanderer und zusätzliche Vorräte ein, dafür dankten die überlebenden Siedler Gott. Dieses Ereignis wird in den Vereinigten Staaten auch heute noch als *Thanksgiving* gefeiert. Im darauffolgenden Jahr kamen weitere Siedler und das erste Vieh. 1630 war die Kolonie auf 300 Menschen angewachsen, 1691 zählte sie schon 7000.

Dank kräftiger Westwinde dauerte die Rückfahrt der *Mayflower* nach England nur halb so lang wie die Hinfahrt; sie traf am 6. Mai 1621 in London ein. Im darauffolgenden Jahr starb der Kapitän Christopher Jones. Die nächsten zwei Jahre verbrachte die *Mayflower* auf ihrem Liegeplatz. Was danach mit ihr geschah, ist unbekannt, wahrscheinlich wurde sie abgewrackt. Angeblich sollen ein paar ihrer Schiffsbalken beim Bau der Mayflower Barn, einer Scheune im Dorf Jordans in der Grafschaft Buckinghamshire, verwendet worden sein, doch das wurde nie bestätigt.

UNTEN: *Stich von John C. McRae,* The Landing of the Pilgrim Fathers, in America, A.D. 1620 *(nach einem Gemälde von Charles Lucy): Es zeigt den Moment, als die Pilger von Bord der* Mayflower *an Land gehen.*

HMS *Endeavour*

Mitte des 18. Jahrhunderts nahm ein bescheidenes Kohlenschiff an einer Expedition teil, die unsere Sicht auf die Erde und ihren Platz im Sonnensystem verändern sollte. Seinerzeit war die Größe des Sonnensystems unbekannt; niemand wusste, wie weit die Erde von der Sonne entfernt ist. Wissenschaftler, die an Bord der HMS *Endeavour* in den Pazifischen Ozean fuhren, wollten dieses Rätsel lösen. Danach setzte der Kapitän der Expedition, James Cook, die Fahrt in geheimer Mission nach Neuseeland und Australien fort.

TYP: umgebautes Kohlenschiff

STAPELLAUF: Whitby, England, 1764

LÄNGE: 29,8 m

TONNAGE: 366 Tonnen

KONSTRUKTION: Holz (Weißeiche, Ulme, Kiefer), kraweelbeplankt

ANTRIEB: Rahsegel an drei Masten und Bugspriet

Die *Endeavour* begann ihr Arbeitsleben als Kohleschiff unter dem Namen *Earl of Pembroke*. Sie war im Kohlehafen von Whitby an der englischen Nordostküste erbaut worden. Ihr Rumpf bestand aus Weißeiche, Kiel und Hintersteven aus Ulme und die Masten aus Kiefer und Tanne. Sie war von kräftigem Bau mit flachem Boden, weshalb sie sicher in flachen Gewässern segeln konnte und für Reparaturen kein Trockendock benötigte, sondern auf Strand gesetzt werden konnte. 1768 genehmigte König Georg III. eine Expedition in den Pazifischen Ozean. Dort wollten Wissenschaftler im darauffolgenden Jahr das Vorbeiziehen der Venus an der Sonne beobachten. Sie hatten die Expedition beantragt, um anhand dieser Beobachtungen die Ent-

RECHTS: *Kräftig gebaute flache Schiffe wie Kapitän Cooks* Endeavour *waren gängige Kohletransportschiffe an der Nordostküste Englands, wo sie als* Whitby Cats *(Whitby-Kattschiffe) bekannt waren.*

OBEN: *Bei seinem Aufenthalt in Tahiti wurde Kapitän Cook Zeuge eines Menschenopfers. Es wurde dem tahitianischen Kriegsgott dargebracht, um seine Unterstützung im Kampf gegen eine andere Insel zu erbitten.*

fernung zwischen Erde und Sonne zu berechnen. Die Admiralität nutzte die Expedition zudem für eine geheime Mission, um nach einem angeblich existierenden, aber noch unentdeckten und nicht vermessenen Kontinent im Süden suchen zu lassen.

James Cook (1728–79) sollte die Expedition leiten. Er besaß den Ruf, Mess- und Kartierungsarbeiten äußert gewissenhaft durchzuführen. Die Admiralität kaufte die *Earl of Pembroke* und ließ sie von einem Kohlenschiff zum Forschungsschiff HMS *Endeavour* umbauen, sie erhielt zusätzliche Decks mit Kabinen und Frachträumen. Für den Verteidigungsfall wurde das Schiff mit sechs Kanonen und 12 Drehbassen ausgerüstet. Die Besatzung bestand aus 85 Mann, davon ein Dutzend Marinesoldaten, zudem befanden sich ein Naturforscher (Joseph Banks), ein Astronom sowie zwei Künstler an Bord.

MEIN EHRGEIZ FÜHRT MICH NICHT NUR WEITER ALS JE EINEN MENSCHEN ZUVOR, SONDERN, WIE ICH GLAUBE, SO WEIT ES EINEM MENSCHEN ÜBERHAUPT NUR MÖGLICH IST.
James Cook

Am 26. August 1768 legte die *Endeavour* in Plymouth ab. Cook sollte vor dem nächsten Juni in Tahiti ankommen, einer mitten im Pazifik gelegenen winzigen Insel mit weniger als 45 km Durchmesser. Mitte Januar erreichte er Kap Hoorn. Drei Tage lang musste er dort gegen Sturm und Wellen ankämpfen, bevor er endlich in den Pazifik segeln konnte. Es folgte ein Zwischenstopp auf den Banksinseln, um Pflanzen an der Küste zu sammeln, danach ging es weiter nach Tahiti, wo Cook im April eintraf.

Man baute am Strand ein Observatorium, das mit einem Erdwall und Holzpalisaden umgeben wurde. Zur Verteidigung dienten Waffen vom Schiff. Am 3. Juni fand der Venustransit statt. Die Beobachter hatten jedoch Mühe, den genauen Zeitpunkt zu bestimmen, da der Rand des Planeten Venus beim Näherkommen an den Rand der Sonnenscheibe verschwamm, ein Phänomen, das als Tropfenphänomen oder Schwarzer Tropfen bekannt ist. Anhand dieser und an anderen Orten gemachten Beobachtungen wurde die durchschnittliche Entfernung zwischen Erde und Sonne auf

150 838 824 km berechnet – eine Abweichung von nur 0,8 Prozent von der korrekten Entfernung, die 149 597 870 km beträgt.

Terra Australis

Nach Beendigung der astronomischen Studien öffnete Cook einen versiegelten Auftrag, der ihn auf die Suche nach dem Südkontinent entsandte, *Terra Australis*. In Neuseeland angekommen, vermaß er die gesamte Küstenlinie und bewies damit, dass Neuseeland nicht Teil eines riesigen Südkontinents war. Er fuhr weiter westwärts und erreichte als erster Europäer die australische Ostküste. Auch Australien gehörte nicht zu einem im Süden vermuteten größeren Kontinent. Er nahm das Land für England in Besitz und nannte es New South Wales. Am 29. April landete er an der Küste der Botany Bay. Bei der Weiterfahrt lief die *Endeavour* am Great-Barrier-Riff auf Grund und riss sich ein Loch in den Rumpf, das man zunächst notdürftig mit einem Stück Segel stopfte und später, als man eine geeignete Stelle gefunden hatte, an der man das Schiff auf Strand setzen konnte, reparierte. Danach ging es weiter nach Batavia (Jakarta) in Niederländisch-Indien, um Vorräte zu laden und den lecken Rumpf dauerhaft zu reparieren, der sehr viel angeschlagener war als vermutet. Dort erkrankten viele Besatzungsmitglieder an den damals in den holländischen Kolonien grassierenden Seuchen Ruhr und Malaria. Mit den überlebenden Besatzungsmitgliedern fuhr Cook weiter westwärts und vollendete drei Jahre nach Abfahrt seine erste Weltumsegelung im Juli 1771.

OBEN: *Das offizielle Porträt von James Cook stammt von Nathaniel Dance-Holland. Es zeigt den großen Seefahrer in seiner Kapitänsuniform der Royal Navy, seine Hand ruht auf einer von ihm angefertigten Karte des Südmeers. Er zeigt auf die Küste Australiens.*

SKORBUT

James Cook brachte über 20 Jahre Erfahrung auf See mit, als er 1769 das Kommando der *Endeavour*-Expedition übernahm. Das Leben der einfachen Seeleute war ihm daher gut bekannt. Als Offizier kümmerte er sich um die Männer, die unter ihm dienten. Insbesondere sorgte er sich um das Essen seiner Besatzung. Er stellte sicher, dass ihr Speiseplan auch Sauerkraut und eingemachte Orangen und Zitronen enthielt. Alle Matrosen mussten essen, was auf den Tisch kam, wer sich weigerte, wurde ausgepeitscht. Cooks Beharrlichkeit zahlte sich aus. Er war der erste britische Marinekommandant, dem es gelang, die durch Vitamin-C-Mangel verursachte Krankheit Skorbut von seinen Männern fernzuhalten.

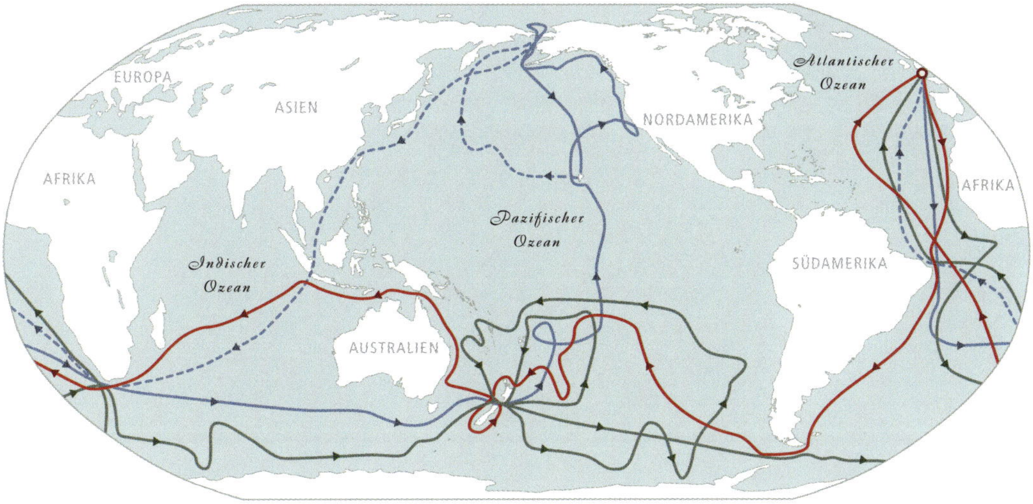

OBEN: *Cooks drei Entdeckungsreisen lieferten zahlreiche neue Erkenntnisse über den kaum bekannten Pazifik. Cooks erste Reise ist rot markiert, die zweite grün und die dritte blau. Die gestrichelte blaue Linie zeigt die Route der* Endeavour *nach Cooks Tod.*

Cook unternahm zwei weitere Entdeckungsreisen, jedoch nicht mehr mit der *Endeavour*, sondern mit der HMS *Resolution*, ein ebenfalls umgebautes Kohlenschiff. Auf seiner zweiten Weltumsegelung (1772–75) suchte er erneut nach dem Südkontinent. Er drang sogar bis zum Packeis vor und umrundete die Antarktis, entdeckte aber kein Land. Er hielt es für möglich, dass sich das Packeis bis zum Südpol erstreckt.

Die Nordwestpassage

1776 startete Cook eine Expedition, um an der nordamerikanischen Pazifikküste nach der Nordwestpassage zu suchen, einer Verbindung zwischen Atlantischem und Pazifischem Ozean. Unterwegs entdeckte er die Hawaii-Inseln, auf die er, nachdem er in der Beringstraße auf Packeis gestoßen war, zurückkehrte. Als man ihm dort eines seiner Schiffe stahl, versuchte er, den örtlichen Häuptling als Geisel zu nehmen, um die Herausgabe zu erzwingen. Doch im nachfolgenden Handgemenge wurden Cook und vier seiner Seesoldaten am 14. Februar 1779 getötet. Die Ureinwohner trugen Cooks Leichnam fort, gaben einen Teil seiner Gebeine jedoch später zur Seebestattung zurück.

Die HMS *Endeavour* diente unterdessen als Marinefrachtschiff, bis sie 1775 in Privateigentum überging. Kurz darauf befand man sie für seeuntüchtig. Sie bedurfte umfangreicher Reparaturen, bevor sie als Truppentransporter und später als Gefängnisschiff erneut zum Einsatz kam. Inzwischen umbenannt in *Lord Sandwich* wurde sie 1778 zusammen mit mehreren anderen Kriegs- und Privatschiffen als Blockade in der Narragansett Bay in Rhode Island versenkt, um eine britische Siedlung vor einem französischen Seeangriff zu schützen.

HMS *Victory*

Die Schlacht von Trafalgar 1805 ist eine der berühmtesten Seeschlachten der britischen Geschichte, und der Flottenadmiral Horatio Nelson einer der berühmtesten Persönlichkeiten des britischen Militärs. Sein Flaggschiff in diesem Gefecht war die HMS *Victory*. Bei Trafalgar wurde die Gefahr einer französischen Invasion endgültig gebannt, worauf Großbritannien die Vorherrschaft auf See übernahm. Die *Victory* ist noch immer im Dienst der Royal Navy und damit das dienstälteste Marineschiff der Welt.

TYP: Linienkriegsschiff 1. Ranges

STAPELLAUF: Chatham-Werft, Kent, England, 1765

LÄNGE: 69,3 m

TONNAGE: 3556 Tonnen Wasserverdrängung

KONSTRUKTION: Eichenrumpf, kraweelbeplankt

ANTRIEB: Rahsegel an drei Masten und Bugspriet

Der Bau der HMS *Victory* wurde während des Siebenjährigen Kriegs in Auftrag gegeben, als ein von Briten angeführtes Bündnis gegen eines unter französischer Führung kämpfte. Sie wurde in der am Fluss Medway gelegenen Chatham-Werft in Kent gebaut, die Kiellegung erfolgte am 23. Juli 1759. Man verbaute rund 6000 Bäume, größtenteils Eichen, im Schiff. Als es 1765 vom Stapel lief, war der Krieg vorbei und es blieb unvollendet in Reserve. Erst nach Ausbruch des Amerikanischen Unabhängigkeitskriegs wurde die *Victory* 1778 fertiggestellt. Ausgerüstet mit 104 Kanonen galt sie als Kriegsschiff «1. Ranges». Sie nahm an der ersten und zweiten Schlacht von Quessant gegen die Franzosen teil, 1782 während der Belagerung von Gibraltar an der Schlacht bei Kap Spartel gegen die verbündeten Flotten von Frankreich und Spanien. 1797 diente sie Admiral Sir John Jervis als Flaggschiff in der Seeschlacht vor Kap St. Vincent gegen Spanien.

RECHTS: *Die* Victory *hatte bereits 40 Dienstjahre hinter sich, als Nelson bei der Schlacht von Trafalgar im Jahr 1805 auf ihrem Achterdeck einherschritt.*

KRIEGSSCHIFFE 1. RANGES

Britische Kriegsschiffe wurden zur Zeit der HMS *Victory* in sechs «Ränge» geteilt, die sich nach Größe und Anzahl ihrer Bewaffnung richteten. Schiffe 1. Ranges wie die *Victory* waren die größten und mächtigsten: Sie besaßen mindestens 100 Kanonen auf drei Decks und umfassten eine Besatzung von mehr als 800 Mann. Häufig dienten sie als Hauptquartier des Admirals oder als Flaggschiff – das so genannt wurde, weil man eine besondere Flagge hisste, die die Anwesenheit des Admirals anzeigte.

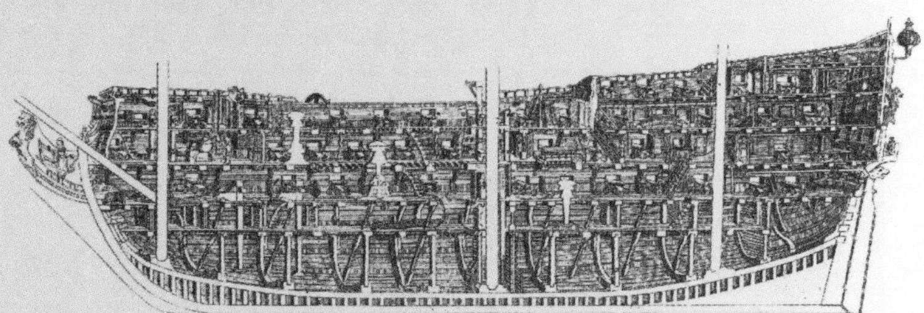

RECHTS: *Die* Victory *ist ein Beispiel der mächtigen Kampfmaschinen ihrer Zeit – ein Kriegsschiff 1. Ranges der britischen Royal Navy. In der Illustration aus der* Cyclopaedia *(1728) werden ein Kriegsschiff 3. Ranges (oben) und eines 1. Ranges wie die* Victory *verglichen.*

Zu diesem Zeitpunkt war die *Victory* arg mitgenommen. Sie wurde zum Lazarettschiff umgerüstet und stand kurz davor, als Gefängnisschiff zu enden – die letzte Station vor dem Schiffsfriedhof –, als 1799 das Kriegsschiff HMS *Impregnable* havarierte und sie wieder in Dienst gestellt wurde. Man unterzog sie einer umfangreichen Modernisierung und beschlug ihren Rumpf mit 3923 Kupferplatten, um das Holz vor dem Schiffsbohrwurm zu schützen. Die schweren 42-Pfund-Kanonen wurden durch leichtere 32-Pfünder ersetzt, die sich einfacher laden und schneller feuern ließen. Damals erhielt sie auch den berühmten schwarz-gelb-gestreiften Anstrich.

Trafalgar

Die große Stunde der *Victory* schlug 1805. Zwar besaß der französische Kaiser Napoleon Bonaparte keinen Ehrgeiz mehr, Britannien zu erobern, trotzdem stellte seine Flotte mit französischen und spanischen Schiffen noch immer eine Gefahr dar. So beschlossen die Briten, sich der Sache anzunehmen, und beauftragten damit den Vize-Admiral Lord Nelson (1758–1805). Er stieß nahe der spanischen Hafenstadt Cádiz zur britischen Flotte, wo die feindlichen Schiffe der Franzosen und Spanier lagen. Als diese in See stachen, folgten ihnen die Briten und griffen am 21. Oktober vor Kap Trafalgar an. Vor der Schlacht sandte Nelson sein berühmtes Signal an die Flotte: «England erwartet, dass jedermann seine Pflicht erfüllt.»

Nelson wusste um die zahlenmäßige Überlegenheit des Feindes – 27 britische Schiffe gegen 33 französische und spanische –, daher entschloss er sich zu einer riskanten Taktik, dem sogenannten Durchbruch der feindlichen Linie. Damals formierten sich Kriegsschiffe gewöhnlich in gegenüberliegenden parallelen Linien und beschossen sich mit ihren Kanonen. Nelson ging anders vor. Er teilte seine Schiffe in zwei Gruppen: Die eine sollte die gegnerische Linie in der Mitte, die andere am Ende durchbrechen, um so die feindliche Formation in kleinere Gruppen zu trennen. Fast eine Stunde lang fuhren die britischen Schiffe unter Kugelhagel dem Feind entgegen, bevor sie selbst ihre Waffen aufs Ziel richten konnten. Nelson setzte auf die Kampferprobung seiner Soldaten, die sich siegreich in Gefechten am Nil und vor Kopenhagen geschlagen hatten, und auf die mangelnde Kampferfahrung der feindlichen Schützen. Er sollte Recht behalten. Die kampferprobten britischen Marinesoldaten waren gut gedrillt und schafften es, alle 90 Sekunden zu feuern – das war wenigstens doppelt so schnell wie die Feuerrate anderer Kanoniere. Nachdem die feindliche Linie durchbrochen war, griffen die Briten die Schiffe einzeln an. Die *Victory* schlug zunächst das Flaggschiff *Bucentaure* des französischen Admirals. Nelsons Taktik und die Überlegenheit seiner britischen Kanoniere verhalfen ihm zum Sieg. 19 gegnerische Schiffe eroberte oder zerstörte er am Tag der Schlacht, vier weitere eroberte er zu einem späteren Zeitpunkt, die meisten anderen wurden zerstört und endeten als schwimmende Wracks. Die Briten verloren kein einziges Schiff.

UNTEN: *Das berühmteste Gemälde von Nelson stammt von Lemuel Francis Abbott aus dem Jahr 1800. Nelsons rechter Ärmel ist über seiner Brust festgesteckt, er verlor seinen Arm 1797 in der Schlacht von Santa Cruz.*

ENGLAND ERWARTET, DASS JEDERMANN SEINE PFLICHT ERFÜLLT.
Horatio Nelsons Signal an die britische Flotte vor der Schlacht von Trafalgar

HMS *VICTORY* BEI TRAFALGAR

Bei der Schlacht von Trafalgar 1805 bestand die Besatzung der *Victory* aus 821 Mann, davon waren mehr als 500 Matrosen für den Segeldienst zuständig, 289 von ihnen waren Freiwillige. Den Rest, über 200 Männer, hatte man zwangsverpflichtet. Denn wenn die Navy nicht genug Freiwillige bekam, zogen Zwangsrekrutierer aus, die geeignete Männer gewaltsam zum Dienst einzogen. Darüber hinaus befanden sich rund 150 Seesoldaten an Bord, die übrige Mannschaft setzte sich aus Schiffsoffizieren sowie Schiffsarzt und anderen Spezialisten zusammen. Rund 40 Prozent der Männer waren nicht einmal 24 Jahre alt. Der jüngste war erst 12 Jahre – so alt wie Nelson, als er zur Navy ging –, der älteste, der Zahlmeister, 67 Jahre.

OBEN: *Das Gemälde von Nicholas Pocock entstand 1807, nur zwei Jahre nach der Schlacht. Es zeigt die Lage am 21. Oktober 1805 um 17.00 Uhr, als sich die Schlacht ihrem Ende näherte.*

Nelsons Tod

Auf den oberen Decks eines Kriegsschiffs liefen die Männer stets Gefahr, von feindlichen Kanonieren und Scharfschützen erschossen zu werden. Insbesondere auf Poop- und Achterdeck war es riskant, da sich dort die höheren Schiffsoffiziere aufhielten. Als das Steuerrad der *Victory* auf dem Achterdeck weggeschossen wurde, musste sie mit der Ruderpinne unter Deck gesteuert werden. Nelson stand auf dem Achterdeck, als er von einer Musketenkugel getroffen wurde, die ein Scharfschütze aus der Takelage des nur wenige Meter entfernten französischen Kriegsschiffs *Redoutable* abgefeuert hatte. Die Kugel durchdrang Nelsons rechte Schulter und seine Wirbelsäule. Als der Kapitän der *Victory* Thomas Hardy sah, dass Nelson getroffen worden war, eilte er ihm zu Hilfe und ließ ihn hinunter aufs Orlopdeck (das unterste Deck) tragen. Er wurde in die Plicht gelegt, den Teil des Decks, in dem die Verwundeten vom Schiffsarzt versorgt wurden. Nelson sagte zum Arzt: «Sie können nichts für mich tun. Mir bleibt nur noch wenig Zeit. Mein Rücken wurde durchschossen.» Als Hardy nach ihm sah, sprach Nelson seine legendären Worte: «Kiss me, Hardy.» Der Arzt sah, wie Hardy Nelson auf Wange und Stirn küsste. Nelsons Kräfte verließen ihn zusehends

RECHTS: *In seinem Gemälde «The Fall of Nelson» (1825) hält Denis Dighton den Moment fest, als Nelson in der Schlacht von Trafalgar von einem Scharfschützen eines nicht weit entfernten feindlichen Schiffes angeschossen wird und ihm Offiziere zu Hilfe eilen.*

und er verstarb um 16.30 Uhr, drei Stunden, nachdem man auf ihn geschossen hatte.

Die *Victory* hatte in der Schlacht einiges einstecken müssen, ein Sturm tat sein Übriges. Doch trotz der schweren Schäden am Schiff forderte die Besatzung das Recht ein, ihren Kommandanten nach Hause bringen zu dürfen. Nelsons Leichnam wurde in einem Brandyfass konserviert. Das Schiff war so schwer beschädigt, dass es zur Reparatur zunächst nach Gibraltar geschleppt wurde, bevor es nach England weiterging. Man setzte Nelson in einem Staatsbegräbnis bei, sein Sarkophag befindet sich in der Krypta der St. Paul's Cathedral in London.

NELSONS LAUFBAHN

Nelson wurde am 29. September 1758 im englischen Burnham Thorpe in Norfolk geboren. Bereits als Zwölfjähriger ging er zur Marine. Obwohl er an der Seekrankheit litt, durchlief er rasch die Ränge und wurde mit nur 20 Jahren Kapitän. Nach seinem Dienst in den Westindischen Inseln kehrte er nach England zurück, wo er 1793 zum Kapitän der HMS *Agamemnon* ernannt wurde. Nach Verlust seiner Sehkraft auf dem rechten Auge vor Korsika übergab man ihm das Kommando der HMS *Captain*. Aufgrund seiner Verdienste in der Schlacht vor Kap St. Vincent (1797) wurde er zum Ritter geschlagen und zum Konteradmiral befördert. Kurz darauf verlor er in der Schlacht von Santa Cruz seinen rechten Arm. 1798 schlug eine britische Flotte unter seinem Kommando die Franzosen in der Schlacht bei Abukir.
Nelson besaß die Angewohnheit, Anweisungen zu ignorieren, wenn er glaubte, es besser zu wissen. Als er den Befehl erhielt, sich aus der Seeschlacht von Kopenhagen (1801) zurückzuziehen, setzte er bekanntlich das Fernrohr an sein blindes Auge und sagte, dass er das Signal nicht sehen könne. Nach dem Sieg vor Kopenhagen wurde er zum Viscount und Oberbefehlshaber ernannt.

RECHTS: *Heute sind die Kanonendecks der* Victory *ruhig und sauber, doch während eines Gefechts auf wogender See waren sie Schauplatz nicht nur von großer militärischer Professionalität, sondern auch von schrecklichem Getöse, Gestank, Rauch und Gewalt.*

UNTEN: *Die HMS* Victory *vor ihrer Restaurierung und ihrem Neuanstrich mit den etwas blasseren Farben, die sie bei der Schlacht von Trafalgar trug. Noch immer lockt das Schiff, das im* Historic Dockyard *in Portsmouth an der südenglischen Küste steht, zahlreiche Besucher an.*

Die *Victory* heute

Die *Victory* wurde in größerem Umfang überholt, bevor sie in den Napoleonischen Kriegen auf der Iberischen Halbinsel sowie in der Ostsee zum Einsatz kam. 1812 wurde sie ausgemustert und in Portsmouth vertäut. Nachdem Marinehistoriker in den 1920er-Jahren warnten, dass sie ohne geeignete Maßnahmen zerfallen würde, führte man Restaurierungsarbeiten durch. Im Zweiten Weltkrieg wurde sie dann bei einer Bombardierung stark beschädigt. In den 1970er-Jahren waren Reparaturen überfällig. Da im Laufe ihrer Dienstjahre Bewaffnung, Takelage und äußere Erscheinung mehrfach verändert worden waren, entschied man, sie in den Zustand von 1805 zurückzuversetzen, dem Zeitpunkt der Schlacht von Trafalgar. Heute sind nur noch etwa 20 Prozent des ursprünglichen Schiffs übrig, das untere Kanonendeck und das Orlopdeck, auf dem Nelson starb, sind noch nahezu im Originalzustand erhalten.

Auch heute noch finden Forschungs- und Restaurierungsarbeiten statt. Erst jüngst fanden Wissenschaftler heraus, wie die *Victory* bei der Schlacht von Trafalgar wirklich ausgesehen hat: Der Anstrich war nicht schwarz und leuchtend gelb, wie man immer annahm, sondern grafitgrau und ein blasses orangecremefarbenes Gelb. Nach vier Monaten war der Neuanstrich im Oktober 2015 fertiggestellt.

HMS *Sirius*

Die Ankunft der *First Fleet* (erste Flotte) in der Botany Bay im Jahr 1788 markiert den Anfang der europäischen Kolonialisierung Australiens. Das Flaggschiff der Flotte war ein umgebautes Handelsschiff, die HMS *Sirius*. Unter den höheren Offizieren befanden sich die drei ersten Gouverneure von New South Wales.

TYP: zu einem Marineschiff umgebautes Handelsschiff mit 10 Kanonen

STAPELLAUF: Rotherhithe, England, 1780

LÄNGE: 33,7 m

TONNAGE: 512 Tonnen

KONSTRUKTION: Holz, kraweelbeplankt

ANTRIEB: viereckige Segel an drei Masten

Seit dem frühen 17. Jahrhundert hatte England verurteilte Straftäter nach Amerika verschifft, doch nach Verlust seiner Kolonien am Ende des Amerikanischen Unabhängigkeitskriegs war damit Schluss. Die ohnehin schon vollen britischen Kerker waren bald überfüllt und so funktionierte man alte Schiffe zu schwimmenden Gefängnissen um. Als auch diese voll waren, benötigte man dringend ein neues Überseegebiet für die Strafgefangenen. Nachdem Captain James Cook erst ein paar Jahre zuvor einen ganzen Kontinent auf der Südhalbkugel entdeckt hatte, beschloss die britische Regierung 1785, die Sträflinge fortan nach Australien zu deportieren.

Am 13. Mai 1787 verließ die *First Fleet*, wie sie später genannt wurde, Portsmouth, um die erste britische Strafkolonie in Australien zu errichten. Die Flotte umfasste 11 Schiffe – zwei der Royal Navy, drei Versorgungs- und sechs Sträflingsschiffe – und stand unter dem Kommando von Admiral Arthur Phillip (1738–1814). Sein Flaggschiff war die HMS *Sirius* mit Kapitän John Hunter. Arthur Phillip war auch designierter Gouverneur von New South Wales, also von dem Gebiet, das James Cook für Britannien in Besitz genommen hatte. Die Quellenangaben zur Anzahl der Sträflinge in der Flotte variieren, doch dürften es rund 750 Männer, Frauen und Kinder gewesen sein. Die meisten hatte man wegen Raub oder Diebstahl verurteilt.

RECHTS: *Ankunft der* First Fleet *an der Küste vor der Botany Bay, dargestellt in einem Stich von Thomas Medland nach einem Gemälde von Robert Clevely. Der Stich entstand 1789, nur ein Jahr nach Ankunft der Flotte.*

RECHTS: *Unter Aufsicht von Kapitän Arthur Phillip wird am 26. Januar 1788 die britische Flagge in der Sydney Cove gehisst. Die HMS* Sirius *liegt in der Bucht vor Anker. Das Ölgemälde von Algernon Talmage stammt aus dem Jahr 1937.*

Von der *Berwick* zur *Sirius*

Die *Sirius* war ursprünglich ein Handelsschiff mit dem Namen *Berwick*. Nachdem sie in einem Feuer beschädigt worden war, kaufte sie die Royal Navy, die sie in der Deptford-Werft zum Kriegsschiff umbaute. Sie wurde mit 10 Kanonen ausgestattet, der Rumpf erhielt einen Kupferbeschlag, um das Holz vor Schäden durch Meeresorganismen zu schützen. Als HMS *Berwick* war sie von 1782 bis zum Ende des Amerikanischen Unabhängigkeitskriegs in amerikanischen Gewässern im Einsatz, danach in den Westindischen Inseln, bis man sie Anfang 1785 außer Dienst stellte und die Mannschaft auszahlte. Im Jahr darauf wurde sie für die *First Fleet* ausgewählt und für den Dienst vorbereitet. Am 12. Oktober 1786 erhielt sie ihren neuen Namen *Sirius* nach dem «Hundsstern», dem hellen Stern des südlichen Sternbilds «Großer Hund».

> NUR WENIGES IST WOHLGEFÄLLIGER ALS DER ANBLICK VON ORDNUNG UND ZWECKMÄSSIGER GLIEDERUNG.
> **Sir Arthur Phillip**

Nach einem Zwischenstopp Anfang Juni auf den Kanarischen Inseln, um Vorräte zu laden, erreichten die Schiffe Anfang August Rio de Janeiro. Einen Monat später segelten sie zum Kap der Guten Hoffnung, dem letzten Halt vor Australien. Die Sträflinge lebten unter üblen, unhygienischen Bedingungen und mussten den Großteil der Reise unter Deck verbringen, ihre Kleidung war voller Läuse und Flöhe. Etliche Strafgefangene wurden krank und starben.

Nach 252 Tagen und 24 000 Kilometern liefen die Schiffe ab dem 18. Januar 1788 langsam in der Botany Bay ein. Als die Siedler die Bucht erkundeten, trafen auch zwei französische Schiffe ein. Sie befanden sich auf Weltumsegelung, um die von Kapitän Cook erstellten Karten zu überprüfen und zu ergänzen und neue Handelswege im Pazifik zu erschließen. Die Franzosen übergaben den Briten einige Dokumente, Briefe und Seekarten, da die britischen Schiffe vor ihnen nach Europa zurückkehren würden.

RECHTS: *Die ersten britischen Sträflinge werden 1788 nach einer achtmonatigen Reise auf den First Fleet-Schiffen in der Botany Bay an Land gesetzt.*

Am 10. März brachen die französischen Schiffe auf, danach wurden sie nie wieder gesehen. Interessanterweise war einer der Männer, die sich für diese französische Expedition gemeldet hatten, ein junger Korse namens Napoleon Bonaparte. Wäre er angenommen worden und mit den anderen Seefahrern verschollen, hätte die Geschichte Europas einen ganz anderen Verlauf genommen.

Es stellte sich heraus, dass die Botany Bay als Strafkolonie ungeeignet war. Die Verteidigung wäre schwierig gewesen, außerdem konnten die Schiffe in den seichten Gewässern nicht in Küstennähe ankern. Nachdem die Franzosen aufgebrochen waren, suchte sich die Flotte einen besseren Standort weiter nördlich. Man wählte Port Jackson, so benannt von Captain James Cook, und ankerte in einer Bucht, die Arthur Phillip nach dem britischen Innenminister Lord Sydney benannte. In der Sydney Cove gab es Süßwasser und besseren Boden als in der Botany Bay. Vieh und Pferde, die man mitgebracht hatte, wurden am *Cattle Point* gehalten. An dieser «Viehstelle» steht heute die Oper von Sydney.

Als die Siedler sicher an Land waren und die ersten Unterkünfte gebaut hatten, lief die *Sirius* am 2. Oktober 1788 wieder aus, um weitere Vorräte vom Kap der Guten Hoffnung zu holen. Als sie nach sieben Monaten zurückkehrte, waren die Kolonisten fast verhungert, ein von England gesandtes Versorgungsschiff war nie angekommen. Um die Not in Port Jackson zu lindern, brachte man einige der Sträflinge auf die Insel Norfolk, auf der kurz nach Ankunft der Flotte in Australien eine kleine Siedlung gegründet worden war. Doch als am 19. März 1790 die Sträflinge und Soldaten von Bord gingen, wurde die *Sirius* vom Wind

UNTEN: *Am 19. März 1790 schlägt die HMS* Sirius *vor der Norfolk-Insel auf ein Riff und sinkt.*

auf ein Riff gestoßen und sank. Die Besatzung schaffte es bis zur Insel und wurde ein Jahr später gerettet und nach England zurückgebracht. Für die Menschen in Port Jackson erwies sich die Verlegung einiger Sträflinge nach Norfolk als Entlastung, da sie nun bis zum Eintreffen der Versorgungsschiffe zurechtkamen. Die einzigen *in-situ*-Überreste eines *First-Fleet*-Schiffes sind die der *Sirius* bei Norfolk Island.

1790 und 1791 trafen zwei weitere Sträflingsflotten ein, 1793 die ersten freien Siedler. New South Wales blieb bis 1823 eine Sträflingskolonie. 1868 lief das letzte Sträflingsschiff Westaustralien an, bis dahin hatte man insgesamt 162 000 Sträflinge in 806 Schiffen von England nach Australien gebracht. Die Gesamtbevölkerung aller australischen Kolonien belief sich zu dieser Zeit auf etwa eine Million.

DAS LÄNGENGRAD-PROBLEM

Jeder Punkt der Erdoberfläche wird durch zwei Zahlen bestimmt: Breite (in Grad nördlich und südlich des Äquators) und Länge (in Grad östlich und westlich vom Nullmeridian). Den Breitengrad bestimmten die Seefahrer, indem sie die Höhe der Sonne über dem Horizont zur Mittagszeit maßen. Die Länge hingegen war schwieriger zu ermitteln, da man dafür den Unterschied zwischen der Ortszeit und der Zeit am Nullmeridian kennen musste. Man benötigte eine präzise Uhr, die auf einem rollenden und stampfenden Schiff auf See über Wochen und Monate hinweg stets die korrekte Zeit anzeigte. Die HMS *Sirius* soll einen sehr genauen Zeitmesser an Bord geführt haben, ein K1-Seechronometer, das bereits von James Cook auf seiner zweiten und dritten Reise verwendet wurde und eine Kopie eines von John Harrison (1693–1776) angefertigten Chronometers war. Harrison hatte einen von der britischen Regierung ausgeschriebenen Wettbewerb zum Bau eines genauen Seechronometers gewonnen. 40 Jahre lang baute er eine Serie von immer präziseren Zeitmessern, die schließlich das Problem der Längengradbestimmung auf See lösten.

RECHTS: *Dank des mitgeführten K1-Seechronometers von Larcum Kendall, einer Kopie des H4-Chronometers von John Harrison, konnte die Besatzung den Standort der HMS* Sirius *präzise bestimmen.*

Clermont (North River Steamboat)

Robert Fultons *Clermont* war das weltweit erste kommerziell erfolgreiche Dampfschiff: nicht das erste Dampfschiff, jedoch das erste, bei dem sich der Dampfantrieb als praxistaugliche und wirtschaftlich rentable Technik für Schiffe und Boote erwies. Es veränderte die Welt des Seetransports, denn die Schiffe waren nun nicht mehr auf Wind angewiesen.

TYP: Raddampfer

STAPELLAUF: New York, 1807

LÄNGE: 43 m

TONNAGE: 121 Tonnen Wasserverdrängung

KONSTRUKTION: Holz, kraweelbeplankt

ANTRIEB: dampfgetriebene Schaufelräder und Segel

Robert Fulton wurde 1765 auf einer Farm in der amerikanischen Gemeinde Little Britain in Pennsylvania geboren. Schon als Kind interessierte er sich für Dampfmaschinen, auch wenn seine Liebe der Kunst galt. Sechs Jahre lang war er in Philadelphia als Künstler tätig, und zwar mit so großem Erfolg, dass er seiner Mutter eine Farm kaufen konnte.

1786 ging er nach England und arbeitete die nächsten 10 Jahre als Künstler, wenngleich sein Interesse für Maschinen weiterhin bestand. Für den dritten Duke of Bridgewater (1736–1803) baute er ein Versuchsdampfschiff, das auf dem Kanal des Duke eingesetzt werden sollte. Man ließ dann jedoch von dem Projekt ab, weil man befürchtete, die Schaufeln könnten die Lehmauskleidung im Kanal beschädigen. 1797 zog Fulton nach Paris. In Frankreich war es dem Marquis de Jouffroy d'Abbans (1751–1832) 14 Jahre zuvor gelungen, ein Dampfschiff immerhin 15 Minuten lang auf der Saône zu betreiben. Mehr Erfolg hatte John Fitch (1743–98), der sein Dampfschiff 1787 auf dem Fluss Delaware erprobte.

Erfolgreiche Partnerschaft

Während seines Aufenthalts in Frankreich entwarf und baute Fulton das erste praxistaugliche U-Boot, die *Nautilus*. Dann lernte er den US-Botschafter in Frankreich kennen, Robert R. Livingston (1746–1813), der sich, wie Fulton, ebenfalls mit Dampfschiffen beschäftigte. Gemeinsam planten sie den Bau eines Personendampfers, der auf dem Hudson River (USA) verkehren sollte. Nach den ersten enttäuschenden Versuchen kehrte Fulton nach England zurück. Er erfand einen Torpedo für die Royal Navy und begann mit dem Bau eines zweiten U-Boots. Mit Nelsons Sieg in der Schlacht von Trafalgar und dem Rückzug der Franzosen waren Fultons Dienste jedoch nicht mehr gefragt. Er ging 1806 zurück in die Vereinigten Staaten und heiratete Livingstons Nichte.

Fulton ließ eine britische «Boulton & Watt»-Dampfmaschine, eine der fortschrittlichsten Dampfmaschinen ihrer Zeit, in die Vereinigten Staaten liefern,

RECHTS: *Vom Kunstmaler zum Erfinder: Robert Fulton erfand das erste kommerziell erfolgreiche Dampfschiff und praxistaugliche U-Boote.*

OBEN: *Ein Nachbau der* Clermont *in Originalgröße aus dem Jahr 1909. Nachdem die Replik mehrere Jahre als Museum gedient hatte, ließ man sie verfallen und 1936 abwracken.*

CHARLOTTE DUNDAS

Das erste praxistaugliche Dampfschiff war die 1802 von William Symington (1764–1831) erbaute *Charlotte Dundas*. Der 17 m lange Schlepper sollte Lastkähne auf dem schottischen «Forth and Clyde»-Kanal ziehen. Zur Fortbewegung diente eine 10 PS (7,5 kW) starke Dampfmaschine, die ein Schaufelrad am Heck antrieb. In 6 Stunden konnte es zwei 70 Tonnen schwere Lastkähne 31 Kilometer weit ziehen. Kommerziell gesehen war das Schiff jedoch kein Erfolg, da potenzielle Kunden befürchteten, der durch die Schaufelräder erzeugte Wellenschlag könnte das Kanalufer beschädigen.

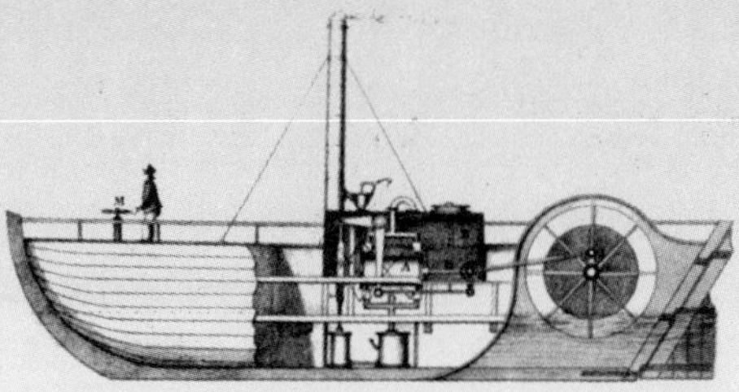

derweil sich Livingston das Monopol zum Dampfschiffbetrieb auf dem Hudson River sicherte. Dann bauten sie das Dampfschiff, das Geschichte schreiben sollte. Es war ein Holzschiff, 43 m lang und 4,3 m breit, die Dampfmaschine saß mittschiffs und trieb zwei seitlich angebrachte Schaufelräder mit einem Durchmesser von 4,6 m und einer Breite von 1,2 m an. Befeuert wurde die Maschine mit Kieferholzscheiten.

Zu Fultons Lebzeiten hieß der heute unter dem Namen *Clermont* bekannte Raddampfer anders. Als *Clermont* – der Name von Livingstons Anwesen am Hudson River – wurde er irrtümlich in einem 1817 veröffentlichten Buch über Fulton bezeichnet und dieser Name blieb haften. In seiner Zeit als Personendampfer bewarb man ihn als *North River Steamboat*. Zweifler, die während des Baus nicht an den Erfolg des Dampfschiffs geglaubt hatten, verspotteten es als «Fulton's folly» (Fultons Torheit).

Die Jungfernfahrt

Das Schiff lief am 17. August 1807 für eine erste Probefahrt vom Stapel. Zu Fultons Ärger hatte Livingston daraus eine öffentliche Veranstaltung mit geladenen Gästen gemacht. Die Skepsis der Gäste schien sich zu bestätigen, als das Schiff direkt nach

FULTONS *NAUTILUS*

Im Jahr 1800 entwarf Robert Fulton das weltweit erste praxistaugliche U-Boot, die *Nautilus*. Es war 6,5 m lang und bestand aus Kupferplatten auf einem Eisenskelett. Bei Fahrt über Wasser fuhr es unter Segel. Zum Abtauchen ließ man Wasser in den hohlen Kiel laufen und zur Fortbewegung betätigte die Besatzung per Handkurbel den Propeller. Mit dem Kriegsschiff *Nautilus* sollte eine Mine am feindlichen Schiff befestigt werden. Sie wurde 1800 in Frankreich sowohl auf der Seine als auch vor Le Havre auf See erfolgreich erprobt. Dennoch sorgte sich die französische Marine zu sehr um die Sicherheit ihrer Männer an Bord eines derartigen Kriegsschiffes, sodass man die *Nautilus* wieder zerlegte.

UNTEN: *Dieser Nachbau im Museum* Cité de la Mer *in Cherbourg, Frankreich, zeigt Fultons* Nautilus *mit gehisstem Segel.*

dem Auslaufen plötzlich stoppte. Fulton nahm eine Justierung vor und startete die Maschine erneut, die nun einwandfrei lief. 240 km stampfte der Raddampfer den Hudson River von Manhattan bis Albany hinauf und schaffte die Strecke, inklusive eines Übernachtungsstopps, in 32 Stunden. Segelboote brauchten dafür bis zu sechs Tage! Dem Vernehmen nach war die Maschine sehr laut. Man beschrieb sie als «ein auf einer Schute (flacher Lastkahn) montiertes und in Brand gesetztes Waldsägewerk». Selbst Livingston vermochte den Lärm der Maschine nicht zu übertönen, als das Schiff vor seinem Anwesen anhielt. Menschen drängten sich am Ufer, um den Raddampfer bei der Weiterfahrt zu bestaunen. Für die Rückfahrt nach New York blieben jedoch nur zwei Passagiere an Bord, zu groß war die Angst der anderen, die feuer- und rauchspuckende Maschine könnte explodieren.

Nach der erfolgreichen Jungfernfahrt wurde das Schiff als Personendampfer vorbereitet. In nur zwei Wochen erhielt es Passagierkabinen, eine Maschinenabdeckung sowie Spritzwasserschutz über den Schaufelrädern. Am 4. September 1807 begann der fahrplanmäßige Betrieb. Bis zum Wintereinbruch, wenn der Fluss wegen Eisschollen nicht schiffbar war, fuhr der Dampfer alle vier Tage mit bis zu 100 Passagieren nach Albany und zurück. Der Erfolg des Raddampfers sprach sich

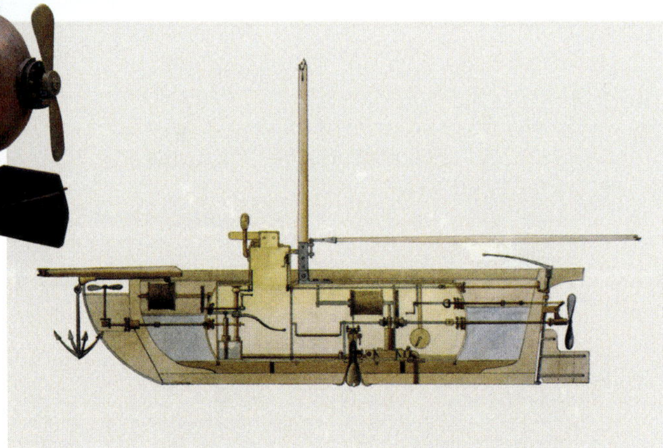

RECHTS: *Auch nach der* Nautilus *ließ Fultons Interesse für U-Boote nicht nach. Er experimentierte mit weiteren Konstruktionen, darunter auch dieser Entwurf von 1806.*

OBEN: *Der Blick vom Deck der 1909 erbauten Replik des* North River Steamboat *zeigt die seitlich am Rumpf montierten Schaufelräder, die von der in der Schiffsmitte sitzenden Dampfmaschine angetrieben werden.*

herum und verschaffte Fulton Aufträge für den Bau ähnlicher Dampfer von Unternehmen an der gesamten Ostküste.

1814 ging das *North River Steamboat* in Rente, sein weiteres Schicksal ist unbekannt. Fulton hatte sich unterdessen an den Bau der *Demologos* begeben, das welterste dampfgetriebene Kriegsschiff für die US-Marine. Die Fertigstellung im Jahr 1815 erlebte er jedoch nicht mehr, er starb mit 49 Jahren. Fulton hatte einen Freund, der während eines Spaziergangs über den zugefrorenen Hudson River ins Eis gebrochen war, aus dem eisigen Wasser gerettet und sich dabei eine Lungenentzündung zugezogen, die in eine Tuberkulose überging und zu seinem Tod führte. Zu seinen Ehren wurde das Kriegsschiff in *Fulton* umgetauft.

MEINE FAHRT MIT DEM DAMPFSCHIFF NACH ALBANY UND ZURÜCK VERLIEF DOCH GLÜCKLICHER ALS ICH ERWARTET HATTE.

Robert Fulton (über die Jungfernfahrt seines Dampfschiffes im Jahr 1807)

SS *Savannah*

Die Anzahl der Handelsdampfer, die auf Flüssen und an der Küste unterwegs waren, schoss zu Beginn des 19. Jahrhunderts in die Höhe. Ihr großer Vorteil gegenüber Segelbooten bestand darin, dass sie jederzeit überall hinfahren konnten und nicht mehr auf den richtigen Wind warten mussten. Man konnte nun nach Fahrplan verkehren. Doch bislang hatte noch kein Dampfschiff den Atlantik überquert, manche hielten es auch nicht für möglich – bis ein amerikanischer Kapitän zu träumen wagte.

TYP: Hybrid aus Segelschiff und Seitenraddampfer

STAPELLAUF: New York, 1818

LÄNGE: 33 m

TONNAGE: 320 Tonnen

KONSTRUKTION: Holz, kraweelbeplankt

ANTRIEB: Besegelung als Dreimast-Vollschiff und zwei dampfgetriebene Schaufelräder

Ursprünglich als Postsegler konzipiert, wurde die *Savannah* noch vor ihrem Stapellauf für eine historische Reise zu einem Dampfschiff umgebaut. Moses Rogers, ein renommierter US-Seekapitän aus Connecticut, überredete ein Konsortium wohlhabender Geldgeber in Savannah, Georgia, dazu, das Schiff zu kaufen und eine Dampfmaschine einzubauen, um damit erstmals den Versuch zu wagen, den Atlantik mit Dampfkraft zu überqueren. Savannah war im frühen 18. Jahrhundert eine der wichtigsten amerikanischen Hafenstädte, und nach Rogers Plänen sollte sie diejenige sein, die die historische Tat vollbringt. Er versprach sich davon auch die Entwicklung eines lukrativen transatlantischen Fracht- und Passagierverkehrs. Das Schiff sollte nach seinem Heimathafen benannt werden.

Rogers hatte 1807 die Jungfernfahrt von Fultons *North River Steamboat* miterlebt, zwei Jahre später war er Kapitän der *Phoenix*, des ersten praxistauglichen amerikanischen Dampfschiffs. Seine Fahrt mit der *Phoenix* an der Ostküste von New York nach Philadelphia war die erste Ozeanreise eines Dampfschiffs überhaupt. 1817 wurde er Kapitän des Personendampfers *Charleston*, der zwischen Charleston und Savannah verkehrte.

OBEN: *Der Fluss Savannah war im 19. Jahrhundert eine viel befahrene Wasserstraße zwischen dem Atlantik und dem Binnenland. Mit der SS* Savannah *wollte man den transatlantischen Handel aufbauen.*

Umbau des Schiffs

Die Umbauarbeiten an der *Savannah* waren sehr umfangreich. Die Dampfmaschine wurde mittschiffs installiert und trieb zwei schmiedeeiserne 4,9 m große Seitenschaufelräder an. Diese ließen sich bei Fahrt unter Segel zusammenklappen, abmontieren und verstauen. Der Rauch zog durch einen 5,2 m langen, eigenartig gebogenen Schlot ab, der in Windrichtung gedreht werden konnte.

Die Passagierkabinen besaßen eine luxuriöse Ausstattung mit Mahagonitäfelung und importierten Teppichen. Es gab 16 Kabinen mit Doppelkojen in separaten Abteilungen für Männer und Frauen sowie drei Salons. Viele Spiegel sollten den Eindruck von Großräumigkeit erzeugen.

Da noch immer Zweifel an der Leistungsfähigkeit und Sicherheit von Dampfschiffen auf See herrschten, gestaltete sich die Zusammenstellung einer Besatzung schwierig. In New York, wo das Schiff gebaut worden war, blieb Rogers erfolglos, in seiner Heimatstadt New London in Connecticut klappte es dann. Nach Abschluss der Arbeiten wurde das Schiff nach Savannah überführt.

Am 11. Mai 1819 stattete Präsident James Monroe der Stadt Savannah einen Besuch ab und nahm eine Einladung für einen kurzen Ausflug auf dem Schiff an. Er war davon so beeindruckt, dass er es nach Washington bringen und dem Kongress vorführen lassen wollte. Die *Savannah* wäre im Kampf gegen Piraten in der Karibik sehr nützlich, vielleicht würde die Regierung sie kaufen. Doch die Eigner hatten vorerst andere Pläne mit ihr.

Ozeanüberquerung

Trotz aller Bemühungen ließen sich keine Passagiere für die Transatlantikreise finden. Viele hielten die Wahrscheinlichkeit, mitten im Ozean zu versinken, für so hoch, dass man dem Schiff sogar den Spitznamen «Dampfsarg» verpasste. Also stach die *Savannah* am 24. Mai um 5.00 Uhr früh nur mit der Besatzung unter dem Kommando von Captain Moses Rogers in See. Das Schiff hatte 68 Tonnen Kohle an Bord sowie rund 90 Ster Holz (ein Ster ist ein Raummaß für geschichtetes Holz und entspricht einem Kubikmeter).

Die *Savannah* fuhr mit Dampfkraft und gehissten Segeln. Unterwegs begegneten ihr wenigstens zwei Schiffe. Als deren Mannschaften den dicken, schwarzen Rauch sahen, der aus dem Schlot der *Savannah* quoll, nahmen sie an, dass es sich um ein brennendes Segelschiff handelte, denn

LINKS: *Wie etliche der frühen Dampfschiffe besaß die* Savannah *sowohl Segel- als auch Dampfantrieb. Auf Segel verzichtete man erst, als Besatzung und Passagiere mehr Vertrauen in die Sicherheit und Zuverlässigkeit von Dampfmaschinen fassten.*

RECHTS: *Das Modell der* Savannah *im Maßstab 1:48 zeigt den eigenartig gebogenen Schornstein und die seitlichen Schaufelräder. Sie wurde als Segelschiff mit zusätzlichem Dampfantrieb konzipiert.*

Dampfschiffe auf dem Ozean waren bislang ein unbekannter Anblick. Sie wollten Hilfe leisten, doch es gelang ihnen nicht, es einzuholen! An der irischen Küste ging der *Savannah* vor Cork der Brennstoff aus, und am 20. Juni um 18.00 Uhr erreichte sie schließlich das englische Liverpool. Insgesamt 80 Stunden war die Dampfmaschine während der Überfahrt in Betrieb gewesen.

Die *Savannah* war *die* Sensation in Liverpool und lockte Tausende Schaulustiger an, bevor sie knapp einen Monat später auslief und über Dänemark und Schweden nach Russland fuhr. In Schweden begrüßte man die ersten Passagiere an Bord, ein Kaufangebot der schwedischen Regierung lehnte Rogers jedoch ab. Beim Andocken in Sankt Petersburg zog sie ebenso viele Neugierige an wie in Liverpool, und der Zar bot Rogers gleich die alleinigen Dampfschiffrechte für alle russischen Gewässer an. Das war zwar verlockend, doch Roger lehnte dankend ab, weil er gern wieder nach Hause wollte. Am 29. September verließ die *Savannah* Russland und nach Zwischenstopps in Dänemark und Norwegen machte sie sich auf den Rückweg über den Ozean, um am 30. November wieder in Savannah einzutreffen.

Trotz des Erfolgs dieser historischen Reise fanden sich nicht genügend Passa-

LINKS: *Die Zeichnungen zeigen die seitlich montierten Schaufelräder. Sie erscheinen für die* Savannah *zu klein, doch sie sollten nur zum Einsatz kommen, wenn der Wind zu schwach zum Segeln war.*

giere oder Frachtgut, um eine regelmäßige Transatlantiklinie einzurichten. Als im Januar 1820 ein Feuer einen Großteil des Stadtzentrums von Savannah zerstörte, bereitete dies den Schiffeignern zusätzliche Geldprobleme. Daher bauten sie die *Savannah* zu einem reinen Segelboot um, denn ohne Dampfmaschine konnte sie erheblich mehr Fracht laden. Sie diente dann als Postschiff zwischen New York und Savannah, bis sie am 5. November 1821 bei Long Island auf Grund lief und entzweibrach.

Schiffe wie die *Savannah* waren zu klein, um die Menge an Brennstoff mitzuführen, die angesichts der wenig effizienten und gefräßigen Maschinen für eine Atlantiküberquerung unter reinem Dampfantrieb nötig gewesen wäre. Doch schon bald sollten größere Schiffe mit verbesserten Maschinen gebaut werden, die ein neues Zeitalter der Transatlantikreisen einläuteten.

WER WAR ERSTER?

In der Geschichtsschreibung gilt die *Savannah* als erstes Dampfschiff, das – im Jahr 1819 – den Atlantik überquerte, doch auch andere beanspruchen diesen Titel, und zwar mit der Begründung, dass die *Savannah* nur einen kleinen Teil der Überfahrt unter Dampf zurückgelegt habe und im Grunde kein Dampfschiff sei, sondern ein Segelschiff mit Hilfsdampfmaschine. Ein Titelanwärter ist die niederländische, aber in England gebaute *Curaçao*, die 1827 von Holland zur Karibikinsel Curaçao fuhr; ein weiterer das kanadische Dampfschiff *Royal William*, dessen Eigner es 1833 verkaufen wollten und auf der Suche nach einem Käufer von Neuschottland über den Atlantik nach England fuhren.

UNTEN: *Der Raddampfer* Curaçao *begann in den 1820er-Jahren mit regelmäßigen Atlantiküberquerungen, die man jedoch bereits nach drei Überseefahrten wieder einstellte.*

HMS *Beagle*

Als man einem unbekannten Naturforscher einen Platz auf einer britischen Erkundungs- und Vermessungsfahrt nach Südamerika anbot, konnte niemand ahnen, welch weitreichende Folgen dies für die Welt haben würde. Der Naturforscher war Charles Darwin, das Schiff die HMS *Beagle*. Aufgrund seiner Beobachtungen entwickelte Darwin seine revolutionäre Evolutionstheorie der natürlichen Selektion.

TYP: Brigg der *Cherokee*-Klasse, umgebaut zu einer Bark

STAPELLAUF: Woolwich Royal Dockyard, England, 1820

LÄNGE: 27,5 m

TONNAGE: 235 Tonnen (242 Tonnen bei der zweiten Fahrt)

KONSTRUKTION: Holz, kraweelbeplankt

ANTRIEB: rechteckige Segel an drei Masten und Bugspriet

OBEN: *Der Mount Sarmiento thront über dem berühmten Vermessungsschiff HMS* Beagle, *als es mit Charles Darwin an Bord 1834 in die Magellanstraße einfährt. Es ist das Titelbild von Darwins Tagebuch* Journal of Researches *(1839).*

Die HMS *Beagle* war als kleiner Zweimaster für Kriegseinsätze, als Brigg, erbaut worden. Diese gab es in zwei Klassen: die *Cruizer*-Klasse mit 18 Kanonen und die *Cherokee*-Klasse mit 10 Kanonen; zu letzterer gehörte die *Beagle*. Mehr als 100 Schiffe dieses Typs waren für die Royal Navy gebaut worden. Doch leider gingen so viele davon auf See verloren, dass sie als «Sargbriggs» bekannt wurden. Von den 107 Schiffen sind 26 gesunken.

Als die *Beagle* 1820 vom Stapel lief, benötigte die Marine sie nicht, so stand sie fünf Jahre lang ohne Masten und Takelage in Reserve. 1825 wurde sie dann dem britischen Hydrografischen Amt übergeben, das Schiffe zur Vermessung von Ozeanen, Inseln und Küsten und zur Erstellung von Karten in die ganze Welt schickte. Die *Beagle* wurde zu einem Vermessungs- und Erkundungsschiff als Bark mit einem Besanmast am Heck umgebaut. Eine Bark besitzt drei oder mehr Masten: Hauptmast und Fockmast sind mit Rahsegeln bestückt, der Besanmast mit Schratsegeln. Die Bewaffnung der *Beagle* wurde von zehn auf sechs Kanonen reduziert. Außerdem erhielt sie zusätzliche Kabinen sowie ein Vorderdeck.

Die Fahrten der *Beagle*

Die erste Expedition der *Beagle* als Vermessungsschiff endete in einer Tragödie. Unter dem Kommando von Captain Pringle Stokes (1793–1828) brach sie 1826 zu einer Vermessungsfahrt nach Patagonien und Feuerland auf. Da Großbritannien Handelsbeziehungen mit Südamerika aufbauen wollte, benötigte man genaue Karten von den Küsten und Gewässern Südamerikas. Als die *Beagle* 1828 Kap Hoorn erreichte, war Captain Stokes den Anforderungen nicht mehr gewachsen und verfiel in eine tiefe Depression. Er richtete die Waffe gegen sich und starb kurze Zeit später. Daraufhin brachte die Besatzung das Schiff nach Montevideo, wo Leutnant Robert FitzRoy (1805–65) das Kommando übernahm.

Zurück in England, wurde die *Beagle* ausgemustert und sollte in Reserve gestellt werden. Doch da eines der für die nächste Südamerika-Expedition bestimmten Schiffe, die HMS *Chanticleer*, zu lädiert war, holte man die *Beagle* zurück in den Dienst. Auch sie bedurfte dringend einer Überholung. Man erhöhte das Hauptdeck um 20 cm, beplankte den Rumpf neu, brachte Kupferleitungen und Blitzableiter an. Das Kommando erhielt erneut FitzRoy. Mit der Expedition sollten die Vermessungsarbeiten der ersten Expedition in Südamerika zu Ende gebracht und danach die Erde umrundet werden, um, unter anderem, einen vollständigen Längenkreis zu erstellen. Dies erforderte präzise Navigation. Um die magnetische Anziehungskraft der Eisenkanonen an Bord auf den Kompass zu reduzieren, wollte FitzRoy sie durch Messingkanonen ersetzen. Da die Admiralität die Finanzierung für die neue Bewaffnung verweigerte, ließ er sie auf eigene Rechnung anfertigen. Darüber hinaus führte er 22 Chronometer zur genauen Berechnung der Längengrade mit.

FitzRoy erkannte das große wissenschaftliche Potenzial der Expedition, insbesondere sah er die Möglichkeit, Pflanzen und Tiere aus abgelegenen und unbekannten Regionen der Erde zu sammeln. Dafür benötigte er einen Naturkundler, und als er sich umhörte, empfahl man ihm einen jungen Mann namens Charles Darwin (1809–82). Darwins Vater sträubte sich zunächst, hielt die Expedition für sinnlosen Zeitvertreib, der seinen Sohn nur davon abhalten würde, sich auf ernsthaftere Vorhaben zu konzentrieren. Schlussendlich gab er jedoch nach und erlaubte Darwin die Teilnahme.

UNTEN: *Die* Beagle *stand unter dem Kommando von Kapitän Robert FitzRoy, einem führenden Meteorologen seiner Zeit, der die Wettervorhersage und auch ein eigenes Wort dafür* («forecast») *erfand.*

NIEMALS DÜRFTE EIN SCHIFF ENGLAND VERLASSEN HABEN, DAS FÜR SEINE AUFGABEN BESSER GERÜSTET GEWESEN WÄRE UND FÜR GESUNDHEIT UND BEQUEMLICHKEIT SEINER BESATZUNG BESSER GESORGT HÄTTE ALS DIE *BEAGLE*.

Kapitän Robert FitzRoy (kurz vor der zweiten Fahrt der Beagle, bei der Charles Darwin an Bord war)

Zweimal stach die *Beagle* Ende 1831 von Plymouth aus in See, zweimal wurde sie von Stürmen zurück in den Hafen gezwungen. Kaum ging er am 27. Dezember endlich los, wurde Darwin seekrank. Das tat seiner Begeisterung jedoch keinen Abbruch. Beim Aufenthalt auf den Kapverden entdeckte er Tintenfische, die ihre Farbe nach Belieben ändern können. 14 m über dem Meeresspiegel fand er eine Bodenschicht mit Muscheln, die ihn rätseln ließ, wie dies möglich war, da dieses Land einst unter Wasser gelegen haben musste. Im Februar erreichte die *Beagle* Brasilien. Während das Schiff an der Küste Vermessungsarbeiten anstellte, streifte Darwin durch den Regenwald, um Pflanzen, Insekten und andere Tiere zu sammeln. In Patagonien entdeckte er riesige versteinerte Knochen, die zumeist von damals noch völlig unbekannten Tieren stammten.

Im Dezember umschiffte die *Beagle* Kap Hoorn, danach ging es weiter zu den Falklandinseln. Darwin fielen die Unterschiede zwischen den auf der Insel entdeckten Fossilien und denen vom Festland auf, was ihn dazu bewog, Vergleichsstudien seiner an unterschiedlichen Orten gemachten Funde anzustellen. Dies war der entscheidende Entschluss, der ihm seine spätere Arbeit über die Evolution ermöglichte. Die *Beagle* fuhr weiter an der Küste Südamerikas hoch und Darwin nutzte jede Gelegenheit, um an Land zu gehen und weitere Exemplare zu sammeln, die er, soweit es ihm möglich war, nach England verschiffte. Die vierte Versendung im Oktober 1832 umfasste 200 Tierhäute, Mäuse, Fische, zahlreiche Insekten, Steine, Samen und eine umfangreiche Fossiliensammlung.

OBEN: *In seinen Aufzeichnungen an Bord der* Beagle *beschrieb Darwin auch die Ureinwohner, denen er begegnete, etwa jenen in Patagonien, die hier in einer Abbildung aus FitzRoys Reisebericht zu sehen sind.*

RECHTS: *Darwin im Alter von 40 Jahren. Als man ihm die Mitreise auf der Expedition der HMS* Beagle *anbot, war er erst 22 Jahre alt.*

> Die Fahrt mit der *Beagle* war das mit Abstand wichtigste Ereignis in meinem Leben.
> **Charles Darwin**

OBEN: *Im Mündungsgebiet des Rio Santa Cruz in Patagonien wurde die* Beagle *bei Ebbe trockengelegt, um den Rumpf auf Schäden zu überprüfen. Bei der nächsten Flut ließ man sie aufschwimmen, um die Fahrt fortzusetzen.*

UNTEN: *Die* Beagle *führte bei ihrer legendären zweiten Fahrt zum Navigieren 22 Chronometer an Bord, darunter dieses von Hugh Pennington gefertigte.*

Nachdem die *Beagle* ein weiteres Mal die südamerikanische Küste hinabgefahren und die Falklandinseln umrundet hatte, ließ man sie im Mündungsgebiet des Río Santa Cruz am 13. April trockenfallen, um ihren Rumpf zu überprüfen. Unterdessen zogen Captain FitzRoy, Darwin und andere Mitglieder der Besatzung aus, um das Flusstal zu erkunden. Es war so kalt, dass ihre Gewehre einfroren. Darwin registrierte die klar abgegrenzten Bodenschichten in den Klippenwänden, was seine Meinung verstärkte, dass sich das Leben auf der Erde stetig, wenn auch nur langsam, veränderte. Diese Ansicht stand im Widerspruch zur damals gängigen Anschauung, dass die Erde von Gott erschaffen und daher perfekt war und somit kein Grund bestand, warum sie sich im Laufe der Zeit verändern sollte.

Im Mai vermaß man die Magellanstraße, im Juni segelte die *Beagle* weiter in den Pazifik. Zwischen Juni und August fuhren sie an der Küste entlang nach Norden und Darwin unternahm etliche lange Märsche ins Landesinnere. Während seines Aufenthalts in Chile erlebte er ein starkes Erdbeben und sah nun, wie Land aufgeworfen wird und ein muschelbedeckter Strand auf diese Weise trockengelegt in einiger Höhe zurückbleibt.

Dann ereignete sich ein Zwischenfall, der Darwin fast um den wichtigsten Teil der Expedition gebracht hätte. Captain FitzRoy hatte sich mit der Admiralität überworfen und war zurückgetreten. Diese befahl daraufhin dem neuen Kommandanten, die Expedition abzubrechen und nach England zurückzukehren. Wäre es so weit gekommen, hätte Darwin niemals die Galápagosinseln besucht.

Doch zum Glück ließ sich FitzRoy überreden, das Kommando wieder zu übernehmen und die Expedition fortzusetzen.

Die *Beagle* segelte die Küste von Chile und Peru hinauf und hinab, bis die Vermessungsarbeiten im September 1835 abgeschlossen waren und es zu den Galápagosinseln weiterging. Während die *Beagle* und ihre kleinen Beiboote für die Vermessungsarbeiten durch die Inselgewässer fuhren, erkundete Darwin etliche der Inseln, entdeckte Riesenschildkröten und Leguane. Er bemerkte Unterschiede zwischen den Echsen, Schildkröten, Vögeln und Pflanzen der verschiedenen Inseln. Insbesondere fielen ihm die kleinen Finken auf, die anscheinend auf jeder Insel eine andere Schnabelform besaßen, so als ob «man eine Spezies genommen und für unterschiedliche Zwecke geformt hätte».

Am 12. Januar 1836 erreichte die *Beagle* Port Jackson in Australien. Es ging weiter die australische Südküste entlang und am 13. März schließlich zurück Richtung Heimat. Im Juni erreichte die *Beagle* Kapstadt. Während der Weiterfahrt an der afrikanischen Westküste begann FitzRoy, sich wegen möglicher Ungenauigkeiten bei den Vermessungen vor San Salvador Sorgen zu machen, und befahl zur Überprüfung einen Umweg über die südamerikanische Ostküste. Am 2. Oktober 1836, fast fünf Jahre nach ihrer Abreise, dockte die *Beagle* in Falmouth, England, an.

OBEN: *Die unterschiedliche Schnabelform der Finken auf den verschiedenen Inseln des Galápagosarchipels brachte Darwin auf den Gedanken, dass eine Spezies in der Lage sein könnte, sich an unterschiedliche Lebensbedingungen anzupassen.*

Darwin veröffentlichte seine Beobachtungen und Gedanken zur Geologie, jedoch nichts über seine Evolutionstheorie, von der er seine Freunde in Diskussionen nicht überzeugen konnte. Außerdem wollte er – inzwischen verheiratet – seine Frau, eine gläubige Christin, nicht verletzen; auch sorgte er sich um die zu erwartenden Reaktionen in der Öffentlichkeit. So legte er ein 50 000 Wörter umfassendes Buchmanuskript über die Evolution zu seinen Privatunterlagen mit der Bitte, es erst nach seinem Tod zu veröffentlichen.

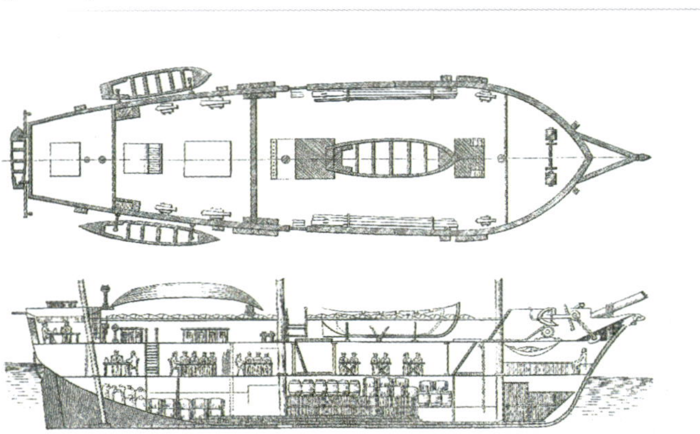

LINKS: *Die HMS* Beagle, *eine Brigg der* Cherokee-*Klasse, war eines der letzten Schiffe, die in der (1512 von König Heinrich VIII. gegründeten) Woolwich-Werft vor ihrer Schließung im Jahr 1869 gebaut wurden.*

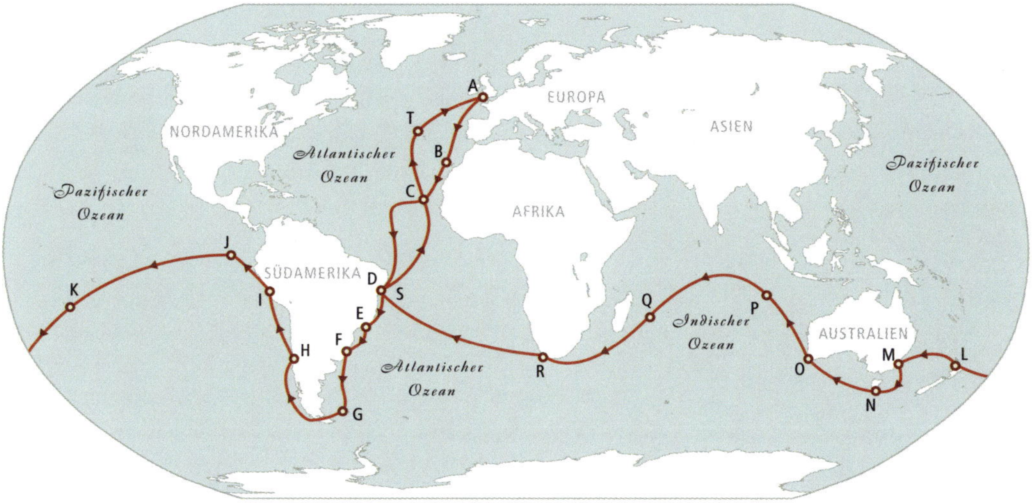

OBEN: *Zwei Jahre hatte man für die Vermessungsfahrt der* Beagle *einkalkuliert. Tatsächlich kehrte sie jedoch erst nach fast fünf Jahren nach England zurück.*

A Plymouth
B Teneriffa
C Kapverden
D Bahía
E Rio de Janeiro
F Montevideo
G Falklandinseln
H Valparaíso
I Callao/Lima
J Galápagos
K Tahiti
L Neuseeland
M Sydney
N Hobart
O King George Sound
P Kokosinseln (Keelinginseln)
Q Mauritius
R Kapstadt
S Bahía
T Azoren

Doch es kam anders. Alfred Russel Wallace (1823–1913), der unabhängig von Darwin zu seiner eigenen Evolutionstheorie gelangt war, veröffentliche 1855 darüber eine wissenschaftliche Arbeit. Darwin war unbesorgt, doch manche seiner Freunde befürchteten, dass Wallace vor Darwin eine ausführliche Theorie veröffentlichen und den ganzen Ruhm für sich beanspruchen könnte. 1858 verfasste Wallace tatsächlich eine derartige Arbeit und schickte sie Darwin zu, der über die inhaltliche Ähnlichkeit zu seiner eigenen Theorie recht bestürzt war. Dann starb Darwins Sohn an Scharlach und Darwin verfiel in großen Kummer. Als Darwin wieder imstande war zu arbeiten, verfasste er sein Werk *On the Origin of Species (Die Entstehung der Arten)*, das er vielleicht nie geschrieben hätte, wenn Wallace nicht gewesen wäre.

Die letzten Tage der *Beagle*

Zwischen 1837 und 1845 unternahm die *Beagle* eine dritte Expedition, um die erste vollständige Vermessung der australischen Küste durchzuführen. Zurück in Großbritannien, wurde die *Beagle* zum *WV7* (*Watch Vessel 7*, Beobachtungsboot 7) umfunktioniert, ein Posten der Küstenwache zur Bekämpfung von Schmugglern. Als man später Hütten als Unterkunft für die Wachmannschaften errichtete, wurde die *WV7* überflüssig und 1870 zum Abwracken verkauft. Über das weitere Schicksal des Schiffs gibt es keine Aufzeichnungen. Archäologen haben jedoch mithilfe von Bodenradar ein aufgefülltes Dock in einem Sumpf in Essex entdeckt. Die Bilder lassen die Form eines Schiffes erkennen und sie glauben, dass es sich um die Überreste der *Beagle* handeln könnte.

Darwin starb am 19. April 1882. Er wurde in der Westminster Abbey in London bestattet, wo er neben dem Astronomen Sir John Herschel (1792–1871) und in Nähe des Grabs von Sir Isaac Newton (1642–1727) seine letzte Ruhe fand.

Amistad

Nachdem Sklaven in den 1830er-Jahren auf einem Schiff gemeutert und es in ihre Gewalt gebracht hatten, wurden sie vor Gericht gestellt. Die Prozesse erfuhren internationale Aufmerksamkeit und führten nicht nur zu jahrzehntelangen Spannungen in den Beziehungen zwischen den Vereinigten Staaten und Spanien, sondern stärkten auch die Bewegung der Abolitionisten.

TYP: Zweimastschoner

STAPELLAUF: Baltimore, Maryland, ca. 1836

LÄNGE: 37 m

TONNAGE: unbekannt

KONSTRUKTION: Holz, kraweelbeplankt

ANTRIEB: Gaffelbesegelung an zwei Masten und Bugspriet

Am 26. August 1839 bemerkte die Besatzung des US-Zollschiffs *Washington* etwas Verdächtiges: Ein schwarzer Schoner ankerte an der östlichen Spitze vor Long Island, New York, in der Nähe waren Menschen am Ufer zu sehen. Die *Washington* entsandte ein Boot mit einem bewaffneten Trupp zur näheren Erkundung. An Bord des verdächtigen Schiffes befanden sich fast ausschließlich Afrikaner und nur zwei weiße Männer, die Spanier Pedro Montes und Jose Ruiz, die den Trupp der *Washington* sofort um Schutz baten. Einer der Afrikaner, Cinque, versuchte zu fliehen, wurde jedoch gefasst.

Das rätselhafte Schiff war die *Amistad*. Der Schoner war circa 1836 als *Friendship* erbaut worden und erhielt nach Verkauf an einen Spanier den entsprechenden spanischen Namen für Freundschaft, *Amistad*. Sie gehörte zum Typus der Baltimoreklipper, kleine, schnelle Handelssegler, die in amerikanischen Küstengewässern und der Karibik gewöhnlich hochwertige, verderbliche Waren luden, die rasch befördert werden mussten. Die *Amistad* war vor Kuba und anderen Karibikinseln im Einsatz und transportierte vornehmlich Güter für die Zuckerindustrie, gelegentlich aber auch Sklaven.

Die *Washington* nahm die *Amistad* in Schlepp bis nach New London, Connecticut. Dort konfiszierte die US-Regierung die Schiffsladung und nahm die 53 Sklaven fest, die als Teil der Fracht galten und als Bergungsgut betrachtet wurden, das den Vereinigten Staaten gehörte. Schnell wurde klar, dass die Sklaven gemeutert und das Schiff in ihre Gewalt gebracht hatten. Man steckte sie ins Gefängnis und klagte sie der Piraterie und des Mordes am Schiffskapitän an.

LINKS: *Joseph Cinquez, genannt «Cinque», führte die Meuterei auf der* Amistad *an. Nachdem die Sklaven das Schiff in ihre Gewalt gebracht hatten, soll er gesagt haben: «Lieber sterbe ich, als eines weißen Mannes Sklave zu sein.»*

OBEN: *Der* Freedom Schooner Amistad *ist ein Nachbau der* Amistad, *die zu den als Baltimoreklipper bekannten schnellen Zweimastschonern gehörte. Diese waren gängige Frachtsegler an der Ostküste der Vereinigten Staaten.*

Rebellion und Einkerkerung

Richter Andrew T. Judson führte den Verhandlungsvorsitz. Montes und Ruiz berichteten über die Geschehnisse. In Havanna auf Kuba seien 53 Sklaven an Bord der *Amistad* gebracht worden. In der vierten Nacht auf See sei es den Sklaven gelungen, sich aus ihren Eisenketten zu befreien, an Deck zu kommen und den Schiffskapitän Ramón Ferrer zu töten. Zwei Besatzungsmitglieder flohen in einem Boot, zwei weitere, Montes und Ruiz, blieben von den Sklaven verschont, da man sie zur Navigation benötigte. Sie sollten nach Afrika segeln, allerdings seien sie nur tagsüber nach Osten gesegelt, und nachts unbemerkt wieder nach Westen. Auf diese Weise kreuzten sie sechs Wochen lang vor der amerikanischen Ostküste, bis sie Long Island erreichten.

Der Richter verwies den Fall an die nächst höhere Instanz, die damals für Bundesstrafsachen zuständig war. Tausende Schaulustiger wollten die «Amistads», wie die Sklaven genannt wurden, in ihrem Gefängnis in New Haven sehen. Die Wärter verlangten dafür einen Schilling pro Person.

Als die Abolitionisten von den *Amistad*-Sklaven erfuhren, gründeten sie ein Komitee zur Vorbereitung der Strafverteidigung. Die spanische Regierung dagegen sah den Fall nicht im Zuständigkeitsbereich der Vereinigten Staaten, da die *Amistad* einem Spanier gehörte und die Sklaven aus Kuba (damals spanisches Territorium) stammten. Spanien verlangte die Rückgabe des Schiffs an den Eigner sowie die Rückführung der Sklaven nach Kuba. US-Präsident Martin van Buren stimmte dem zu.

Die Verhandlung begann am 14. September 1839 in Hartford. Angesichts der internationalen Bedeutung forderte der Staatsanwalt, den Fall an den Präsidenten zu verweisen, während der Verteidiger Roger Baldwin vorbrachte, dass die Vereinigten Staaten nicht als «Sklavenfänger» für andere Regierungen agieren sollten. Der Richter entschied schließlich, dass sein Gericht nicht zuständig sei, da die Vergehen, derer man die Männer beschuldigte, sich in internationalen Gewässern ereignet hätten. Er verwies den Fall zurück an das erstinstanzliche Gericht, das darüber befinden sollte, wem die Sklaven gehörten. Inzwischen hatte man auch einen Dolmetscher gefunden, um die Sklaven selbst zu befragen. Ihre Version der Geschichte gab dem Fall eine ganz neue Wendung.

OBEN: *Über die Meuterei auf der* Amistad *und die nachfolgenden Prozesse wurde in den damaligen Zeitungen ausführlich berichtet, teils mit abenteuerlichen, reißerischen Illustrationen.*

UNTEN: *US-Präsident Martin van Buren war daran gelegen, dass Spaniens Anspruch auf die* Amistad *und ihre Fracht anerkannt würde, doch die Gerichte der verschiedenen Instanzen entschieden stets dagegen.*

Sklaven oder freie Männer?

Die Männer erzählten, dass man sie kurz zuvor in Afrika versklavt und nach Kuba gebracht hätte. In den Vereinigten Staaten war die Einfuhr von Sklaven 1839 illegal, doch im Land selbst existierte die Sklaverei weiterhin. Gemäß internationaler Abkommen durften Sklaven auch nicht in spanische Territorien gebracht werden. Mit gefälschten Papieren und stillschweigender Duldung korrupter Beamter wurde der Sklavenhandel jedoch illegal fortgesetzt. Waren die Sklaven dann erst einmal auf amerikanischem oder spanischem Territorium, durften sie ganz legal ge- und verkauft werden.

Ihren Berichten zufolge wurden die Männer in Mendiland (dem heutigen Sierra Leone) von afrikanischen Sklavenhändler gefangen genommen und in den Sklavenhafen Lomboko verschleppt, wo man sie an einen portugiesischen Sklavenhändler verkaufte. Dieser verschiffte 600 von ihnen auf das berüchtigte Sklavenschiff *Tecora* und pferchte sie nackt, mit Handschellen und in Ketten auf engstem Raum zusammen. Die Verhältnisse an Bord waren so katastrophal, dass fast ein Drittel von ihnen auf dem Weg nach Kuba starb. Wer sich zu Tode hungern wollte, wurde solange ausgepeitscht, bis er sich unterwarf. Die Überlebenden wurden von Montes und Ruiz auf einem Sklavenmarkt gekauft und zum Teil auf die *Amistad* verladen. Cinque, der Mann, der auf Long Island zu fliehen versucht hatte, war der erste, dem es gelang, sich zu befreien, er führte den Aufstand an.

Das Zivilverfahren, in dem festgestellt werden sollte, wem die Sklaven gehörten, begann am 19. November 1839 in Hartford. Im Vertrauen darauf, dass ein Urteil in seinem Sinne gefällt werden würde, stellte Präsident van Buren ein Schiff, die *Grampus*, in New Haven bereit, das die Amistads rasch nach Kuba bringen sollte, bevor Berufung eingelegt werden konnte. Doch nach Anhörung der Beweise, die die Berichte der Afrikaner stützten, wonach man sie illegal aus Afrika verschleppt hätte, entschied Richter Judson, dass die Männer frei geboren und unter Missachtung internationaler Gesetze gekidnappt worden seien. Präsident van Buren war «äußerst unzufrieden» mit dem Urteil. Die Regierung versuchte beim Berufungsgericht dagegen vorzugehen und legte, als sie damit scheiterte, eine erneute Berufung ein, diesmal beim Obersten Gerichtshof der USA, dem Supreme Court. Von diesem versprach sie sich mehr Erfolg, da die Mehrheit der neun Richter noch oder einst Sklavenbesitzer waren.

Den ehemaligen Präsidenten John Quincy Adams hatte man dafür gewonnen, sich für die Amistads auszusprechen. Am 9. März 1841 urteilte der Supreme Court zu ihren Gunsten und anerkannte sie als gekidnappte Afrikaner, die ein Recht auf ihre Freiheit hätten. Die spanische Regierung war wütend und versuchte die nächsten 20 Jahre (erfolglos), Schadenersatz für den Verlust der *Amistad* und ihrer Fracht zu bekommen. Sie stellte die Versuche erst ein, als Abraham Lincoln zum US-Präsidenten gewählt wurde. Die 35 überlebenden Amistads brachte man im November mit der *Gentleman* nach Afrika zurück.

Nach Prozessende wurde die *Amistad*, die 18 Monate in New London gelegen hatte, versteigert. Sie ging an Kapitän George Hawford, der sie in *Ion* umbenannte und für den Transport von Obst, Gemüse und Vieh einsetzte. 1844 veräußerte er sie wieder. Über ihr weiteres Schicksal ist nichts bekannt.

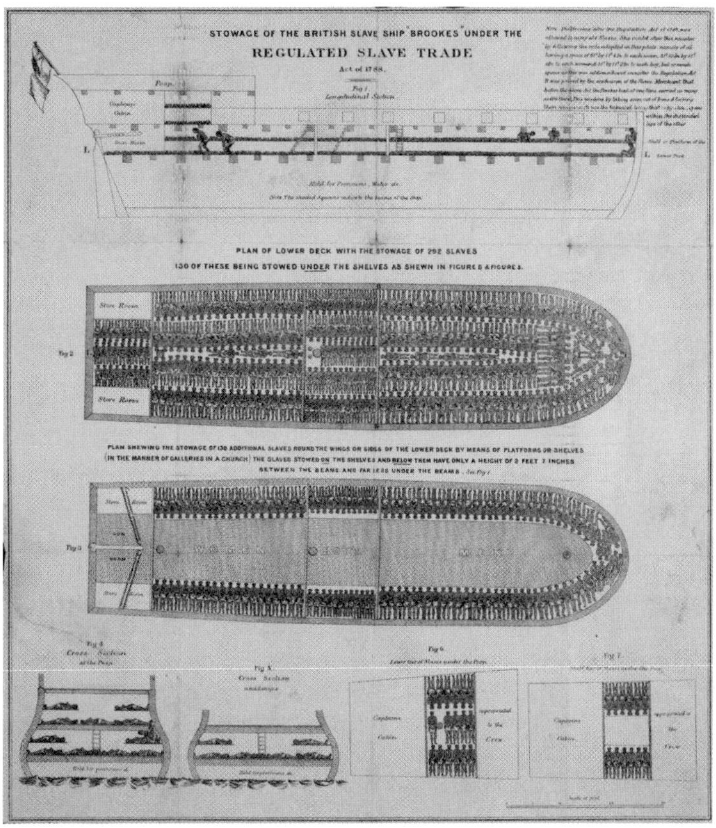

RECHTS: *Die Sklaven der* Amistad *wurden an Bord des berüchtigten Sklavenschiffes* Tecora *in die Karibik gebracht. Man pferchte sie, ähnlich wie auf dem hier abgebildeten britischen Sklavenschiff* Brookes, *so zusammen, dass viele von ihnen unterwegs starben.*

SS *Great Britain*

Die *Great Britain* stellte einen Meilenstein im Schiffsbau dar. Bei ihrem Stapellauf im Jahr 1843 war sie das bis dahin größte jemals erbaute Schiff mit Eisenrumpf, das mit Abstand größte Schiff auf See, das erste große Schiff mit Propellerantrieb und das erste Überseeschiff, das eigens für den Betrieb nach Fahrplan konstruiert wurde – der erste Ozeandampfer. Sie markiert das Ende der großen Holzschiffe.

TYP: Passagierdampfer

STAPELLAUF: Bristol, England, 1843

LÄNGE: 98 m

TONNAGE: 3066 Tonnen Wasserverdrängung

KONSTRUKTION: genietete Schmiedeeisenplatten auf Schmiedeeisenspanten

ANTRIEB: 1000 PS (750 kW) starke Dampfmaschine zum Antrieb eines Propellers sowie Segel an bis zu sechs Masten

Die SS *Great Britain*, die am 19. Juli 1843 von Prinz Albert, dem Gemahl von Königin Victoria, vom Stapel gelassen wurde, war nicht das Schiff, das seine Eigner ursprünglich bauen wollten. Die Direktoren der *Great Western Steamship Company* hatten sich ein großes Holzschiff mit seitlichem Schaufelradantrieb vorgestellt, ein Schwesterschiff der *Great Western*. Doch der verantwortliche Ingenieur, Isambard Kingdom Brunel, einer der innovativsten Ingenieure des 19. Jahrhunderts, nahm am ursprünglichen Entwurf radikale Veränderungen nach neuestem schiffstechnischem Standard vor.

Es sollte in der am Fluss Avon gelegenen englischen Stadt Bristol gebaut werden. Als dort ein Schiff mit Eisenrumpf einlief, beauftragte Brunel zwei Kollegen damit, es sich näher anzuschauen. Ihre Berichte überzeugten ihn, den Rumpf der *Great Britain* aus Eisen zu bauen. Als später die schraubengetriebene *Archimedes* in Bristol lag, nutzte Brunel die Gelegenheit, um deren Leistungsfähigkeit zu testen, und beschloss, die *Great Britain* nicht mit Radschaufeln, sondern mit einem Propeller auszurüsten.

Für beide Veränderungen gab es gute technische Gründe. Im Vergleich zu Holzrümpfen sind solche aus Eisen günstiger, leichter und stabiler, zudem fäulnisbeständig und resistent gegen Wurmschäden. Darüber hinaus

Great Western

Die Vorgängerin der *Great Britain* und bei ihrem Stapellauf 1838 das größte Passagierschiff der Welt war die *Great Western*. Sie war das erste von mehreren großen Passagierschiffen des Konstrukteurs Isambard Kingdom Brunel, der die Eisenbahnstrecke London-Bristol der *Great Western Railway* erbaut hatte. Die Konstruktion der *Great Western* war für die damalige Zeit recht konventionell: ein Raddampfer aus Eichenholz mit vier Masten. Bis zur Ausmusterung und Zerlegung im Jahr 1856 stand sie erfolgreich im Dienst.

OBEN: *Die von Brunel konstruierte* Great Britain *war der erste große Ozeandampfer mit Eisenrumpf und Propeller.*

sind sie starrer und können daher größer dimensioniert werden. Die Vorteile des Schraubenantriebs lagen in kleineren, leichteren Maschinen, wodurch sich der Brennstoffverbrauch reduzieren und mehr Platz für Passagiere und Frachtgut schaffen ließ. Außerdem erbrachte er in schwerer See bessere Leistung und sorgte, aufgrund der tiefer im Schiff sitzenden Maschinen, für höhere Stabilität. Gegen Ende 1840 hatte Brunel die Direktoren der *Great Western Steamship Company* schließlich von seinen geplanten Änderungen am Schiff überzeugt, das nun auch erheblich größer werden sollte.

Die *Great Britain* war das erste große Schiff mit Eisenrumpf und Schraubenantrieb. Sie verfügte zusätzlich über Segel an sechs Eisenmasten. Diese ließen sich einklappen, um bei Fahrt unter Dampf den Luftwiderstand zu reduzieren. Im Rumpf befanden sich zwei Passagierdecks, darunter zwei Frachtdecks, getrennt in zwei Abteilungen vorn und achtern durch die mittschiffs sitzenden massiven Maschinen und Dampfkessel.

Gefangen!

Nach dem Stapellauf sollte die *Great Britain* zur Ausrüstung in die Themse geholt werden. Sie war jedoch zu groß für die Schleusentore zwischen Dock und Bristolkanal – sie war gefangen! Die Hafenbehörde ließ sich zu teuren Umbauten überreden, damit das riesige Schiff auslaufen konnte, trotzdem blieb es in einem der Tore stecken, sodass man auch noch einen Teil der Schleusenmauer entfernen musste. Nun erst konnte die *Great Britain* passieren und auf dem Avon zum Meer fahren.

Zwei Jahre nach dem Stapellauf startete die *Great Britain* am 26. Juli 1845 ihre Jungfernfahrt von Liverpool nach New York. Es fuhren nur ein

OBEN: *Isambard Kingdom Brunel, hier vor den Ketten für den Stapellauf eines seiner Riesenschiffe, die* Great Eastern, *war einer der vielseitigsten, kühnsten und brillantesten Ingenieure des 19. Jahrhunderts.*

paar Dutzend Passagiere mit, obwohl sie Platz für 360 bot. Sie hatte mit einigen technischen Problemen und Leistungsschwächen zu kämpfen. Die Geschwindigkeit war enttäuschend, dauerte die Überfahrt über den Atlantik doch rund 14 Tage. Brunel nahm Ausbesserungen an der Schraube vor, um die Geschwindigkeit zu erhöhen, doch bei der nächsten Überfahrt gingen drei der sechs Propellerblätter verloren. Nach der Reparatur kamen auf der Rückfahrt vier Propellerblätter abhanden. Zum Schrecken von Passagieren und Besatzung rollte das Schiff sogar bei ruhiger See sehr stark. Um das Stabilitätsproblem zu beheben, wurden Schraube und Takelage ausgetauscht sowie Schlingerkiele montiert. Zudem entfernte man einen der sechs Masten. All die Umbauten kamen die Eigner teuer zu stehen, ganz abgesehen von den finanziellen Einbußen wegen Betriebsausfall. Die nächste Saison ließ sich vielversprechend an, bis die *Great Britain* in der Dundrum Bay an der irischen Nordostküste auf Grund lief und es fast ein Jahr dauerte, bis man sie wieder flottgemacht hatte. Nun wollte man kein weiteres Geld in das Schiff stecken und veräußerte es für einen Bruchteil seines Werts.

Es wurde überholt, der Rumpf verstärkt, man baute kleinere, modernere Maschinen und kleinere Hochdruckkessel ein und reduzierte die Masten von fünf auf vier. Nach nur einer Atlantiküberquerung wurde die *Great Britain* erneut verkauft und sollte nun auf der Route England-Australien verkehren. Dafür wurde die Passagierkapazität von 360 auf 730 erhöht und die Anzahl der Masten von vier auf drei reduziert. Sie war *die* Sensation bei ihrer Ankunft in Australien: Tausende kamen, um sie – gegen Bezahlung von einem Schilling – anzuschauen. Abgesehen von zwei kürzeren Unter-

RECHTS: *Der Bug der* Great Britain *trägt das königliche Wappen des Vereinigten Königreichs, mit einem Löwen auf der einen und einem Einhorn auf der anderen Seite.*

GREAT EASTERN

Nach der *Great Western* und der *Great Britain* entwarf Brunel die *Great Eastern*. Sie war ein regelrechtes Ungetüm, sechsmal größer als alle anderen Schiffe auf See, und ausgestattet mit Segeln, Schaufelrädern und Schraubenantrieb. Der Stapellauf am 4. November 1857 war jedoch ein einziges Desaster. Aufgrund ihrer Länge musste man sie seitwärts zu Wasser lassen, dabei blieb sie auf dem Slip hängen. Auch Dampfwinden und hydraulische Stoßheber schafften es nicht, sie zu bewegen. Nach drei Monaten brachte man sie endlich ins Wasser. Da sie jedoch stets nur einen Bruchteil der 4000 Passagiere beförderte, für die sie ausgelegt war, wurde sie verkauft und zu einem Kabelleger für die wachsende Telegrafenindustrie umgebaut. Ein Rückbau zum Passagierschiff missglückte, 1889–90 wurde sie abgewrackt.

OBEN: *Jahrzehntelang blieb Brunels imposante* Great Eastern *unübertroffen in Größe und Gewicht. Brunel soll sie «Great Babe» genannt haben.*

brechungen, in denen die *Great Britain* als Truppentransporter im Krimkrieg und im Indischen Aufstand von 1857 diente, befuhr sie nun 30 Jahre lang die Australien-Route. Der dienstlängste Kapitän in dieser Zeit war John Gray, der bei Besatzung und Passagieren sehr beliebt war und 1872 während einer Rückfahrt von Australien unter ungeklärten Umständen vom Schiff verschwand.

Rückkehr in die Heimat

1882 wurde die *Great Britain* zu einem Kohleschiff umgebaut. Vier Jahre später lief sie mit Sturmschäden in Port Stanley auf den Falklandinseln ein. Da eine Reparatur zu aufwendig gewesen wäre, beließ man sie dort und nutzte sie als Kohlelager, bis sie in den 1930er-Jahren aufgegeben und im Flachwasser versenkt wurde. Erst in den 1970er-Jahren hob man sie auf einen Ponton und brachte sie zurück an ihren Geburtsort, die Werft *Great Western Dockyard* in Bristol, wo sie restauriert und als Museumsschiff hergerichtet wurde.

HMS *Rattler*

Die Kriegsmarine stellte nur langsam auf Dampfantrieb um, weil die Schaufelräder der frühen Dampfschiffe im Gefecht leicht zerstört wurden und im Rumpf den Platz für Kanonen einschränkten. Dann entwickelten Erfinder und Ingenieure eine neue Antriebsart für Schiffe – die Schiffsschraube.

TYP: Dampffregatte

STAPELLAUF: Sheerness-Werft, England, 1843

LÄNGE: 56,4 m

TONNAGE: 894 Tonnen Wasserverdrängung

KONSTRUKTION: Holzrumpf, kraweelbeplankt

ANTRIEB: Schonerbark-Besegelung und 200 PS (150 kW) starke Dampfmaschine zum Antrieb eines Propellers

UNTEN: *Lange bevor man bei der* Rattler *Versuche mit Schiffsschrauben startete, setzte David Bushnell bei seinem U-Boot* Turtle *bereits Propeller ein.*

In der britischen Marine wusste man um die Vorteile der leistungsstarken Dampfmaschinen, doch da sie sich nicht für große Kriegsschiffe eigneten, kamen sie nur in Begleitbooten und kleinen Kanonenbooten zum Einsatz, die nicht an Gefechten teilnahmen. Wirklich interessant wurde Dampfkraft für die Navy und ihre großen Kriegsschiffe erst, als sie von dem kleinen Versuchsdampfer *Francis Smith* des Erfinders Francis Pettit Smith erfuhr: Seine Dampfmaschine trieb keine Schaufelräder an, sondern eine Schiffsschraube.

Die Verwendung einer schraubenartigen Vorrichtung als Antrieb war im 19. Jahrhundert nicht neu. Die Idee reicht mehr als 500 Jahre zurück, als Leonardo da Vinci eine Luftschraube entwarf – eine hubschrauberartige Maschine. Etliche Erfinder, Wissenschaftler und Ingenieure schlugen Propeller auch für den Einsatz im Wasser vor. Bushnells *Turtle*, ein 1776 erbautes einfaches Tauchgefährt, verfügte über handkurbelbetriebene Schrauben zur Fortbewegung und Tiefensteuerung. Robert Fulton experimentierte in den 1790er-Jahren mit Propellern. Und zu Beginn des 19. Jahrhunderts wurden zahlreiche Schraubenkonstruktionen zum Patent angemeldet, darunter auch die von Francis Pettit Smith. Sein Boot meisterte auch Fahrten in Stürmen, die einem Raddampfer Probleme bereitet hätten, und das machte Dampfkraft für die Royal Navy interessant.

Um die Technik zu erproben, bat die britische Admiralität Smith, ein Schiff in Echtgröße zu bauen. So entstand die *Archimedes*. Nach anfängli-

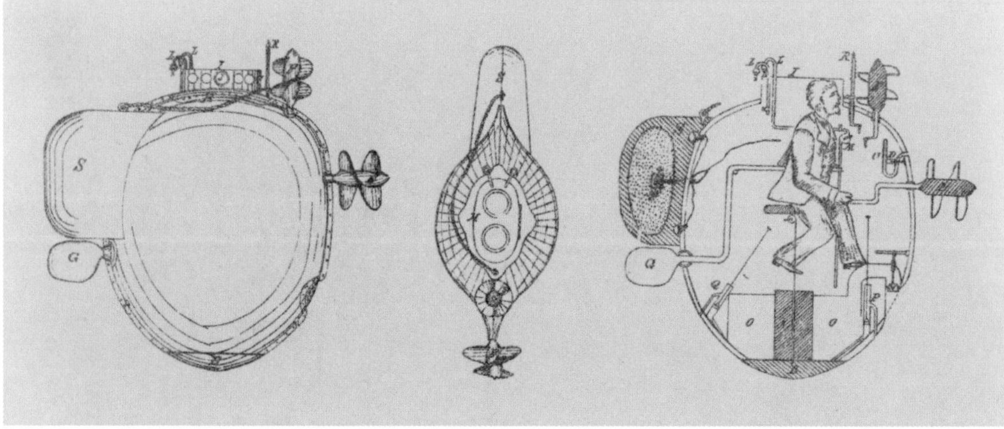

OBEN: *1845 ließ man die* Rattler *und die* Alecto *im berühmtesten Tauziehen aller Zeiten gegeneinander antreten, um die Leistungsstärke von Schiffsschrauben und Schaufelrädern miteinander zu vergleichen.*

chen technischen Schwierigkeiten, als etwa ein Dampfkessel explodierte oder die Kurbelwelle brach, war sie bereit, gegen die schnellsten Schaufelraddampfer anzutreten. Dabei erwies sie sich als mindestens ebenso leistungsstark. Bei Fahrten um die britische Insel testeten Marineoffiziere sie unter verschiedenen Wetterbedingungen. Danach lieh sich die *Great Western Steamship Company* das Schiff für weitere Versuche aus, die Isambard Kingdom Brunel inspirierten, seine *Great Britain* ebenfalls mit Schraubenantrieb auszustatten. Unterdessen baute die Navy das erste schraubengetriebene Kriegsschiff, die *Ardent*. Ursprünglich als konventioneller Kriegssegler konzipiert, wurde sie auf Anordnung der Admiralität mitten im Bau auf Propellerantrieb umgerüstet – und auf *Rattler* umgetauft.

OBEN: *Der erste Propeller, den die* Archimedes *erhielt, glich mehr einem kurzen Abschnitt der archimedischen Schraube als einem modernen Mehrblattpropeller.*

Propeller gegen Schaufelräder

Die *Rattler* war eine Fregatte mit neun Kanonen und einer 200 PS (150 kW) starken Dampfmaschine, die einen Propeller antrieb. Ihre Besatzung umfasste 180 Mann. Nach dem Stapellauf am 13. April 1843 in der Sheerness-Werft unterzog die Navy sie zunächst zwei Jahre lang verschiedener Tests und erprobte dabei unter anderem Propeller in unterschiedlichen Formen und Größen, um die effizienteste Konstruktion zu finden. Der berühmteste Test fand im März und April 1845 statt, als die *Rattler* gegen den Raddampfer HMS *Alecto* antrat.

Größe, Gewicht und Maschinenkraft der beiden Schiffe waren vergleichbar. Zunächst fand ein Wettrennen statt: Die *Rattler* bewältigte die 130 km lange Strecke vor der englischen Ostküste in 8 Stunden und 34 Minuten und schlug die *Alecto* damit um mehr als 23 Minuten. Dann folgte eine

100 km lange Strecke bei Sturm und schwerer See, hier war die *Rattler* 40 Minuten schneller. Für den letzten der 12 Tests wurden die beiden Schiffe am Heck miteinander vertäut, sodass sie mit dem Bug in entgegengesetzte Richtungen zeigten. Die *Alecto* hatte zuerst volle Kraft erreicht und zog die *Rattler* mehrere Minuten lang hinterher. Als die *Rattler* schließlich volle Dampfkraft erlangte, brachte sie die *Alecto* zum Stoppen und zog sie mit bis zu 2,5 Knoten (4,6 km/h) zurück. Aus allen Versuchen ging die *Rattler* als klare Siegerin hervor, sodass die Royal Navy fortan alle Schiffe mit Propellern ausstattete. Weitere Tests im Jahr 1846 zwischen dem Raddampfer *Basilisk* und der schraubengetriebenen *Niger* führten zu ähnlichen Resultaten.

Nach Beendigung der Versuche trat die *Rattler* in den Marinedienst *Experimental Squadron*, der unter anderem neue Rumpf- und Antriebsformen oder neue Bewaffnung im Betrieb testete. Eine der ersten Aufgaben der *Rattler* bestand darin, die Schiffe *Erebus* und *Terror* der später in der kanadischen Arktis verschollenen Franklin-Expedition nach Orkney zu verholen. Am 3. Oktober 1849 patrouillierte sie die westafrikanische Küste im Kampf gegen den Sklavenhandel und brachte das brasilianische Sklavenschiff *Alepide* auf. 1852–53 diente sie im Zweiten Anglo-Birmanischen Krieg, und 1855 unterstützte sie den Kampf gegen chinesische Piraten, die internationale Handelsschiffe überfielen. Am 26. November 1856 wurde sie abgewrackt.

JOHN ERICSSON

John Ericsson, geboren 1803 in Schweden, war einer der Erfinder des Schraubenantriebs. Er hatte ein außergewöhnliches Leben. 1826 zog er mit der großen Hoffnung nach England, dort eine von ihm entwickelte Wärmekraftmaschine verkaufen zu können. Doch die auf Holzverbrennung basierende Maschine hatte keine Chance gegen den in Großbritannien vorherrschenden Brennstoff Kohle. Er ließ sich nicht entmutigen, erfand nun Verbesserungen für Dampfmaschinen. Er baute mehrere Lokomotiven, allerdings ohne kommerziellen Erfolg. Seine Unternehmungen waren sogar so verlustreich, dass er einige Zeit in einem Schuldgefängnis verbringen musste. Als Nächstes widmete er sich der Propellertechnik, was ihn schließlich in die Vereinigten Staaten führte. Er konstruierte die USS *Princeton,* baute den ersten Dampfer aus Eisen *(Iron Witch)*, erfand eine Heißluftmaschine und entwarf ein gepanzertes Kriegsschiff, die USS *Monitor* (siehe Seiten 102–105). Am 8. März 1889 starb Ericsson im Alter von 85 Jahren in New York.

Zwischenzeitlich in den Vereinigten Staaten …

Francis Pettit Smith war nicht der einzige, der sich mit der Entwicklung des Schraubenantriebs beschäftigte, und die *Rattler* nicht das einzige in dieser Hinsicht bedeutsame Schiff. Sechs Wochen, nachdem Smith seinen Propeller 1836 hatte patentieren lassen, reichte der Erfinder John Ericsson ebenfalls eines für einen Propeller ein. Nach einigen Kleinversuchen baute er ein 12 m großes Boot mit zwei Schrauben, das er erfolgreich auf der Themse erprobte. Doch noch erachtete die Admiralität diese Antriebsart als ungeeignet für Kriegsschiffe, und so zog Ericsson 1839 in die Vereinigten Staaten und baute das erste Kriegsschiff der US Navy mit Schraubenantrieb, die

RECHTS: *Bei der Explosion einer Kanone an Bord der USS* Princeton, *eines von Ericsson gebauten Kriegsschiffs mit Schraubenantrieb, starben mehrere Gäste. Der Unfall überschattete den Erfolg des Schiffes.*

USS *Princeton.* Sie lief im September 1843, und damit erst einige Monate nach der *Rattler*, vom Stapel, doch wurde sie vor der *Rattler* in Dienst gestellt und darf daher den Titel des ersten schraubengetriebenen Kriegsschiffs tragen.

In Erinnerung geblieben ist die *Princeton* aber weniger deshalb, als vielmehr wegen eines schrecklichen Unfalls. Anlässlich einer Waffendemonstration befanden sich der US-Präsident und mehrere Regierungsmitglieder an Bord. Beim Abfeuern explodierte eine der Kanonen und tötete sechs Menschen, darunter den Marineminister und den persönlichen Diener des Präsidenten, weitere 20 Personen wurden verletzt. Infolge des Unfalls wurden die Herstellungsverfahren in der Kanonenproduktion überarbeitet.

Die *Princeton* stand bis 1849 im Dienst der US Navy, dann wurde sie wegen des schlechten Zustands ihrer Hölzer ausgemustert und zerlegt. Dank der Pionierarbeit von Smith und Ericsson entwickelten sich Propeller rasch zum Standardantrieb bei Marineschiffen. 1850 ließ Frankreich den ersten Kriegsschraubendampfer, die *Napoléon*, zu Wasser. Andere Länder zogen rasch nach.

RECHTS: *Von ihren Anfängen als einfach verdrehte Eisenplatten entwickelten sich Propeller rasch zu riesigen, mehrflügeligen Schiffsschrauben, die die großen Ozeandampfer des 20. Jahrhunderts antrieben.*

America

Während Segelschiffe im 19. Jahrhundert immer seltener für Handel und Kriegsführung eingesetzt wurden, gewann das Freizeitsegeln zunehmend an Popularität. Die erste größere internationale Regatta wurde vor der Südküste Englands im Jahr 1851 abgehalten. Gewonnen hat die Jacht *America*, nach der das bis heute ausgetragene Rennen und der Siegerpokal benannt wurden: America's Cup. Die erstmalige Siegerin übte auf Jahre hinaus großen Einfluss auf den Jachtbau aus, auch heute noch verlangen die Boote des America's Cup den Konstrukteuren alles ab.

TYP: Gaffelschoner

STAPELLAUF: New York, 1851

LÄNGE: 31 m

TONNAGE: 100 Tonnen

KONSTRUKTION: Holz (Weißeiche, Akazie, Zeder und Kastanie)

ANTRIEB: Segel

Der britische Jachtclub *Royal Yacht Squadron* setzte 1851 als Siegerpreis in einer Regatta rund um die vor der englischen Südküste gelegene große Insel Isle of Wight den «One Hundred Sovereign Cup» aus. Zur gleichen Zeit baute in den Vereinigten Staaten der Flottenadmiral John Cox Stevens mit Freunden vom *New York Yacht Club* eine Jacht, mit der sie in Großbritannien Geldpreise bei Regatten gewinnen wollten.

Als Konstrukteure beauftragten sie James Rich Steers und seinen Bruder George. Ihr Entwurf ähnelte in der Rumpfform einem Klipper, die Jacht besaß jedoch einen spitzeren, konkaveren Bug und ihre breiteste Stelle lag weiter hinten als bei traditionellen Rennjachten. Sie verfügte über Schonertakelung mit geneigten Masten. Lotsenboote wie diese lieferten sich regelrechte Rennen, wenn sie Ozeandampfern entgegenfuhren, um Lotsen an Bord zu bringen, die die großen Schiffe in die Häfen hinein- und wieder hinausgeleiteten: Das schnellste Boot sicherte sich die meisten Geschäfte. Ihre Kapitäne und Besatzungen navigierten äußerst geschickt und schnell durch die flachen Gewässer und Fahrrinnen an der Küste. Einer von ihnen, Kapitän Richard Brown, sollte das Kommando der *America* übernehmen.

RECHTS: *Ölgemälde von Fitz Hugh Lane: Die Jacht* America *gewinnt 1851 das «International Race» und erhält den später nach ihr benannten Siegerpokal, den America's Cup.*

OBEN: *In der Karikatur von Udo Keppler wird, laut Bildunterschrift im Original, Sir Thomas Lipton, ein Herausforderer des America's Cup, von einem amerikanischen Jachtsegler mit den Worten begrüßt: «Wenn wir nicht beide behalten können, dann würden wir lieber den Pokal verlieren als Sie, Sir Thomas.» Die Wirklichkeit sah anders aus!*

Auf die Plätze

Im Juli 1851 erreichte die *America* Le Havre in der französischen Normandie, wo sie vor der Weiterfahrt zur Isle of Wight einen neuen Anstrich erhielt. Der angesehene amerikanische Zeitungsherausgeber und Kongressabgeordnete Horace Greeley riet den Jachteignern dringend von der Teilnahme am Rennen ab, sie würden mit Sicherheit geschlagen und damit ein schlechtes Bild auf die Vereinigten Staaten werfen, doch sie hatten sich bereits verpflichtet. Für die Briten war die amerikanische Jacht, die so völlig anders war als ihre eigenen, eine Kuriosität, die man nicht als ernsthafte Rivalin betrachtete. Die *Illustrated London News* beschrieb sie als «kunstvoll, aber doch ein Verstoß gegen alle Regeln der Schiffsbaukunst.» Ihre Eigner hatten Schwierigkeiten, jemanden zu finden, der die Herausforderung annahm, bis sie schließlich für den letzten Tag der Regatta eingeladen wurden. Das an diesem Tag ausgetragene Rennen war traditionell den Mitgliedern vorbehalten, doch um der *America* entgegenzukommen, ließ man Teilnehmer von Jachtclubs aller Nationen zu, man setzte zudem eine Regel außer Kraft, wonach jede Jacht nur einen Eigner haben darf, und man gestattete der *America*, ihre Segel «auszubaumen» – die Segel mit Bootshaken oder Baum hinauszudrücken, um bei Vorwindkurs den Wind einzufangen.

> SIE IST KUNSTVOLL, ABER DOCH EIN VERSTOSS GEGEN ALLE REGELN DER SCHIFFSBAUKUNST.
> ***Illustrated London News***

Am 22. August 1851 stellten sich unter den Augen von Queen Victoria, die von der königlichen Jacht aus zuschaute, 15 Schoner und Segelkutter für das 98 km lange Rennen auf. Die *America* hatte wegen eines unklaren Ankers einen schlechten

Start und als sie endlich losfahren konnte, lag sie weit hinter den anderen, holte aber schnell auf. Am östlichen Ende der Isle of Wight umrundeten die Boote die Insel traditionell auf der Seeseite eines Feuerschiffs, das die Nab Rocks markierte, doch es stand nichts in den Regeln, was es den Jachten verboten hätte, die kürzere, gefährlichere Strecke zwischen der Insel und den Nab Rocks zu nehmen. Genau das machte die *America*, überholte so die anderen Boote und übernahm die Führung. Selbst als ihr Klüverbaum brach und ausgetauscht werden musste, blieb sie an der Spitze.

Achteinhalb Stunden nach dem Start lief die *America* ins Ziel, acht Minuten vor der *Aurora*, die ihr dicht folgte. Ein Protest gegen die von der *America* eingeschlagene Route bei den Nab Rocks wurde abgelehnt, die «Kuriosität» *America* hatte direkt beim ersten Versuch die besten britischen Jachten in deren Revier geschlagen. Am nächsten Tag statteten die Königin und Prinz Albert der Jacht einen Besuch ab. Die Kommentatoren des Tages sahen im Erfolg der *America* mehr als einen bloßen Regattasieg, so schrieb die Londoner Tageszeitung *Merchant*: «Das Seeimperium muss bald Amerika überlassen werden.»

OBEN: *Auf dem Foto aus dem Jahr 1891 besaß die* America *zwar nicht mehr die Original-Renntakelage von 1851, aber ihre ausgesprochen eleganten Linien sind unverkennbar.*

Die Erbauer der *America* brachten die Trophäe nach Hause und schenkten sie dem *New York Yacht Club* unter der Bedingung, dass sie als Wanderpokal vergeben wird, um freundschaftliche Regatten zwischen den Nationen auszutragen. Zu Ehren der Siegerjacht erhielt er den Namen America's Cup. Die nächsten 132 Jahre wurde die Trophäe erfolgreich von Amerikanern verteidigt, bis 1983 erstmals eine Crew anderer Nationalität gewann – ein australisches Team mit der Jacht *Australia II*.

Verfall und Untergang

Zehn Tage nach dem Rennen im Jahr 1851 wurde die *America* veräußert und wechselte im Laufe der nächsten Jahre mehrmals britische Eigner. Die erfolgreiche Erstsiegerin hatte, ebenso wie nachfolgende Jachten des America's Cup, großen Einfluss auf britische Jachten und Jachtkonstrukteure. Die *America* wurde umgebaut, in *Camilla* umbenannt und an die Konföderierten Staaten von Amerika verkauft, die sie als Blockadebrecher im Sezessionskrieg einsetzten. Als die Unionstruppen Jacksonville einnahmen, wurde sie nördlich von Crescent City im Dunns Creek versenkt, doch die Unionsstreitkräfte hoben sie, gaben ihr ihren Namen *America* zurück und setzten sie im Krieg ein. Die Jacht, die nur Regatten fahren sollte, bekam nun drei Kanonen: einen 12- und zwei 24-Pfünder. Nach dem Krieg diente sie als Schulschiff der amerikanischen Marineakademie. 1870 nahm sie erneut am America's Cup teil und holte den vierten Platz. 1873 veräußerte die Navy sie, zwei Jahre darauf wurde sie umgebaut, fuhr bis 1901 abermals Wettkämpfe und diente als Freizeitsegler, bis man sie mehr oder weniger verwahrlosen ließ und 1921 der US-Marineakademie übergab, die sich jedoch ebenfalls nicht um sie kümmerte. In den 1940er-Jahren waren Reparaturen überfällig, 1942 brach auch noch der Schuppen ein, in dem sie untergebracht war. Drei Jahre später wurde sie schließlich abgewrackt und verbrannt.

HIGH-TECH-JACHTEN

Zwischen den Jachten der jüngsten «America's Cup»-Regatten und der *America* und ihren Konkurrenten im Jahr 1851 liegen Welten. Die Regeln zum Jachtdesign wurden im Laufe der Jahre immer wieder geändert, um den Fortschritten bei Material und Technik Rechnung zu tragen. Die neuesten, modernsten Jachten «fliegen» übers Wasser und stehen auf Unterwasserflügeln, sogenannten Hydrofoils. Bei der Entwicklung der Jachten spielen Materialien etwa aus der Raumfahrttechnik und die Stromlinienform von Rumpf, Segel und Foils eine so große Rolle, dass die Entwicklungsteams oft eng mit Konstrukteuren aus der Flugzeugtechnik und Formel 1 zusammenarbeiten.

UNTEN: *Zwei Jachten fliegen beim America's Cup 2013 über die Wellenkämme. Diese Spitzenrennmaschinen erreichen Geschwindigkeiten von mehr als 80 km/h.*

HMS *Challenger*

Vierzig Jahre nach Charles Darwins Reise in der *Beagle* führte ein Schiff erstmals eine Expedition zur Erkundung der Ozeane durch. Die HMS *Challenger*, ein umgebautes britisches Kriegsschiff, legte damit den Grundstein für die neue Wissenschaft der Ozeanografie.

TYP: Korvette der *Pearl*-Klasse

STAPELLAUF: Woolwich-Werft, England, 1858

LÄNGE: 68,7 m

TONNAGE: 2171 Tonnen Wasserverdrängung

KONSTRUKTION: Holz, Kraweelbeplankung

ANTRIEB: Rahsegel (Vollschiff) und eine 1200 PS (895 kW) starke Dampfmaschine zum Antrieb eines Propellers

Bis in die 1860er-Jahre nahmen Wissenschaftler an, dass auf dem tiefen Meeresgrund kein Leben existiere, da kein Tageslicht jemals dorthin gelangt. Widerlegt wurde dies erst, als man vor den Küsten Großbritanniens und Amerikas mit Dredschen (Grundnetzen) eine Fülle an Lebewesen aus den Tiefen holte. Man erkannte, dass es dort eine neue Welt voller Leben gab, die es zu erforschen galt. Dies sollte mithilfe der *Challenger*-Expedition geschehen, die auf eine Idee von Charles Wyville Thomson zurückging, einem Naturkundeprofessor der Universität Edinburgh. Auf seine Initiative hin bat die wissenschaftliche Gesellschaft *Royal Society* in London die britische Regierung um ein Schiff zur meereskundlichen Erforschung, die dafür die HMS *Challenger* zur Verfügung stellte.

Die *Challenger* war ein Segelboot mit Dampfmaschine, eine Korvette der *Pearl*-Klasse. Korvetten waren, und sind, kleine Kriegsschiffe, kleiner noch als Fregatten, die gewöhnlich Küsten sichern oder zur Flottenunterstützung und für schnelle Angriffe zum Einsatz kommen. Die Bezeichnung tauchte erstmals in den 1670er-Jahren in der französischen Kriegsmarine auf und

RECHTS: *Im Februar 1874 segelte die* Challenger *südwärts in die Antarktis. Die Besatzung hatte mit starkem Seegang, Eisbergen und Packeis zu kämpfen.*

OBEN: *Das Chemielabor der* Challenger *war in einer winzigen, nur 3 m mal 1,5 m großen Kabine untergebracht. Jedes Teil der Gerätschaft musste fixiert werden.*

UNTEN: *Die Expedition war das geistige Kind des schottischen Naturkundlers Charles Wyville Thomson, der sie wissenschaftlich leitete.*

soll auf das ältere, holländische Wort *corf* zurückgehen, das ein kleines Boot bezeichnet.

Die *Challenger* war eine von zehn Korvetten der *Pearl*-Klasse, die in den Fünfzigerjahren des 19. Jahrhunderts gebaut wurden. In den frühen 1860er-Jahren diente sie vor den amerikanischen Kontinenten, bis sie nach Australien entsandt wurde. 1870 wählte man sie für die später als *Challenger*-Expedition bekannt gewordene Forschungsfahrt aus. Als Vorbereitung entfernte man einige Kanonen, um mehr Platz für Ausrüstung zu schaffen, baute zusätzliche Kabinen ein sowie eine Dredschen-Plattform, damit die Forscher Bodenproben vom schlammigen Meeresgrund und Lebewesen aus der Tiefe an Bord holen konnten. Außerdem bekam sie zwei Labore mit den für die Wissenschaftler notwendigen Geräten.

Unter dem Kommando von Captain George Nares verließ die *Challenger* im Dezember 1872 Großbritannien, an Bord befanden sich 243 Offiziere, Besatzungsmitglieder und Forscher, darunter Charles Wyville Thomson, der die Expedition wissenschaftlich leitete. Das Schiff fuhr nach Süden über den Äquator in den Südatlantik und rund um das Kap der Guten Hoffnung in den Indischen Ozean. Am 16. Februar 1874 querte die *Challenger* als erstes Dampfschiff den südlichen Polarkreis, wenngleich Dampfkraft nur bei Flaute zum Einsatz kam und sie die meiste Zeit unter Segel fuhr. Aus dem kalten Südpolarmeer holte man mit den Dredschen rund 400 verschiedene Tierspezies nach oben, von denen man über drei Viertel noch nie gesehen hatte. Der Südkurs der *Challenger* fand hier mehr oder weniger sein Ende, da sie nicht für Eis ausgelegt war, es ging nun

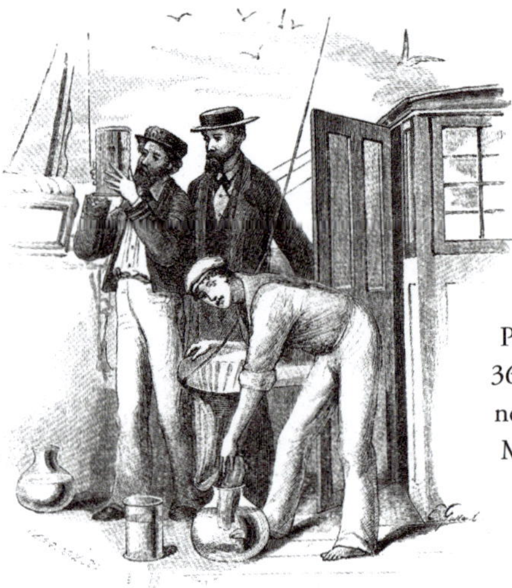

Richtung Australien und Neuseeland, danach durch den Westpazifik nordwärts bis zu den Hawaii-Inseln. Von dort steuerte die *Challenger* Kap Hoorn an und kehrte über den Atlantik zurück nach England, wo sie am 24. Mai 1876 in Portsmouth einlief.

Während der Fahrt wurde ungefähr alle 320 km ein Stopp für Probenentnahmen und Datenaufzeichnungen eingelegt. An allen 362 Stellen wurden Wassertiefe und Wassertemperatur in verschiedenen Tiefen gemessen, man nahm Proben des Meeresbodens und des Meerwassers aus unterschiedlichen Tiefen und machte Aufzeichnungen zu Geschwindigkeit und Richtung von Oberflächenströmungen sowie zum Wetter.

OBEN: *Drei Besatzungsmitglieder der* Challenger *begutachten die Ausbeute aus der Tiefe, hier eine Medusenqualle.*

Das Challengertief

Insgesamt wurden 492 Tiefenlotungen vorgenommen. Die Probestelle 225, gelegen im Westpazifik zwischen den Inseln Palau und Guam, war besonders tief – 8184 m. In deren Nähe befindet sich auch, wie spätere Messungen ergaben, die mit 10 994 m tiefste bekannte Stelle aller Ozeane, die man nach der Expedition Challengertief benannte. Die Tiefenmessungen der *Challenger* führten zur ersten Übersichtskarte des Meeresbodenreliefs, auf der auch eine Erhebung mitten im Atlantik zu erkennen war. Es war der erste Hinweis auf die später als Mittelatlantischer Rücken bekannte längste Gebirgskette der Erde, die entlang eines Grabens verläuft, an dem zwei tektonische Erdplatten auseinanderdriften.

Am Ende der dreieinhalbjährigen Expedition hatte die *Challenger* 68 890 Seemeilen (127 580 km) zurückgelegt. Nachdem alle Proben und Exemplare entladen waren, begaben sich über 100 Wissenschaftler an die Untersuchungen, die schließlich den Beweis erbrachten, dass in der Tiefsee Leben existierte. Die Forschungsergebnisse der Expedition, auf der man auch 4700 neue Tier- und Pflanzenarten entdeckt hatte, wurden in einem 50-bändigen, 29 500 Seiten starken Bericht veröffentlicht, dessen Erstellung 23 Jahre in Anspruch nahm.

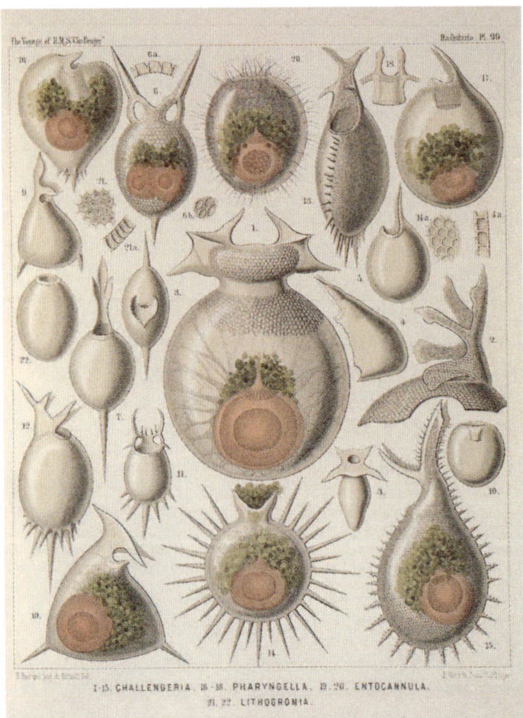

LINKS: *Die Wissenschaftler der* Challenger *fertigten ausführliche Beschreibungen und Zeichnungen der während der Expedition gesammelten Exemplare an. Ihr Forschungsbericht umfasste 50 Bände.*

DIE DEUTSCHE ATLANTISCHE EXPEDITION

Nach der *Challenger*-Expedition führten zahlreiche Nationen eigene wissenschaftliche Expeditionen und Vermessungen durch. Jede lieferte weitere Erkenntnisse über die Ozeane, die Strömungen, den Meeresboden, Unterseeberge und Meereslebewesen. Die Entwicklung von Sonar zur Ortung von U-Booten im Ersten Weltkrieg führte zur akustischen Tiefenmessung – die Ozeantiefe wurde anhand der vom Meeresboden reflektierten Schallwellen gemessen. Zuvor hatten Schiffe zur Tiefenmessung an jeder Messstelle halten und ein Senkblei auf den Grund hinablassen müssen. Die akustische Tiefenmessung war schneller und einfacher. Die *Meteor,* mit der die Deutsche Atlantische Expedition (1925–27) durchgeführt wurde, war mit einem der ersten Echolotsysteme ausgerüstet und unternahm 67 000 Tiefenmessungen – verglichen mit knapp 500 auf der *Challenger*-Expedition. Dabei stellte man fest, dass die mitten im Atlantik von den Wissenschaftlern der *Challenger* entdeckte Erhebung ein einziger, sehr langer Gebirgszug ist.

Die letzten Tage der *Challenger*

Nach ihrer historischen Fahrt diente die *Challenger* als Schulschiff der Küstenwache und der Königlichen Marinereserve in Harwich an der ostenglischen Küste. Zwischen 1878 und 1883 stand sie in Reserve und wurde danach zum Wohnschiff umfunktioniert. In diesen ausgedienten Booten, meist ohne Masten und Takelage, brachte man frisch rekrutierte Matrosen unter, die auf Einsatz auf See warteten. Da Matrosen seinerzeit zum Teil noch zwangsrekrutiert wurden, hielt die Navy sie bis dahin auf Wohnbooten fest, damit sie nicht fliehen konnten. Manche dieser Schiffe dienten auch als schwimmende Lazarette, vor allem, wenn es kein Krankenhaus in der Nähe gab. Die *Challenger* war bis zu ihrem Verkauf an einen Schiffsverwerter im Jahr 1921 als Wohnboot auf dem Medway im Einsatz. Die Galionsfigur ist das einzige, was von ihr erhalten ist.

Die vielen Entdeckungen der *Challenger*-Expedition gaben anderen Nationen den Anstoß zu eigenen meereskundlichen Forschungsfahrten. Zum Andenken an die wissenschaftlichen Errungenschaften des Schiffs und seiner Besatzung taufte man eine NASA-Raumfähre auf den Namen *Challenger*.

LINKS: *Die deutsche* Meteor *verließ 1925 ihren Heimathafen Wilhelmshaven, um auf einer zweijährigen Forschungsfahrt den Atlantik zu vermessen.*

Gloire

Eine Neuerung bei Schiffsgeschützen führte in der Mitte des 19. Jahrhunderts zu der seit 1000 Jahren radikalsten Veränderung in der Konstruktion von Kriegsschiffen. Die französische *Gloire* war das erste große Kriegsschiff einer europäischen Seemacht mit den neuen Konstruktionsmerkmalen. Sie löste ein Wettrüsten im Kriegsschiffsbau aus.

TYP: gepanzertes Schlachtschiff der Gloire-Klasse

STAPELLAUF: Toulon, Frankreich, 1859

LÄNGE: 77,9 m

TONNAGE: 5720 Tonnen Wasserverdrängung

KONSTRUKTION: Holz, schmiedeeiserne Panzerplatten

ANTRIEB: Segel und eine 2500 PS (1900 kW) starke Dampfmaschine

Am 30. November 1853 vernichteten russische Kriegsschiffe im Krimkrieg eine türkische Flotte in der Seeschlacht bei Sinope. Die russischen Schiffe waren mit Kanonen bewaffnet, die Granaten feuerten. Die explosiven Geschosse drangen durch den hölzernen Rumpf der feindlichen Schiffe und setzten sie in Brand, sodass sie bis zur Wasserlinie niederbrannten. Was dies bedeutete, war den europäischen Mächten schnell klar: Ihre riesigen Kriegsflotten mit Holzschiffen waren mit einem Schlag veraltet.

Die Franzosen reagierten als erstes auf diese Gefahr. Im Krieg hatten sowohl Großbritannien als auch Frankreich schwimmende Batterien eingesetzt, die mit Eisenplatten gepanzert waren. In Frankreich übertrug man diese Technik auf Schiffe und ließ vier Panzerschiffe bauen. Die *Gloire (Ruhm)* lief am 24. November 1859 als erstes vom Stapel und wurde im Jahr darauf fertiggestellt. Sie war das erste hochseetüchtige gepanzerte Schlachtschiff der Welt. Ihr Rumpf bestand aus 66 cm dickem Holz und war mit 120 mm dicken Eisenplatten gepanzert, die bis 1,80 m unter die Wasserlinie reichten. Diese sogenannte Gürtelpanzerung, die den Rumpf nicht vollständig bedeckt, sondern sich nur vom Schiffsdeck bis kurz unter die Wasserlinie erstreckt, sollte den empfindlichsten Teil des Rumpfs vor Artilleriegeschossen und Torpedos schützen.

LINKS: *In der Seeschlacht von Sinope rissen die Explosivgeschosse der russischen Schlachtschiffe die osmanischen Schiffe in Stücke und setzten sie in Brand. Die Unterlegenheit von Holzschiffen war offensichtlich und führte zur Entwicklung von Panzerschiffen.*

OBEN: *Das französische Panzerschiff* Gloire *war das erste einer neuen Generation von Kriegsschiffen. Gegnerische Streitkräfte zogen bald nach.*

SCHUTZ FÜR DEN RUMPF

Ein gepanzerter Rumpf erfordert mehr Wartung als ein hölzerner, wie die Marine feststellte. Das Eisen korrodierte im Salzwasser rasch, die Besiedelung mit Meeresorganismen (Fouling) drosselte die Geschwindigkeit der Schiffe. Der bei Holzschiffen zum Schutz vor Schiffsbohrwurm und anderen Meeresorganismen eingesetzte Kupferbeschlag eignete sich nicht für einen Rumpf aus Eisen. Als die britische Fregatte HMS *Alarm* 1761 einen Kupferbeschlag erhielt, lösten sich die Eisennägel, die damit in Kontakt kamen, auf, unbeschädigt blieben lediglich jene Stellen, an denen Eisen und Kupfer nicht miteinander in Berührung kamen. Diese sogenannte galvanische Korrosion kann auch heute noch zum Problem werden. Die 2008 vom Stapel gelassene *Independence,* ein Schiff der US Navy für küstennahe Gefechtsführung, hatte, angeblich aufgrund einer galvanischen Reaktion von Maschinenbauteilen aus Stahl und ihrem Aluminiumrumpf, massive Korrosionsprobleme.

Segel und Dampf

Wie andere Kriegsschiffe des 19. Jahrhunderts nutzte die *Gloire* Segel- und Dampfantrieb. Im Rumpf saß eine 2500 PS (1900 kW) starke Dampfmaschine, die von acht Kesseln mit Dampf versorgt wurde und eine Schiffsschraube antrieb. Der Segelplan wurde im Laufe ihrer kurzen Karriere mehrmals geändert. Sie war ursprünglich als Dreimastschonerbark getakelt, mit rahgetakeltem Fockmast und schratgetakeltem Haupt- und Besanmast. Später erhielt sie reine Rahtakelung, und schließlich reine Schrattakelung.

Die beiden nächsten Schiffe der *Gloire*-Klasse, die *Invincible* und *Normandie*, waren nach dem Vorbild der *Gloire* erbaut, anders das vierte Schiff, die *Couronne*: Sie war das erste französische Schiff mit Panzerung und Eisenrumpf. Die Panzerplatten waren auf einer 100 mm starken Teakholzhinterlage montiert, gestützt von einem Eisengitterträger auf einer 300 mm dicken Teakholzlage, die auf dem Eisenrumpf befestigt war. Diese komplexe Verbundkonstruktion erwies sich als effektiver als der einfachere Rumpfaufbau früherer Schiffe und wurde für alle französischen Kriegsschiffe übernommen.

KRIEGER AUS EISEN

Seit Ende des 17. Jahrhunderts war die britische Royal Navy die mächtigste Seestreitkraft der Welt – und wollte es auch bleiben. Die britische Antwort auf das französische Panzerschiff *Gloire* war die HMS *Warrior (Krieger).* Sie lief 1860 vom Stapel und war erheblich größer und schwerer als die *Gloire.* Zudem war sie schneller und schwerer bewaffnet – und anders konstruiert: Während die *Gloire* im Wesentlichen einen Holzrumpf mit Eisenbeschlag besaß, hatte die *Warrior* einen Eisenrumpf auf Holzhinterlage. Sie war das erste Kriegsschiff mit gepanzertem Eisenrumpf: Die 114 mm starken Panzerplatten und die 45 cm dicke Hinterlegung aus Teakholz wurden auf dem 25 mm dicken Eisenrumpf montiert. Die *Warrior* und ihr Schwesterschiff *Black Prince* waren auf Anhieb die mächtigsten Kriegsschiffe der Welt und so herausragend, dass die Royal Navy den Bau von Holzkriegsschiffen einstellte. Die US Navy zog rasch nach und ließ 1863 ihr erstes Kriegsschiff mit Eisenrumpf, die USS *Michigan,* zu Wasser. Eisenrümpfe wurden in den 1870er-Jahren bald durch leichtere, kräftigere Stahlrümpfe ersetzt. Die Franzosen waren dabei wiederum die Ersten mit ihrer *Redoutable* im Jahr 1876.

OBEN: *Die HMS* Warrior *war bei ihrem Stapellauf 1860 das schnellste, größte und mächtigste Kriegsschiff der Welt. Sie zeigte, dass die Briten ihre Vorherrschaft auf See beizubehalten beabsichtigten.*

LINKS: *Die Holzschiffe des 19. Jahrhunderts waren gewöhnlich mit 32-Pfund-Kanonen bewaffnet, auf dem Kanonendeck der* Warrior *standen dagegen zahlreiche 68- und 110-Pfünder.*

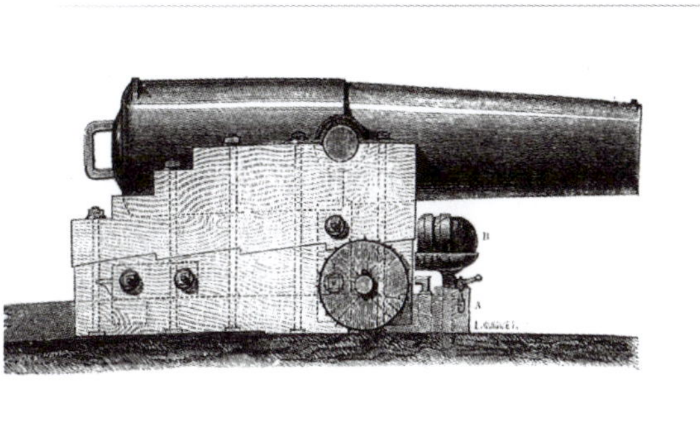

OBEN: *Eine neue Generation stärkerer Seegeschütze, erfunden vom französischen Artillerieoffizier Henri-Joseph Paixhans, führte zum Bau größerer Kriegsschiffe mit dickerem Panzer.*

UNTEN: *Die Panzerung der HMS* Warrior *bestand aus einer 60 cm dicken Verbundkonstruktion aus Eisenplatten auf Teakholz, montiert auf eiserne Rumpfplatten, ebenfalls mit Teakholz hinterlegt.*

Wettstreit zwischen Geschütz und Panzer

Mit der Entwicklung von Panzerschiffen wurden die Schiffsgeschütze größer und schlagkräftiger, um die Panzerung durchdringen zu können, und bald waren die Kanonen zu schwer, um sie zum Laden nach innen ziehen zu können. In einer Weiterentwicklung wurden den Glattrohrgeschütze durch Kanonen mit gezogenem Lauf ersetzt, die Spiralrillen im Lauf verliehen den Granaten einen Drall. Die Kanonen wurden dadurch treffsicherer und die Granaten schlugen tiefer durch, doch dafür erwies sich wiederum die Vorderladung als unpraktisch und so wurden die Vorderlader durch Hinterladergeschütze ersetzt. Stärkere Waffen führten zu mächtigeren Schlachtschiffen mit dickerer Panzerung und die wiederum zu Geschützen mit höherer Durchschlagskraft – dieser «Wettstreit» setzte sich bis weit ins 20. Jahrhundert fort.

Zur Bewaffnung der *Gloire* gehörten unter anderem mehrere Paixhans-Geschütze, erfunden 1823 vom französischen General und Artillerieoffizier Henri-Joseph Paixhans. Die auch als Bombenkanonen bekannten Schiffsgeschütze waren die ersten, die Explosivgeschosse abfeuerten. Im Landkrieg wurden Explosivgeschosse gewöhnlich hoch in die Luft gefeuert, damit sie auf den Feind fielen. Auf einem Kriegsschiff mussten Hochleistungswaffen die Projektile schneller und mit flacherer Geschossbahn in die Seite des feindlichen Schiffs feuern. Bis dahin hatten Kanonenkugeln jahrhundertelang effektiv ihren Dienst getan. Granaten von Schiffsgeschützen aus zu feuern, war jedoch wegen einer möglichen frühzeitigen Detonation zu gefährlich. Doch dann erfand Paixhans einen Zünder, der die Explosion verzögerte, bis die Granate aufs Ziel traf. In der Schlacht bei Sinope verwendeten die Russen Paixhans-Geschütze und setzten damit die Entwicklung der *Gloire* und anderer Panzerschiffe nach ihr in Gang.

Trotz fortschrittlicher Ausrüstung blieb die *Gloire* relativ erfolglos. Auf See rollte sie sehr stark, was bei einem derart tief im Wasser liegenden Schiff – ihr Kanonendeck lag keine 2 m über der Wasserlinie – extrem nachteilig ist. So wurde sie 1879, nur 19 Jahre nach ihrer Fertigstellung, ausgemustert und im weiteren Verlauf desselben Jahres abgewrackt.

USS *Monitor*

Im Amerikanischen Bürgerkrieg trafen erstmals zwei Panzerschiffe aufeinander: die USS *Monitor* und die CSS *Virginia.* Sie schenkten sich nichts in der Schlacht von Hampton Roads im Jahr 1862. Das Seegefecht stand im Zentrum internationaler Aufmerksamkeit und beschleunigte die Umstellung von Schiffen mit Holzrumpf auf Schiffe mit Eisenrumpf. Darüber hinaus beeinflusste die *Monitor* die Art und Weise der Bewaffnung späterer Kriegsschiffe.

TYP: Kriegsschiff der *Monitor*-Klasse

STAPELLAUF: Brooklyn, New York City, 1862

LÄNGE: 54,6 m

TONNAGE: 1003 Tonnen Wasserverdrängung

KONSTRUKTION: gepanzerter Rumpf

ANTRIEB: Dampfmaschine zum Antrieb eines Propellers

UNTEN: *Auf den Konstruktionszeichnungen sind das flache obere Teil der* Monitor *und der Geschützturm gut zu erkennen. Das überstehende Deck sollte Propeller und den unteren Teil des Rumpfs schützen.*

Als die Marine der Nordstaaten erfuhr, dass die Konföderierten ein Panzerschiff bauten, gab sie rasch ihr eigenes in Auftrag. Sie erhielt 17 Konstruktionsentwürfe, von denen drei verwirklicht wurden: die USS *Galena, New Ironsides* und *Monitor. Galena* und *New Ironsides* waren sogenannte konventionelle «Breitseitschiffe». Es handelte sich um gepanzerte Kopien von Kriegsschiffen mit Holzrumpf, bei denen die Kanonen durch Stückpforten an den Schiffsseiten gefeuert wurden. Die *Monitor* war anders gebaut.

Der Entwurf der *Monitor* war das Werk zweier Ingenieure. Theodore Ruggles Timby hatte in den 1840er-Jahren einen drehbaren Geschützturm erfunden, der aber bis zum Bürgerkrieg weder bei der Regierung noch beim Militär auf großes Interesse gestoßen war. Nach Ausbruch des Bürgerkriegs präsentierte er seine Idee dann Lincolns Unionsregierung, zeitgleich hatte John Ericsson, einer der Erfinder der Schiffsschraube, ein neues revolutionäres Panzerschiff entworfen. Die beiden Entwürfe wurden kombiniert und so entstand die *Monitor.*

Die *Monitor* besaß eine eigenartige, wenngleich zweckmäßige Form. Der obere Teil bestand aus einem gepanzerten Holzfloß, das den unteren Teil des Rumpfs überragte, um Rumpf und Propeller vor feindlichem Feuer oder bei Rammattacken zu schützen. Das Deck war von einer schmiedeeisernen, 25 mm dicken Panzerung umgeben. Die Seiten waren mit 13 cm dicken Eisenplatten auf einer 76 cm starken Holzhinterlegung stärker gepanzert. Der Freibord (Abstand zwischen Wasserlinie und Deck) betrug nur 35 cm,

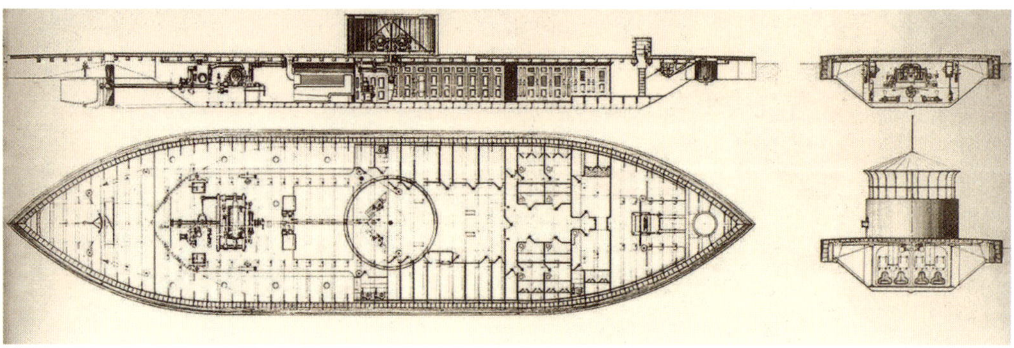

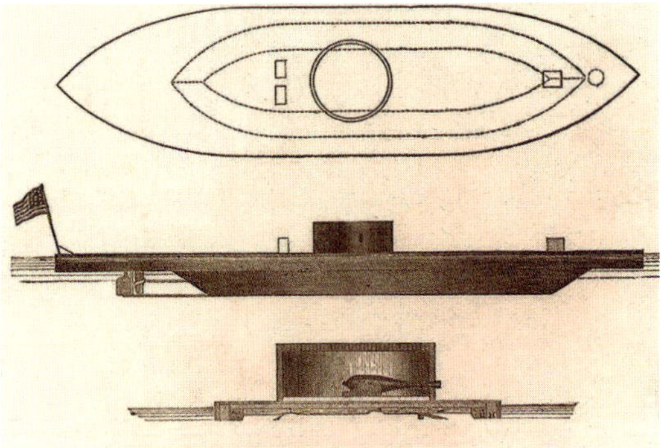

um dem Feind möglichst wenig Angriffsfläche zu bieten. Der Nachteil eines derart geringen Freibords war, dass, außer bei völlig glatter See, sofort Wasser durch die Deckluken einlief, sobald man sie öffnete. Der einzige Schiffsteil über dem Deck war Timbys Geschützturm, der der *Monitor* einen gewaltigen Vorteil auf engem Raum verschaffte, wo es sich schwer manövrieren ließ. Ein konventionelles Schiff musste vollständig wenden, um seine Kanonen aufs Ziel zu richten, während die *Monitor* nur den Geschützturm drehen musste, um ihre Waffen in fast jede Richtung zu drehen.

OBEN: *Die* Monitor *sollte tief im Wasser sitzen, um dem Feind möglichst wenig Angriffsfläche zu bieten.*

UNTEN: *Selbst Volltreffer konnten der* Monitor *in der Schlacht nicht viel anhaben. Doch genauso wenig gelang es ihr, die ebenfalls undurchdringbare* Virginia *zu beschädigen.*

Von der *Merrimack* zur *Virginia*

Der Gegner der *Monitor* in der Schlacht von Hampton Roads war die CSS *Virginia*, die ursprünglich als Dampffregatte mit Holzrumpf und Hilfsbesegelung unter dem Namen USS *Merrimack* (oder *Merrimac*) erbaut worden war. Als sich der Staat Virginia im April 1861 von der Union abspaltete, versuchte die US-Marine die *Merrimack* aus der Marinewerft Norfolk zu bringen. Eine Blockade vereitelte dies jedoch und so setzen die Soldaten das Schiff vor ihrer Flucht in Brand. Die *Merrimack* brannte bis zur Wasserlinie nieder und sank.

Die Konföderierten Staaten brauchten jedoch dringend Schiffe, sodass sie die *Merrimack* hoben und umbauten. Da von ihr nichts über der Wasserlinie übriggeblieben war, hatte man freie Hand bei der Gestaltung des Umbaus: Man beschloss, sie zu einem Panzerschiff umzubauen, und zwar nicht vom Monitor- oder Breitseit-Schiffstyp, sondern als sogenanntes Kasemattschiff. Dabei wurde das Hauptdeck, auf dem sich die Kanonen befanden, mit einer Panzerung umgeben. Die Seiten waren angeschrägt, um Treffer abzulenken. Wie die *Monitor* besaß auch dieses Schiff einen niedrigen Freibord.

OBEN: *Offiziere der* Monitor *inspizieren Beulen im Geschützturm, die von abgeprallten Kanonenkugeln des Panzerschiffs* Virginia *stammen. Zu sehen ist auch der Lauf einer ihrer zwei Dahlgrenkanonen.*

UNTEN: *Dieser Stich aus der* Harper's Weekly *zeigt den Versuch, die Besatzung der* Monitor *zu retten, kurz bevor sie in einem Sturm vor Kap Hatteras sank. Dahinter ist die USS* Rhode *Island zu sehen.*

Das Duell der Panzerschiffe

Die *Monitor* erreichte Hampton Roads gegen Ende des ersten Tages der Schlacht am 9. März 1862. Im Schutz der Dunkelheit setzte sie sich hinter ein auf Grund gelaufenes Kriegsschiff, die USS *Minnesota*. Als sich die CSS *Virginia* am nächsten Morgen aufmachte und das Feuer auf die USS *Minnesota* eröffnete, um ihr den Rest zu geben, tauchte plötzlich die *Monitor* dahinter auf und erwiderte das Feuer. Etwa vier Stunden lang bekämpften sich die beiden Panzerschiffe. Da der dampfgetriebene Geschützturm der *Monitor* während der Schlacht Ausfälle hatte, musste die Besatzung ihn kontinuierlich drehen und die Geschütze feuern, als sie der *Virginia* zu Leibe rückten. Beide Schiffe erzielten Volltreffer, sie waren so dicht beieinander, dass sie beim Manövrieren gelegentlich sogar zusammenstießen. Doch keines der Schiffe erlitt größeren Schaden, das Duell verlief unentschieden und beide zogen ab.

Die *Monitor* fuhr weiter in die Schlacht von Drewry's Bluff, wo sie die Hauptstadt der Konföderierten, Richmond am James River in Virginia, angreifen und bombardieren sollte. Aufgrund einer Flussblockade misslang der Angriff. Im Oktober 1862 wurde die *Monitor* zur Reparatur ihrer Maschinen

EIN KÄSE AUF EINEM FLOSS

So beschrieb ein Matrose der Konföderierten die USS *Monitor*, als er sie zum ersten Mal sah.

in die Marinewerft nach Washington gebracht. Im November waren die Arbeiten abgeschlossen und ihre Besatzung erhielt Order, nach North Carolina zu fahren, um sich der Blockade von Charleston anzuschließen. Die *Monitor* befand sich im Schlepp, als vor Kap Hatteras in North Carolina ein Sturm aufzog. Aufgrund des niedrigen Freibords überfluteten Wellen das Deck und Wasser drang durch die Öffnungen ins Innere. Das Wasser stieg und stieg, bis die *Monitor* versank. 16 an Bord verbliebene Männer verloren ihr Leben, weitere 47, die das Schiff verlassen hatten, konnten von Rettungsbooten der *Rhode Island* gerettet werden.

DAS VERMÄCHTNIS DER *MONITOR*

Die *Monitor* hatte sich so gut bewährt, dass weitere Panzerschiffe gleicher Art gebaut wurden. Viele von ihnen kamen in Flussschlachten auf dem Mississippi und dem James River zum Einsatz. Der Konstrukteur der *Monitor,* John Ericsson, entwarf danach eine neue Monitorklasse, die *Passaic*-Klasse. Die Schiffe waren größer als die *Monitor* und besaßen eine verbesserte Rumpfform mit geringerem Überhang. Die britische Royal Navy entwickelte ebenfalls ein Panzerschiff, den Brustwehr-Monitor. Dieser besaß einen niedrigen gepanzerten Deckaufbau (Brustwehr) als Schutz vor Überflutung durch über Deck brechende Wellen. Andere Seestreitkräfte bauten eigene Brustwehr-Monitore nach gleichem Vorbild. Einer davon, die HMVS *Cerberus* (das erste seiner Art), war noch bis in die 1920er-Jahre im Dienst der australischen Marine.

Entdeckung und Wiederentdeckung

Mehrere Suchaktionen nach dem Wrack der *Monitor* in den 1940er- und 1950er-Jahren verliefen ergebnislos. Erst 1973 wurde sie entdeckt. Sie lag in 67 m Tiefe etwa 26 km südsüdöstlich vom Leuchtturm am Kap Hatteras. Das Wrack und seine Umgebung wurden zum ersten US-amerikanischen Meeresschutzgebiet erklärt, das *Monitor National Marine Sanctuary*, um das Wrack vor Tauchern und Bergungsunternehmen zu schützen. Der schlechte Zustand des Rumpfs ließ eine Bergung des gesamten Schiffs nicht angeraten erscheinen, so barg man nur Maschine, Propeller, Kanonen und Geschützturm. Als man 2002 den Geschützturm hob, entdeckte man darin zwei Skelette, deren Identität aber nicht mehr festgestellt werden konnte.

LINKS: *Die HMS* Glatton *ist ein Beispiel für einen Brustwehr-Monitor. Sie wurde in der Chatham-Werft gebaut und 1871 vom Stapel gelassen. Sie diente bis zu ihrer Abwrackung im Jahr 1903 bei der Royal Navy.*

Cutty Sark

Die Klipper des 19. Jahrhunderts waren die elegantesten Schiffe ihrer Zeit, die Leinwandhelden der maritimen Welt. Mit ihrem schlanken, stromlinienförmigen Rumpf und der gewaltigen Segelfläche waren sie auf Schnelligkeit ausgerichtet. Am besten verkörpert wird dieser wunderschöne Schiffstyp von der *Cutty Sark*. Sie war seinerzeit das schnellste Schiff und dominierte zehn Jahre lang den lukrativen Wollhandel zwischen Australien und Großbritannien.

TYP: Klipper in Kompositbauweise

STAPELLAUF: Dumbarton, Schottland, 1869

LÄNGE: 85,4 m

TONNAGE: 963 Bruttoregistertonnen

KONSTRUKTION: ostindisches Teak und amerikanische Felsenulme auf Eisenspanten

ANTRIEB: 32 Segel an 3 Masten und Bugspriet (1870: Vollschiff, 1916: Schonerbark)

Die ersten als «Klipper» bezeichneten Schiffe waren kleine, schnelle Baltimoreklipper, die im 18. Jahrhundert als Handelsschiffe die amerikanische Atlantikküste und karibische Gewässer befuhren. Im 19. Jahrhundert wurden sie zu hochseetüchtigen Klippern weiterentwickelt. Der erste dieser Art war vermutlich die *Ann McKim*, erbaut in den frühen 1830er-Jahren in Baltimore. Ihr Rumpf war länger als bei einem Baltimoreklipper und sie besaß anstelle von dessen Schrat- Rahtakelung. Es folgten noch größere Klipper wie die *Rainbow* (1845) und die *Sea Witch* (1846), die das Design späterer Schiffe beeinflussten. Klipper stellten einen Schnelligkeitsrekord nach dem anderen auf. Den (auch heute noch gültigen) Segelrekord bei einer Atlantiküberquerung hält die *James Baines*, die 1854 in nur 12 Tagen von Boston nach Liverpool segelte. Im selben Jahr stellte die *Lightning* einen Tagessegelrekord mit 436 Seemeilen (800 km) auf und die *Flying Cloud* einen 135 Jahre geltenden Rekord von 89 Tagen für die Strecke New York-San Francisco.

Die schnellen Klipper waren in Zeiten des Goldrauschs gefragt, als Goldsucher nach Kalifornien oder bald auch nach Australien wollten. Im Opiumhandel zwischen Großbritannien, Indien und China kamen sie ebenfalls zum Einsatz. Richtig zur Geltung kamen sie jedoch erst in ihren eigenen «Rennen», wenn es darum ging, den ersten Tee der Saison von China nach England zu bringen. Der Schnellste konnte die höchsten Preise für seine Ladung verlangen und die besten Kapitäne und Besatzungen verpflichten. Zeitungen berichteten über diese Rennen und es wurden sogar Wetten abgeschlossen.

LINKS: *Ein Klipper unter vollen Segeln in steifer Brise ist ein beeindruckender Anblick. Das Gemälde von Antonio Jacobsen aus dem Jahr 1913 zeigt den amerikanischen Klipper* Flying Cloud.

OBEN: *Die* Cutty Sark, *gemalt von Brazendale Cunnelly. Neben ihr wirken die Dschunken vor der chinesischen Küste winzig. Wenn sie alle 32 Segel gesetzt hatte, schoss sie pfeilschnell durch die Wellen. Ihr komplexer Segelplan erforderte 18 km Takelage.*

Vom Tee-Rennen zum Woll-Rennen

Nach Eröffnung des Suezkanals im Jahr 1869 brach der Teeklipperverkehr ein. Dank des Kanals verkürzte sich die China-Strecke um mehr als 6000 km. Doch die neue Route durch den Kanal war für Segler aufgrund der Windverhältnisse ungeeignet, sodass die Klipper weiterhin den langen Weg um das Kap der Guten Hoffnung nahmen, um die Passatwinde zu nutzen.

Paradoxerweise wurde ausgerechnet zu dieser Zeit der berühmteste aller Klipper gebaut, die *Cutty Sark*. Das Schiff, benannt nach einer Figur aus dem Gedicht «Tam O'Shanter» von Robert Burns, bestand aus einem Holzrumpf auf Eisenspanten. Dank dieser Kompositbauweise war der Rumpf kräftiger und konnte mehr Segel tragen als herkömmliche Klipper, wodurch das Schiff schneller wurde: Die Spitzengeschwindigkeit lag bei 17,5 Knoten (32 km/h).

Mit Beginn ihrer ersten Fahrt als Teeklipper im Jahr 1870 nach Shanghai und zurück fuhr die *Cutty Sark* in Konkurrenz zu Dampfern. Achtmal brachte sie Wein, Bier und Schnaps nach China und kehrte mit Tee zurück. Danach transportierte sie zwischen Amerika, Japan, China, Indien und Australien unterschiedliche Fracht. Als es 1880 zu einer Meuterei der unzufriedenen Besatzung kam, sprang Captain James Wallace in die vor Haien wimmelnde Javasee und verschwand. Sein Nachfolger, Captain William Bruce, war Trinker und so inkompetent, dass man ihn seines Kommandos enthob und F. Moore als neuen Kapitän einsetzte.

VON SEGELSCHIFF EINGEHOLT UND ÜBERHOLT!

Logbucheintrag des P&O-Dampfers *Britannia*, dessen Besatzungsmitglieder völlig überrascht waren, als sie am 25. Juli 1889 von der *Cutty Sark* überholt wurden, obwohl sie selbst mit flotten 15 Knoten (28 km/h) unterwegs waren.

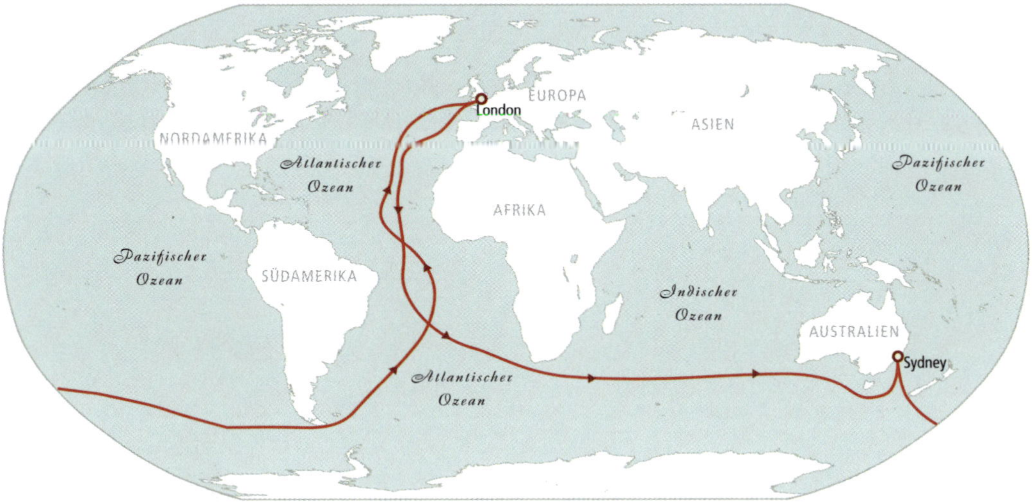

OBEN: *Auf dem Weg von Australien nach Großbritannien fuhren Wollklipper wie die* Cutty Sark *durch einige der windstärksten Regionen der Erde.*

In den 1880er-Jahren stieg die *Cutty Sark* auf «Woll-Rennen» um. In nur 83 Tagen segelte sie von Australien nach Großbritannien und war damit drei bis vier Wochen schneller als andere Schiffe. 1885 wurde Kapitän Moore durch Richard Woodget ersetzt, dem die schnellsten Überfahrten gelangen. Im Gegensatz zur Konkurrenz befuhr er weiter südlich gelegene Routen, um die starken Westwinde zu nutzen, die sogenannten Brüllenden Vierziger. Eine nicht ungefährliche Taktik, weil die Route durch Gewässer mit Eisbergen führte. Doch dadurch schaffte Woodget die Strecke Australien-Großbritannien in sogar nur 73 Tagen. In den nächsten zehn Jahren dominierte die *Cutty Sark* den Wollhandel, bis auch dieser von Dampfschiffen übernommen wurde. 1895 ging die *Cutty Sark* an ein portugiesisches Unternehmen und erhielt den Name *Ferreira*. Um 1916 herum verlor sie in einem Sturm ihre Masten und wurde dann, aufgrund der Materialverknappung im Ersten Weltkrieg, vom Vollschiff auf Schonerbark umgerüstet.

LINKS: *In den 1920er-Jahren waren die Tage der* Cutty Sark *als schnelles Handelsschiff vorüber. Hier liegt sie bei Falmouth vor Anker, sie war öffentlich zugänglich und diente als Segelschulschiff.*

THERMOPYLAE

Einer der schärfsten Rivalen der *Cutty Sark* war der Klipper *Thermopylae*. Er wurde 1868 erbaut und hatte bei seiner Jungfernfahrt von England ins australische Melbourne mit einer Zeit von nur 63 Tagen einen Rekord aufgestellt. 1872 fuhren die beiden Klipper von Shanghai nach London um die Wette. Am 17. Juni verließen sie Shanghai. Am 15. August, mit einem Vorsprung von 640 km, verlor die *Cutty Sark* in einem Sturm vor dem Kap der Guten Hoffnung ihr Ruder. Die Crew schaffte das Unmögliche – in knapp einer Woche gelang ihr die Fertigstellung und Befestigung eines neuen Ruders auf See. Doch schon kurz darauf riss sich das Ersatzruder los und das Prozedere begann von Neuem. Das Pech der *Cutty Sark* war das Glück der *Thermopylae*, die die Führung übernahm und sieben Tage vor der *Cutty Sark* in London eintraf, die erst am 19. Oktober ankam. Während die *Cutty Sark* der Nachwelt erhalten blieb, endete die *Thermopylae* als Marineschulschiff in Portugal, bis sie 1907 von der portugiesischen Marine vor Cascais im Meer versenkt wurde.

UNTEN: *Der Klipper* Thermopylae *1872 bei dem berühmten Rennen gegen die* Cutty Sark *von Shanghai nach London.*

1922 erhielt sie einen neuen portugiesischen Eigner, der sie *Maria do Amparo* taufte. Im weiteren Verlauf des Jahres wurde sie von Wilfred Dowman gekauft, der ihr ihren ursprünglichen Namen zurückgab und sie als Schulschiff in Cornwall einsetzte. Nach seinem Tod im Jahr 1936 vermachte seine Witwe das Schiff dem *Thames Nautical Training College*, das es zur Ausbildung von Seekadetten einsetzte. Die letzte Seereise der großen alten Lady führte sie von Falmouth in Cornwall nach London. 1954 ging sie endgültig in den Ruhestand und dient seither als Museumsschiff in einem eigens gebauten Trockendock in Greenwich in London.

Allen Widrigkeiten zum Trotz

Eigentlich ist es ein Wunder, dass es die *Cutty Sark* noch gibt. Am 21. Mai 2007 sahen entsetzte Fernsehzuschauer, wie das historische Schiff komplett in Flammen stand. Ursache des Feuers war, wie sich später herausstellte, ein überhitzter Industriestaubsauger, den man auszuschalten vergessen hatte. Es war ein Bild totaler Zerstörung. Doch zum Glück war ein Großteil des Schiffsholzes für Konservierungsmaßnahmen entfernt worden, und die Eisenspanten ließen sich reparieren.

Das Schiff wurde vollständig restauriert und stand der Öffentlichkeit ab 2012 wieder zur Verfügung. Zwei Jahre darauf brach erneut ein Feuer aus, das jedoch rechtzeitig entdeckt und gelöscht werden konnte, sodass nur das Deck Schaden nahm. Egal ob Stürme, Eisberge, Meutereien, Fäulnis oder Feuer – die *Cutty Sark* überstand alles. Als große Botschafterin des Klipper-Zeitalters zählt sie heute zu Londons beliebtesten Touristenattraktionen.

FRAM

Gegen Ende des 19. und Anfang des 20. Jahrhunderts begann eine Reihe von Expeditionen zur Erkundung der letzten unerforschten großen Wildnisse der Erde: die Polarregionen. Für Forschungsschiffe ein riskantes Terrain: Sie liefen Gefahr, im Eis steckenzubleiben und von ihm zerdrückt zu werden. Doch dann ersann ein Konstrukteur ein Schiff, dem das Eis nicht nur nichts anhaben konnte, sondern das es sogar zu seinem Vorteil nutzte.

TYP: Toppsegelschoner

STAPELLAUF: Larvik, Norwegen, 1892

LÄNGE: 38,9 m

TONNAGE: 402 Bruttoregistertonnen

KONSTRUKTION: Eichenspanten, Außenhaut Grünharzholz, Innenhaut Kiefer

ANTRIEB: Segel an drei Masten und Bugspriet sowie eine 220 PS (165 kW) starke Dreifachexpansionsmaschine (ab 1910 Dieselmotor) zum Antrieb eines Propellers

Als der norwegische Forscher Fridtjof Nansen (1861–1930) Berichte über Wrackteile eines Schiffs las, die an der Küste Grönlands angespült worden waren, kam er auf eine Idee, wie man zum Nordpol gelangen könnte – doch das erforderte ein Schiff, wie es bis dahin noch nie gebaut worden war. Dieses Schiff, die *Fram* (*Vorwärts*), nahm an drei bahnbrechenden Polarexpeditionen teil.

Die bei Grönland angeschwemmten Trümmer stammten von der *Jeannette*, die im September 1879 im Packeis steckengeblieben war. Sie trieb 965 km mit dem Eis, bis sie schließlich zermalmt wurde und nahe der Neusibirischen Inseln sank. Die mit der Eisdrift zurückgelegte Strecke des Schiffs und der Weg, auf dem die Überreste bis Grönland gelangt waren, ließen Nansen vermuten, dass es eine transpolare Meeresströmung gab, mithilfe derer er zum Nordpol oder in dessen Nähe gelangen könnte. Würde er mit einem Schiff an der richtigen Stelle gezielt ins Packeis fahren, würde die Strömung das Eis mitsamt Schiff in Richtung Pol führen. Dafür wäre jedoch ein spezielles Schiff erforderlich. Die *Jeannette* hatte zwar Eisverstärkung besessen, dem Packeis aber trotzdem nicht standgehalten. Nansen schwebte ein Schiff vor, dessen Rumpf so ausgelegt wäre, dass es vom Eis

RECHTS: *Der norwegische Fotograf Anders Beer Wilse schoss dieses Foto der* Fram *1909 kurz vor Beginn ihrer dritten Expedition, ihre erste in die Antarktis.*

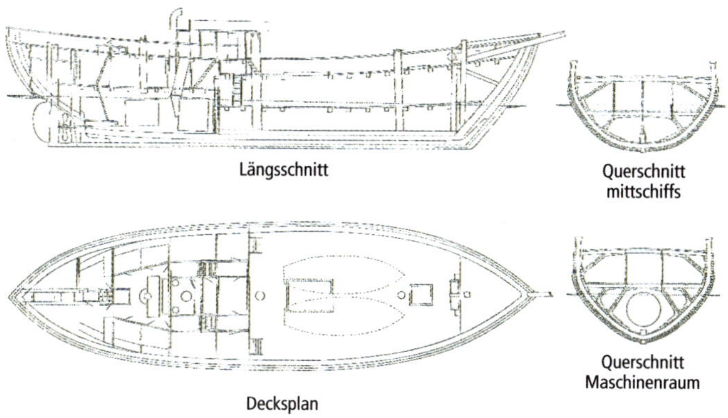

OBEN: *Auf den Zeichnungen ist der massive Aufbau der* Fram *mit dem mittschiffs rundlichen Rumpfquerschnitt zu erkennen. Sie war so ausgelegt, dass sie mit dem Eis driften und nicht von ihm zerdrückt würde.*

nicht zerdrückt, sondern angehoben würde.

Das vom schottisch-norwegischen Schiffskonstrukteur Colin Archer erbaute Schiff war nicht unbedingt eine Schönheit. Bug und Heck waren stumpf geformt, der Rumpf besaß einen glatten, gerundeten Querschnitt. Es gab keine abstehenden Teile, mit denen es im Eis steckenbleiben könnte. Ruder und Schraube ließen sich als Schutz vor Beschädigungen in Aussparungen im Rumpfboden einziehen. Zwar rechnete man nicht damit, dass das Schiff dem vollen Druck des umgebenden Eises würde standhalten müssen, dennoch baute Archer es sicherheitshalber extrem stabil. Der Rumpf bestand aus vier Lagen. Auf der Innenseite der Streben und Spanten aus Eichenholz befand sich eine 10 cm dicke Beplankung aus Pechkiefer, auf der Außenseite eine doppelte Eichenbeplankung. Diese wurde mit einer Schicht aus Grünherzholz, eines der härtesten Hölzer, bedeckt, und zwar so, dass sie vom Eis abgerissen werden konnte, ohne den darunterliegenden Rumpf zu beschädigen. Bug und Heck wurden mit Eisenbändern verstärkt. Die Aufenthaltsräume erhielten eine dicke Wärmedämmung.

Ins Eis

Am 24. Juni 1893 startete Nansen mit der *Fram* in die Arktis, an Bord lagerten Vorräte für sechs Jahre. Schnell stellte man fest, dass das Schiff aufgrund des glatten, gerundeten Rumpfs stark rollte. In Norwegen wurden letzte Vorräte geladen, in Sibirien noch 34 Schlittenhunde. Am 25. September 1893 erreichte die *Fram* das Packeis –

LINKS: *Drei Jahre war die* Fram *im Packeis gefangen, hatte höhere nördliche Breiten erreicht als je ein Schiff zuvor und war unbeschadet wieder in freies Fahrwasser gelangt.*

geplante Route
tatsächliche Route der Expedition
Rückweg der *Fram*

sie war das erste Schiff, das mit der Absicht ins Eis fuhr, sich dort einfrieren zu lassen. Die Besatzung wusste nicht, ob ihr Schiff jemals wieder freikäme, denn Derartiges hatte bis dahin noch niemand gewagt. Man zerlegte und verpackte die Maschine, die nicht mehr benötigt wurde, und stellte ein Windrad mit einem Durchmesser von 3,6 m auf, das einen Dynamo zur Lichterzeugung antrieb. Die Hunde wurden von Bord gelassen und sollten auf dem Eis leben, mussten aber wieder zurückgeholt werden, nachdem ein Eisbär zwei von ihnen gefressen hatte! Die *Fram* verhielt sich genauso wie geplant. Mit dem fester werdenden, schraubstockartigen Griff des Eises wurde das Schiff angehoben wie eine glitschige runde Nuss, die man zwischen Daumen und Finger drückt.

Wie Nansen vorhergesagt hatte, driftete das Schiff mit dem Eis nach Norden. Nach einem Jahr hatten sie 304 km zurückgelegt. Im März 1895 verabschiedeten sich Nansen und Hjalmar Johansen von der *Fram*, um den Weg zum Nordpol mit Hundeschlitten fortzusetzen, den sie jedoch aufgrund der ständigen Bewegung des Packeises nicht erreichten. Die *Fram* trieb weitere 18 Monate mit dem Eis und tauchte am 13. August 1896 nahe West Svalbard in Norwegen auf. Sie war das erste Schiff, dass im Packeis eingefroren war und unbeschadet wieder in freies Fahrwasser gelangte. Derweil hatten Nansen und Johansen den Winter im Eis verbracht. Rein zufällig stieß der britische Forscher F. G. Jackson auf sie und nahm sie mit zurück nach Norwegen.

OBEN: *Einige Crewmitglieder wagen sich aufs Eis, im Hintergrund die* Fram. *Als das Schiff mit dem Treibeis nach Westen driftete, wurden täglich Wettermessungen und berechnete Position aufgezeichnet.*

RECHTS: *Mit Musik vertrieb man sich die Zeit, als die* Fram *im Eis gefangen war: An der Orgel Elektroingenieur Bernhard Nordahl (links), Expeditionsarzt Henrik Greve Blessing (Mitte) singt und der Forscher Fredrik Hjalmar Johansen (rechts) spielt Akkordeon.*

1898 war die *Fram* erneut unterwegs. Diesmal besaß sie einen Loskiel zur leichteren Handhabung auf See. Außerdem kam ein weiteres Deck zur Erweiterung der Aufenthaltsbereiche hinzu. Kapitän und Expeditionsführer war Otto Sverdrup (1854–1930), der schon bei der Nansen-Expedition mit von der Partie war und die *Fram* befehligte, als Nansen von Bord ging. Er erforschte vier Jahre lang die Fjorde von Ellesmere Island, erkundete mit Hundeschlitten das Inselinnere und sammelte eine Fülle an wissenschaftlichen Informationen.

Die letzte Expedition

1910 brauchte man die *Fram* erneut. Die Dampfmaschine wurde – erstmals bei einem Polarexpeditionsschiff überhaupt – durch einen Dieselmotor ersetzt. Die dritte Expedition führte das Schiff auf die andere Seite der Welt, man wollte den Südpol erreichen. Expeditionsleiter war Roald Amundsen (1872–1928), der ursprünglich mit der *Fram* einen neuerlichen Versuch wagen wollte, nach Nansens Methode zum Nordpol zu gelangen. Als er aber hörte, dass Robert Peary (1856–1920) behauptete, dort gewesen zu sein, verlegte er sich auf den Südpol.

OBEN: *Für die dritte Expedition 1910 wurde die Dampfmaschine der* Fram *durch diesen schwedischen 180 PS (135 kW) starken Dieselschiffsmotor ersetzt. Er war kleiner, leistungsstärker und leichter zu bedienen als die Dampfmaschine.*

Die Besatzung erfuhr von Amundsens geänderten Plänen erst auf See! Da er sein Vorhaben geheim gehalten hatte, gelang es ihm, die Antarktis vor dem britischen Forscher Robert Falcon Scott (1868–1912) zu erreichen, der Gleiches vorhatte. Im Januar 1911 kam Amundsen in der Antarktis an und errichtete sein Lager, um im darauffolgenden Frühjahr so früh wie möglich zum Südpol aufzubrechen. Dort traf er mit vier Kollegen am 14. Dezember 1911 ein – fünf Wochen vor Scott, der mit seinen vier Begleitern auf dem Rückmarsch ins Ausgangslager ums Leben kam. Während Amundsen auf dem Eis war, erkundete die *Fram* die antarktischen Gewässer.

Die *Fram* legte auf ihren drei Expeditionen insgesamt 54 000 Seemeilen (100 000 km) zurück und war sowohl im Norden als auch im Süden in höhere Breitengrade vorgedrungen als je ein Schiff zuvor. Der Erste Weltkrieg setzte den Polarexpeditionen ein Ende, die *Fram* lag mehrere Jahre im norwegischen Horten. In den 1920er-Jahren verfiel sie zusehends und wäre fast auf dem Schiffsfriedhof gelandet, hätte nicht einer ihrer ehemaligen Kapitäne, Otto Sverdrup, sich für ihre Restaurierung stark gemacht. Im Mai 1935, nach Sverdrups Tod, wurde sie ein letztes Mal bei Oslo an Land gezogen und in einem eigens für sie erbauten Museum aufgestellt.

Spray

Während sich manche Sportsegler auf kurze Rennen konzentrierten, versuchten andere, sich auf immer längeren Reisen mit den Elementen zu messen. Das ultimative Ziel der Ausdauersegler war die Einhand-Weltumsegelung. Viele hielten das für unmöglich. Erstmals gelungen ist es 1898, und zwar nicht in einer eigens dafür konstruierten Edeljacht, sondern in einem umgebauten Fischerboot.

TYP: gaffelgeriggte Slup, später als Yawl neu geriggt

STAPELLAUF: unbekannt

LÄNGE: 12 m

TONNAGE: 12,7 Tonnen

KONSTRUKTION: Holzrumpf, kraweelbeplankt

ANTRIEB: Segel

UNTEN: *Das Foto des 55-jährigen Joshua Slocum erschien im September 1899 im* Century Magazin, *ein Jahr, nachdem er seine Weltumsegelung mit der Jacht* Spray *vollbracht hatte.*

Joshua Slocum (1844–1909) hatte das Meer von Geburt an im Blut. Er wohnte mit seiner Familie im kanadischen Neuschottland direkt in Sichtweite der spektakulären Fundybucht. Nach mehreren missglückten Anläufen war es ihm mit 14 Jahren schließlich gelungen, von zu Hause auszureißen und zur See zu fahren, wo er sich als Schiffsjunge und Koch auf einem Fischerboot verdingte. Zwei Jahre später heuerte er als Leichtmatrose auf einem Handelsschiff an. Mit 18 hatte er sich als Zweiter Offizier qualifiziert und stieg rasch zum Ersten Offizier auf.

Slocum erwies sich als mutiger und einfallsreicher Seemann. Als ein Sturm in Alaska eines seiner Schiffe, die *Washington*, auf die Küste warf und es begann auseinanderzubrechen, rettete er nicht nur seine Frau und die Crew, sondern schaffte es auch, einen Großteil der Fracht auf die Beiboote umzuladen und an Land zu bringen.

Ein anderes Mal strandete er ohne Schiff auf den Philippinen. Also half er im Schiffbau und erhielt im Gegenzug den 90-Tonner-Schoner *Pato*, sein erstes eigenes Schiff. Damit zog er ein Speditionsgeschäft auf und beförderte Handelsware entlang der amerikanischen Westküste und bis nach Hawaii. Dies ermöglichte ihm den Kauf weiterer Schiffe. Eines davon, die *Aquidneck*, havarierte 1887 an der brasilianischen Küste. Unverzagt rettete Slocum vom Wrack, was immer er konnte, und baute damit ein neues Boot, die *Liberdade*, mit der er nach Hause segelte. Über dieses Abenteuer berichtete er in seinem Buch *Voyage of the Liberdade*. Ein zweites Buch schrieb er 1893 über eine gleichfalls abenteuerreiche Reise, auf der er das lecke Dampftorpedoboot *Destroyer* von New York nach Brasilien überführte.

Restauration der *Spray*

1892 bekam Slocum von einem Freund ein altes, reparaturbedürftiges Boot, einen Austernfischer namens *Spray*. Es war allerdings in miserablem Zustand und hatte sieben Jahre lang kein Wasser mehr gesehen. Fast alles bedurfte der Erneuerung. Slocum nahm sich seiner an und erledigte alle Arbeiten selbst. Es dauerte fast ein Jahr, bis all die verrotteten Hölzer ausgetauscht, ein neuer Mast ange-

RECHTS: *Seine Einhand-Weltumsegelung machte Slocum weltberühmt. Dabei überquerte er dreimal den Atlantik und bestand eine Reihe von Abenteuern. Über die Reise schrieb er ein Buch, das zum Bestseller wurde.*

bracht und es wieder seetüchtig war. Er beschloss, mit der *Spray* eine Weltumsegelung zu wagen.

Am 24. April 1895 verließ er den Hafen von Boston und segelte die Ostküste hinauf bis in die Heimat seiner Kindheit in Neuschottland, bevor er am 3. Juli in den Atlantik stach. Zunächst steuerte er Gibraltar an. Dort wurde er von Piraten überfallen, daher fuhr er auf Anraten britischer Marineoffiziere nicht weiter nach Osten, sondern wieder nach Westen. Am 5. November erreichte er Rio de Janeiro. Etwa zu dieser Zeit kürzte er das Bugspriet des Boots und den Baum und fügte achtern einen kurzen Besanmast und Segel hinzu und machte so aus der Slup eine Yawl. Damit segelte er die Küste von Südamerika zum Kap Hoorn hinunter, wo Stürme seine Segel zerfetzten und er zudem ein paar patagonische Ureinwohner mit dem Gewehr verjagen musste, die sein Boot entern wollten. Am 13. April 1896 umschiffte er schließlich Kap Hoorn.

Die *Spray* hielt so gut Kurs, dass Slocum auf dem Pazifik über lange Strecken hinweg das Steuerrad nicht berühren musste. Er navigierte fast nur mithilfe der Koppelnavigation und nutzte dabei eine Zinnuhr, die er für einen Dollar erstanden hatte. Nach Aufenthalten in Australien und Südafrika machte er sich über den Atlantik auf den Heimweg. Am 8. Mai 1898 kreuzte er auf dem Ozean seine Startroute und vermerkte die vollbrachte Weltumsegelung in seinem Logbuch. Am 27. Juni 1898 traf er in Newport, Rhode Island, ein. Er hatte 74 000 km zurückgelegt.

OBEN: *Das Foto aus Slocums Buch* Sailing Alone Around the World *zeigt ihn am Steuerrad seiner* Spray *in australischen Gewässern.*

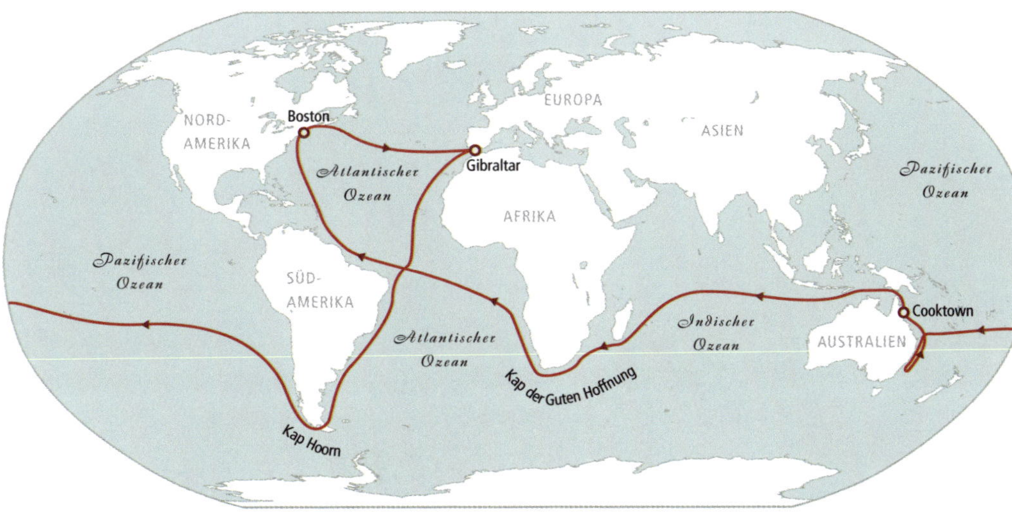

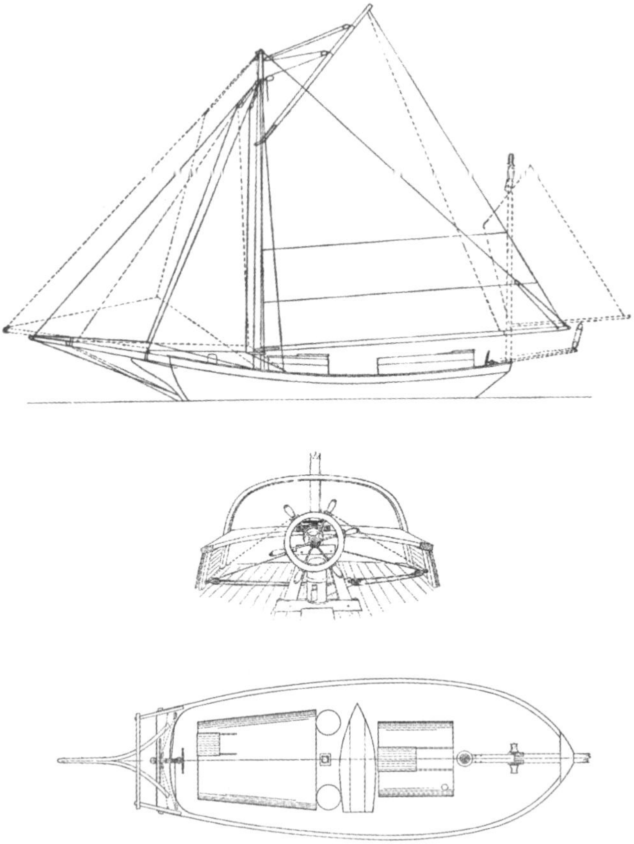

> SIE SASS AUF DEM WASSER WIE EIN SCHWAN.
>
> **Joshua Slocum, als er die restaurierte Spray zum ersten Mal zu Wasser ließ**

Slocums 1899 erschienener Reisebericht *Sailing Alone Around the World* (auf Deutsch erschienen unter anderem als: *Allein um die Welt segeln)* verschaffte ihm Weltruhm. Die Einkünfte aus dem Buch und seinen vielen Vorträgen über seine Abenteuer ermöglichten ihm den Kauf einer kleinen Farm auf der Insel Martha's Vineyard in Massachusetts, doch es gelang ihm nicht, sesshaft zu werden. Erneut fuhr er mit der *Spray* zur See. Im Winter segelte er in der Karibik, jeden Sommer kam er nach Neuengland zurück. 1909, als die Einkünfte aus dem Verkauf seines Buches und den Vorträgen schwanden, dachte er über ein neues geldbringendes Projekt nach. Angeblich zog er eine Expedition zur Erkundung der Flüsse Orinoko, Rio Negro und Amazonas in Erwägung.

OBEN: *Die durchgezogenen Linien zeigen den Segelplan der Spray zu Beginn von Slocums Reise, die gepunkteten die Yawl-Takelung, auf die er in südamerikanischen Gewässern umrüstete. In der Mitte ist zu sehen, wie er das Steuerrad festzurrte.*

RECHTS: *Die Spray mit einem neuen Set Segel, die Slocum zwischen Oktober und Dezember 1896 von Flottenadmiral Mark Foy in Sydney, Australien, bekam.*

OBEN: *Am 14. Mai 1898 begegnete Slocum im Atlantik nördlich des Äquators dem US-Schlachtschiff* Oregon *(im Hintergrund am Horizont,* *siehe Seite 118)**. Es war auf dem Weg nach Kuba zum Einsatz im Spanisch-Amerikanischen Krieg.*

Schicksal und Vermächtnis

Die *Spray* ist ohne Zweifel ein historisches Segelboot. Doch sie ist weder in einem Museum ausgestellt, noch verrottete sie in irgendeinem Hafen, noch landete sie beim Abwracker. Am 14. November 1909 setzte der 65-jährige Slocum in Vineyard Haven auf Martha's Vineyard die Segel mit Kurs Südamerika. Weder Slocum noch die *Spray* sah man jemals wieder. Überraschenderweise konnte Slocum, obwohl er einen Großteil seines Lebens auf See verbrachte, nicht schwimmen. 1924 erklärte man ihn offiziell für tot. Manche glauben, dass ein Dampfer die *Spray* rammte, andere, dass sie kenterte. Bis zum heutigen Tage weiß niemand, was mit Joshua Slocum und seiner *Spray* geschah.

Slocums umgebautes Fischerboot setzte einen Trend. Viele Segler wollten ihre eigene *Spray* oder wenigstens eine Nachbildung. Tausende Replikate wurden gebaut, Hunderte Segler fuhren in Slocums Kielwasser und vollbrachten eigene Weltumsegelungen. Zudem inspirierte seine Fahrt die Regatten *Vendée Globe* und *Around Alone*.

SCHNELLER UM DIE WELT

71 Jahre nachdem Joshua Slocum sich auf Weltumsegelung begeben hatte, machte sich ein britischer Segler in seinen Sechzigern auf, es ihm gleichzutun, allerdings in kürzerer Zeit. Slocum hatte dafür drei Jahre benötigt, Francis Chichester wollte es schneller um die Welt schaffen und dafür die alte Klipperroute benutzen.

Am 27. August 1966 startete er in Plymouth an der englischen Südküste mit seiner Jacht *Gipsy Moth IV*. (Er benannte seine Jachten stets nach dem «de Havilland Gipsy Moth»-Flugzeug, das er in den 1930er-Jahren geflogen war.) Er umrundete den Erdball und kehrte nach nur 274 Tagen (226 Segeltagen) nach Plymouth zurück. Eine Viertel Million Menschen an der Küste und Tausende kleiner Boote hießen ihn dort willkommen. Er hatte mit nur einem Zwischenstopp die schnellste Weltumsegelung geschafft, die je mit einem kleinen Boot unternommen wurde, und die erste echte Weltumrundung um die drei großen Kaps: Kap der Guten Hoffnung, Kap Leeuwin und Kap Hoorn. Queen Elizabeth II. schlug ihn zum Ritter, und zwar mit demselben Schwert, mit dem Queen Elizabeth I. 400 Jahre zuvor Francis Drake zum Ritter geschlagen hatte. 2005 erzielte die britische Seglerin Ellen MacArthur einen Rekord mit einer Nonstop-Einhand-Weltumsegelung in nur 71 Tagen und 14 Stunden.

USS *Oregon*

Gegen Ende des 19. Jahrhunderts beobachtete die US Navy mit Sorge, dass südamerikanische Staaten moderne europäische Kriegsschiffe erwarben. Sie begann mit dem Bau einer eigenen neuen Generation Schlachtschiffe, die ersten seit dem Amerikanischen Bürgerkrieg. Die USS *Oregon* war eines davon. Ihren Platz in der Geschichte verdiente sie sich dadurch, dass sie die Notwendigkeit eines Kanals zwischen Pazifik und Atlantik deutlich machte und deshalb der Panama-Kanal fertiggestellt wurde, obwohl das Bauprojekt bankrott war und man es ansonsten aufgegeben hätte.

TYP: Küstenschlachtschiff der *Indiana*-Klasse

STAPELLAUF: San Francisco, USA, 1893

LÄNGE: 107 m

TONNAGE: 10453 Tonnen Wasserverdrängung

KONSTRUKTION: gepanzerte Stahlplatten

ANTRIEB: 2 vertikale Dreifachexpansions-Kolbenmaschinen zum Antrieb von 2 Propellerschrauben

Im Jahre 1898 bereiteten sich die USA auf einen Krieg mit Spanien vor. Drei Jahre lang hatte der Kubanische Unabhängigkeitskrieg getobt. Kubanische Rebellen hatten die Oberhand gewonnen, der Krieg schien sich seinem Ende zu nähern. Doch dann kam es im Januar 1898 zu Aufständen spanischer Loyalisten und die Vereinigten Staaten entsandten, als Machtdemonstration zum Schutz ihrer Interessen, den Panzerkreuzer USS *Maine* nach Kuba. Er lag an seinem Ankerplatz im Hafen von Havanna, als er am Abend des 15. Februar plötzlich explodierte und versank. 261 Menschen verloren ihr Leben. Die Amerikaner machten eine spanische Mine dafür verantwortlich. Ein Krieg mit Spanien schien unausweichlich und so wurde die *Oregon* zur Verstärkung des amerikanischen Nordatlantikgeschwaders dorthin beordert.

Als Schwesterschiff der *Indiana* und der *Massachusetts* war die *Oregon* 1893 als Küstenverteidiger vom Stapel gelaufen. Für ein Schiff ihrer Größe war sie dick gepanzert und besaß schwere Bewaffnung. Die Hauptbewaffnung bestand aus zwei 33-cm-Geschützen in Türmen auf ihrer Mittellinie

RECHTS: *Die USS* Maine *sitzt nach einer rätselhaften Explosion auf Grund im Hafen von Havanna – aufgrund dieses Vorfalls wurde die* Oregon *umgehend vom Pazifik in den Atlantik überführt.*

RECHTS: *Die USS* Oregon (BB-3) *1916/17 während ihrer Reservezeit vor Anker in der Nähe von San Francisco. Die Navy hatte ihr den Spitznamen «Bulldogge» gegeben.*

PANZERUNG

Die ersten gepanzerten Schiffe erhielten gewöhnlich eine Panzerung mit Eisenplatten, oftmals auf dicker Holzhinterlegung. In den frühen 1880er-Jahren kam die Verbundpanzerung auf, bestehend aus Hartstahl auf Schmiedeeisen. Auf der Hartstahlplatte zersplitterten die einschlagenden Geschosse, die nachgiebigere Rückwand fing die Splitter auf. Gegen Ende der 1880er-Jahre ersetzte man die mehrschichtige Verbundpanzerung durch eine einlagige Nickelstahlpanzerung. Die USS *Oregon* besaß einen 1890 entwickelten sogenannten Harveypanzer. Er bestand aus einer einstückigen Stahlplatte, deren Vorderseite bei hohen Temperaturen mit Holzkohle erhitzt und durch Erhöhung des Kohlenstoffanteils gehärtet wurde. Gegen Ende des Jahrhunderts ersetzte man den Harveypanzer durch Krupppanzerung, die aus einem Chrom-Nickel-Stahl gefertigt und deren Vorderseite durch Zuführung von kohlenstoffreichem Gas gehärtet wurde.

sowie vier ebenfalls in Geschütztürmen untergebrachten 20-cm-Zwillingskanonen. Sie besaß bis zu 28 weitere Kanonen unterschiedlichster Größen und vier Torpedorohre. Ihr Panzer war bis zu 46 cm dick.

1896 war sie das erste an der Pazifikküste in Dienst gestellte US-Schlachtschiff. Doch jetzt benötigte man sie im Atlantik und dafür musste sie Südamerika umschiffen und 25 300 km bewältigen. Am Kap Hoorn verzögerte sich die Fahrt aufgrund eines schweren Sturms, überdies waren unterwegs mehrere Stopps zum Auffüllen der Kohlevorräte nötig. Die Reise dauerte gute zwei Monate.

Ein Kanal wird benötigt

Die Berichterstattung über die *Oregon* in den Vereinigten Staaten hatte weitreichende Folgen. Zwar wurde die Besatzung von allen Seiten zu ihrer 66-tägigen Reise beglückwünscht, doch es war klar, dass die Überführung eines Kriegsschiffes von Ozean zu Ozean in Kriegszeiten nicht zwei Monate in Anspruch nehmen durfte. Man brauchte dringend einen Kanal zwischen Atlantik und Pazifik. Zum Glück befand sich dieser schon im Bau, wenngleich

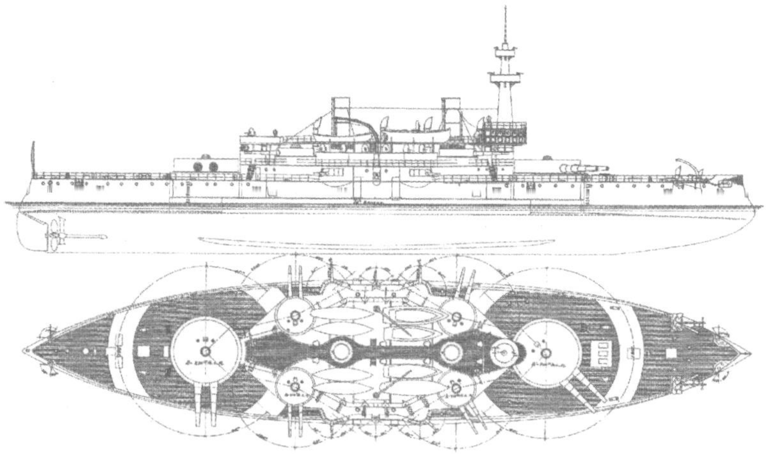

RECHTS: *Die Zeichnung der* Oregon *stammt von 1893 und zeigt die gewaltige Feuerkraft, mit der man dieses relativ kleine Schlachtschiff ausstattete, sowie das Schussfeld ihrer Geschütze.*

das Projekt mit erheblichen Schwierigkeiten zu kämpfen hatte.

Mitte der 1890er-Jahre stand das französische Vorhaben zum Bau des Panamakanals vor der Pleite, eine Fertigstellung erschien unwahrscheinlich. Die USA, die mehr denn je auf einen Kanal in Mittelamerika erpicht waren, sprangen ein und übernahmen das Projekt. Panama gehörte seinerzeit zu Kolumbien und wurde nun von Amerika in seinen Unabhängigkeitsbestrebungen ermutigt und unterstützt. Die junge Republik Panama verpachtete die Kanalzone an die USA. Doch es dauerte noch 11 Jahre, bis man den Kanal fertiggestellt hatte und am 15. August 1914 eröffnete.

Neue Krise in Fernost

Als die *Oregon* Kuba erreichte, schloss sie sich der Blockade von Santiago de Cuba an, die die spanische Flotte im Hafen festhielt. Als mehrere der amerikanischen Kriegsschiffe zum Auffüllen ihrer Kohlevorräte wegfuhren, gelang spanischen Schiffen der Ausbruch. Es kam zur Schlacht von Santiago de Cuba, in der die *Oregon* eine maßgebliche Rolle spielte und aus der die Amerikaner als klare Sieger hervorgingen. Der spanische Widerstand gegen die Unabhängigkeit Kubas schwand und der Konflikt endete bald darauf.

Die *Oregon* wurde zur Überholung nach New York beordert, bevor sie in den Pazifik zurückkehrte. Der mit Feindseligkeiten in

DIE *INDIANA*-KLASSE

1889 schlug der US-Marineminister vor, Dutzende neuer Schlachtschiffe und mehr als 150 andere Kriegsschiffe bauen zu lassen. Es schien das Ende der Isolationspolitik zu signalisieren, die Amerika seit Beginn des 19. Jahrhunderts verfolgte und die in der nach Präsident James Monroe benannten Monroe-Doktrin von 1823 ihren Ausdruck fand, gemäß welcher Amerika sich nicht in die Angelegenheiten europäischer Staaten einmischen und jeden Versuch europäischer Staaten unterbinden würde, Länder in Nord- oder Südamerika zu kolonialisieren. Zudem lehnten es die Vereinigten Staaten ab, Bündnisse mit denjenigen europäischen Mächten zu schließen, vor welchen viele ihrer Bürger und Vorväter geflohen waren. Der Vorschlag zur Aufrüstung der Kriegsmarine wurde im Kongress daher abgelehnt, man stimmte lediglich dem Bau von drei kleinen Küstenschlachtschiffen der *Indiana*-Klasse zu, wovon eines (die *Oregon*) an der Westküste gebaut werden sollte. Mit der Bezeichnung «Küstenschlachtschiff» wollte man die Bevölkerung dahingehend beruhigen, dass die Schiffe nicht für militärische Abenteuer im Ausland bestimmt waren, sondern der Verteidigung dienten.

RECHTS: *Die Lithografie zeigt die Zerstörung der spanischen Flotte von Admiral Cervera vor Santiago de Cuba im Jahr 1898. Um welche amerikanische Schiffe es sich handelt, ist unbekannt, aber eines davon könnte die* Oregon *sein.*

Kuba begonnene Spanisch-Amerikanische Krieg hatte weitreichende Folgen, so erhielten die Vereinigten Staaten mehrere spanische Territorien, darunter auch die Philippinen. Diese hatten inzwischen ihre Unabhängigkeit erklärt, die von den USA jedoch nicht anerkannt wurde. Bald befanden sich die beiden Länder im Krieg und die *Oregon* kam erneut zum Einsatz.

Die folgenden Jahre verbrachte sie in philippinischen, japanischen und chinesischen Gewässern, bis sie in Nähe der Changshan-Inseln vor der chinesischen Küste auf Grund lief und schwer beschädigt wurde. Es dauerte über ein Jahr, bis sie wieder flott war. 1906 kehrte sie in die USA zurück und wurde gründlich überholt. Die nächsten 11 Jahre stand sie die meiste Zeit in Reserve.

Eine Zeitlang diente die *Oregon* als schwimmendes Denkmal und Museum, bis die US-Regierung bei Ausbruch des Zweiten Weltkriegs beschloss, sie zu zerlegen, weil man in Zeiten der Stahlknappheit dringend wertvollen Stahl benötigte. Sie erhielt einen kurzen Aufschub im Krieg, als man sie, bereits ihrer Kanonen und Aufbauten entledigt, als Munitionsschiff in Guam nutzte, wo sie nach dem Krieg lag. Während eines Taifuns im November 1948 riss sie sich von der Verankerung los und trieb aufs Meer hinaus. Drei Wochen später fand man sie und schleppte sie nach Guam zurück, doch ihre Tage waren gezählt. Man entfernte Teakholzdecks und Stahlpanzerplatten und schleppte sie nach Japan, wo sie 1956 abgewrackt wurde.

UNTEN: *Besatzungsmitglieder inspizieren eines der 20 Sechspfünder-Hotchkiss-Geschütze der* Oregon*. Sie dienten zur Verteidigung gegen kleine Schiffe, insbesondere Torpedoboote, die für Schlachtschiffe zunehmend zur Gefahr wurden.*

USS *Holland*

Das erste erfolgreiche Tauchgefährt wurde 1620 vom Holländer Cornelius Drebbel erbaut und in der Themse in London vorgeführt. Danach gab es zahlreiche Versuche, praxistaugliche Unterseeboote für die Marine zu bauen, um Schiffe von unten angreifen zu können. Einige waren bedingt erfolgreich, doch die meisten schlugen fehl, bis der irische Erfinder John Philip Holland schließlich im späten 19. Jahrhundert das Problem löste. Seine *Holland VI* wurde von der US Navy erworben und war 1900 ihr erstes modernes Kriegs-U-Boot.

TYP: Unterseeboot

STAPELLAUF: Elizabeth, New Jersey, USA, 1897

LÄNGE: 16,4 m

TONNAGE: 65 Tonnen Wasserverdrängung an der Oberfläche, 75 Tonnen unter Wasser

KONSTRUKTION: Stahlplatten auf Eisenspanten

ANTRIEB: 1 Ottomotor, 45 PS (34 kW), 1 Elektromotor von Electro Dynamic, 75 PS (56 kW), 66-Zellen-Exide-Batterie, 1 Schraubenpropeller

John Philip Holland (1841–1914) wanderte 1873 im Alter von 32 Jahren von Irland in die Vereinigten Staaten aus, wo er als Lehrer in Paterson, New Jersey, arbeitete. Seine wahre Leidenschaft galt jedoch Unterseebooten. Seine Bemühungen, Streitkräfte für den Bau von U-Booten zu gewinnen, fanden kein Gehör, doch dann erklärten sich irische Auswanderer bereit, sein Vorhaben zu finanzieren. Sie planten damit Angriffe auf britische Schiffe zur Unterstützung des irischen Unabhängigkeitskampfs. Zwischen 1878 und 1883 entwarf und baute Holland drei U-Boote, die aber nur bedingt erfolgreich waren, sodass sich seine Unterstützer zurückzogen. Holland, der seine Arbeit als Lehrer aufgegeben hatte, um sich gänzlich seinen U-Booten zu widmen, begann nun, für die Pneumatic Gun Company zu arbeiten, die den Bau eines vierten U-Bootes finanzierte. Nach der Erprobung auf See wurde es jedoch nicht weiterverfolgt.

RECHTS: *John P. Holland taucht im Turmluk seines U-Boots* Holland VI *auf, das spätere USS* Holland (SS-1).

OBEN: *Eines von Hollands U-Booten im Bau. Die große Öffnung im Bug ist das einzige Torpedorohr des Boots.*

Dann schrieb die US Navy einen Wettbewerb für den Bau eines Torpedo-U-Bootes aus. Die Anforderungen: Geschwindigkeit 15 Knoten (28 km/h) über und gut die Hälfte davon unter Wasser, Tauchdauer zwei Stunden, Tauchtiefe 45 m sowie Torpedobewaffnung. Holland beteiligte sich daran und gewann die Ausschreibung mit seinem nächsten U-Boot-Entwurf, der *Holland V*, auch *Plunger*. Nach mehrjähriger Verzögerung wurde die Finanzierung schließlich bewilligt und die *Plunger* gebaut. Der Propeller wurde nicht mehr wie früher per Handkurbel angetrieben, sondern von einer Dampfmaschine bei Fahrt über und von einem Elektromotor bei Fahrt unter Wasser. Mit der Dampfmaschine war Holland allerdings noch unzufrieden, sie ließ es im Inneren des U-Boots unerträglich heiß werden.

Endlich Erfolg

Holland entwickelte bald darauf eine verbesserte Konstruktion, die *Holland VI*, sie lief am 17. Mai 1897 vom Stapel. Fünf Monate später entging sie nur knapp einem Unglück, als ein Arbeiter ein Ventil offen ließ. Wasser drang ein und das U-Boot versank am Kai. Nach 18 Stunden hatte man es gehoben und nach mehreren Tagen war die Elektronik getrocknet, es war noch einmal gut gegangen. Im März 1898 erfolgte die Seeerprobung. Bei Fahrt über Wasser trieb ein Verbrennungsmotor das Boot an, der auch die Batterie auflud. Unter Wasser wurde er ausgeschaltet und der Antrieb erfolgte über einen von der Batterie versorgten Elektromotor. Dank dieser eleganten Lösung erreichte die *Holland VI* Spitzengeschwindigkeiten von 15 km/h über und 9 km/h unter Wasser. Nach erfolgreicher Erprobung auf See kaufte die US Navy die *Holland VI* schließlich für 160 000 Dollar (das entspricht heute etwa 4,6 Millionen Dollar), obwohl sie die Mindestanforderungen nicht erfüllt hatte. Sie wurde am 12. Oktober 1900 als USS *Holland* (*SS-1*) in den Dienst der US Navy gestellt.

BUSHNELLS *TURTLE*

1775 baute David Bushnell (1740–1824) das erste Tauchgefährt, das im Kampf zum Einsatz kam. In dem eiförmigen Holzboot mit dem Namen *Turtle* (siehe Seite 86) fand nur eine Person Platz. Zum Abtauchen nahm es Wasser als Ballast auf, Antrieb und Tiefensteuerung erfolgten über zwei handkurbelbetriebene Propeller. Als die britische HMS *Eagle* während des Amerikanischen Unabhängigkeitskriegs im New Yorker Hafen vor Anker lag, näherte sich Sergeant Ezra Lee am 6. September 1776 mit der *Turtle*, um eine Sprengladung am Schiffsrumpf anzubringen. Die Aktion misslang.

Bewaffnung

Die USS *Holland* war weder Spielerei noch Versuchsgerät, man hatte sie als anwendungsbereites Kriegs-U-Boot konzipiert. Ihre Bewaffnung umfasste ein 45-cm-Torpedorohr und eine 20-cm-„Dynamit-Kanone«, die Explosivgeschosse in die Luft abfeuern konnte. Ein Torpedo befand sich im Rohr, zwei weitere wurden mitgeführt. Das Dynamitgeschütz konnte 90 kg schwere Geschosse, sogenannte «Lufttorpedos», 900 m weit feuern. Ursprünglich besaß das U-Boot zwei davon, die achtere Kanone baute man später aber wieder aus.

Die Besatzung der *Holland* bestand aus sechs bis sieben Mann. Ein Tauchgang wurde durch Öffnung der Ventile eingeleitet, um die Ballasttanks mit Wasser zu fluten. Dann wurden horizontale Flügel, sogenannte Tiefenruder, in Schrägstellung gebracht, damit die Nase des U-Boots nach unten zeigte. Für den Aufstieg brachte man die Tiefenruder in umgekehrte Stellung und «blies» das Wasser mithilfe von Druckluft aus den Ballasttanks. Einer der Schwachpunkte der *Holland* war die schlechte Sicht. Für einen Angriff musste das U-Boot zunächst auftauchen, damit ein Besatzungsmitglied durch die Fenster im Kommandoturm blicken und das U-Boot aufs Ziel ausrichten konnte. Dadurch verriet das U-Boot jedoch seine Präsenz

DIE *HUNLEY*

Die *H.L. Hunley* war das erste Unterseeboot, das ein Schiff versenkte. Die nach ihrem Erfinder benannte CSS *Hunley* war 12 m lang und wurde von einer achtköpfigen Crew bedient: sieben Mann betätigten die Handkurbel zum Antrieb des Propellers, einer steuerte. Während der Versuchsfahrten ging sie zweimal unter, dabei starben 13 Besatzungsmitglieder, darunter auch Horace Hunley selbst. Am 17. Februar 1864, während des Amerikanischen Sezessionskrieges, griff die *Hunley* vor Charleston die USS *Housatonic*, ein Kriegsschiff der Unionisten, an. Sie rammte ihr eine Lanze in den Rumpf, setzte dann zurück und zündete eine an der Lanze angebrachte Sprengladung. Die *Housatonic* sank, doch auch die *Hunley* verschwand samt Besatzung. Man entdeckte sie 1995 auf dem Meeresgrund und hob sie im Jahr 2000.

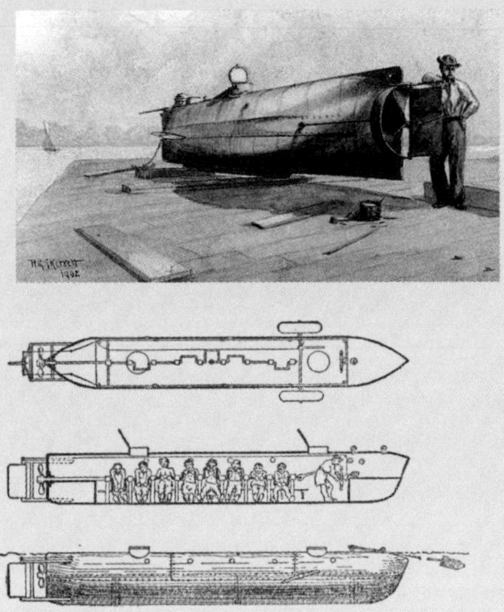

OBEN: *Das Hunley-Unterseeboot war ein einfaches Eisenrohr, das innen nur sehr wenig Platz für die Mannschaft bot. Der Betrieb war schwierig und gefährlich, doch im Kampf erwies es sich als überraschend effektiv.*

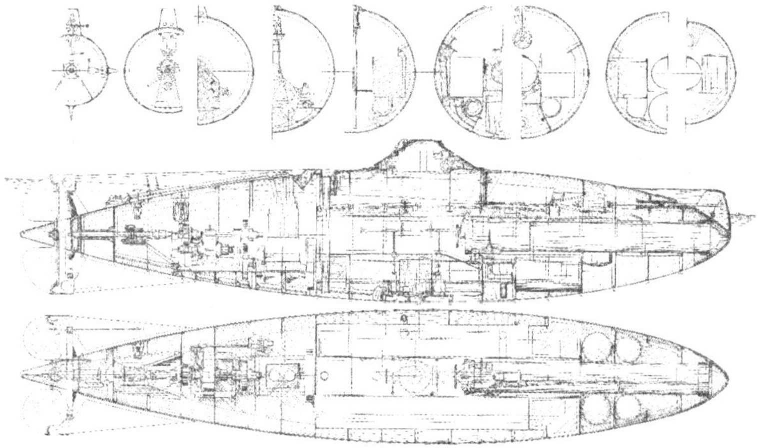

RECHTS: *Nachdem die US Navy ihr erstes U-Boot in Dienst gestellt hatte, interessierten sich auch andere Streitkräfte für Hollands U-Boote. Die britische Marine stellte die* Holland-1 *in Dienst, das erste ihrer neuen* Holland-*Klasse.*

und den Standort, der Überraschungsmoment war dahin. Sehrohre kamen zwar schon an Land und teils auch in anderen U-Booten zum Einsatz, sie waren aber nicht einziehbar. Einziehbare Periskope wurden erst kurze Zeit später, 1902, erfunden.

Die *USS Holland* war nie in Aktion. Man nutzte sie hauptsächlich zur Schulung von künftigen U-Boot-Mannschaften. Überdies diente sie als Prototyp für die sieben Einheiten der A-Klasse, die nach ihr kamen. Am 17. Juli 1905 wurde sie außer Dienst gestellt und am 21. November 1910 aus der Liste der Kriegsschiffe gestrichen. Bis 1932 war sie in einem Park in New Jersey ausgestellt, danach wurde sie abgewrackt.

Nach dem Erfolg der USS *Holland* orderten die Streitkräfte von Großbritannien, Russland, den Niederlanden und Japan U-Boote des *Holland*-Typs und gaben damit anderen Nationen, vor allem Deutschland, den Anstoß zum Bau eigener U-Boote. Die *Holland VI* gilt als Urahn vieler der heute in Dienst stehenden mächtigen Kriegs-U-Boote.

RECHTS: *Auch die Kriegsmarine des japanischen Kaiserreichs trat dem wachsenden* Holland-*Club bei, als sie fünf U-Boote des Typs* Holland VII *von den USA erwarb. Sie waren größer und mächtiger als die* Holland VI.

Potemkin

Die Folgen der Russischen Revolution im Jahr 1917 waren weit über Russlands Grenzen hinaus zu spüren. Die Umwälzungen, die zum Sturz des letzten Zaren und zur Bildung der Sowjetunion führten, hatten globale Implikationen. Bereits 12 Jahre zuvor gab es ein erstes Anzeichen, dass eine Revolution das alte Zarenreich ernsthaft gefährden könnte: die Meuterei auf dem russischen Kriegsschiff *Potemkin*. Der Aufstand trug zur Verbreitung des Revolutionsgeists bei und sein Scheitern, als auch die missglückten Aufstände in anderen Teilen Russlands, ermöglichten es Revolutionären wie Lenin, sich so vorzubereiten, dass sie das nächste Mal, 1917, siegen würden.

TYP: Einheitslinienschiff

STAPELLAUF: Nikolajew-Werft (jetzt Mykolajiw-Werft), Ukraine, 1900

LÄNGE: 115,3 m

TONNAGE: 13 107 Tonnen Wasserverdrängung

KONSTRUKTION: gepanzerter Stahlrumpf

ANTRIEB: 2 vertikale Dreifachexpansionsmaschinen zum Antrieb von 2 Propellern

Die *Knjas Potjomkin Tawritscheski* (*Fürst Potemkin von Taurien*), besser bekannt als Panzerkreuzer *Potemkin*, wurde Ende der 1890er-Jahre für die Schwarzmeerflotte des russischen Zarenreichs erbaut. Sie sollte den besten Schlachtschiffen anderer Seemächte in nichts nachstehen. Sie war mit 40 Geschützen bewaffnet, darunter auch zwei 305-mm-Zwillingskanonen, und wurde durch modernste Krupppanzerung geschützt.

1904 führten die russischen Expansionsbestrebungen im pazifischen Einflussbereich Japans zum Ausbruch des Russisch-Japanischen Kriegs. Russland erlitt etliche Niederlagen durch die japanische Marine, insbesondere 1905, als die russische Ostseeflotte in der Seeschlacht von Tsushima zerstört wurde. So stand es um die Moral in der übrigen Marine und generell in der russischen Bevölkerung nicht zum Besten. Revolutionäre in den Mannschaften der Schwarzmeerflotte planten einen flottenweiten Aufstand, um russische Bauern anzuspornen, sich gegen die Adelsherrschaft zu erheben. Im August sollte es losgehen, doch die Ereignisse an Bord der *Potemkin* kamen dazwischen.

Am 27. Juni 1905, nur einen Monat nach der Schlacht von Tsushima, bereitete sich die *Potemkin* für eine Waffenübung an der ukrainischen Küste vor, als der Crew ein Borschtsch aus vergammeltem Fleisch serviert wurde, in dem sich Maden tummelten. Der Schiffsarzt hatte das Fleisch als unbedenklich eingestuft, doch die Matrosen verweigerten das Essen.

LINKS: *Einige Besatzungsmitglieder der* Potemkin *posieren kurz vor der berüchtigten Meuterei für ein Foto. Der Leutnant in der Mitte war einer der Offiziere, die von den Aufständischen getötet wurden.*

RECHTS: *Das Gemälde von Pjotr Timofejewitsch Fomin zeigt den Moment, als die Matrosen die Offiziere überwältigen und die* Potemkin *in ihre Gewalt bringen.*

Die Befehlsverweigerung erzürnte die höheren Offiziere, der Kapitän drohte damit, die Männer zu erschießen. Ihm schien es ernst, denn er rief einen Trupp bewaffneter Marineinfanteristen zu sich. Das war der Tropfen, der das Fass zum Überlaufen brachte. Es kam zu einer Schießerei zwischen Offizieren und Matrosen. Der Matrose Grigory Wakulintschuk, anscheinend der Wortführer, wurde vom Ersten Offizier Ippolit Gilyarovsky erschossen, der wiederum wurde von den Männern gepackt und über Bord geworfen, ohne dass die Marineinfanteristen ihm hatten helfen können.

Die Aufständischen brachten das Schiff in ihre Gewalt, sperrten die übrigen Offiziere in ihre Kabinen und wählten ein Komitee, das das Schiff führen sollte. Dann verfassten sie dieses Manifest:

An alle zivilisierten Bürger und an alle Arbeiter! Die Verbrechen der autokratischen Regierung können nicht länger geduldet werden. Ganz Russland kocht vor Wut und ruft: «Nieder mit den Fesseln der Knechtschaft!» Die Regierung will das Land in Blut ertränken, doch vergisst, dass die Truppen aus Söhnen der Unterdrückten bestehen. Die Mannschaft der Potemkin *hat den ersten entscheidenden Schritt getan. Wir weigern uns, weiterhin als des Volkes Henker zu dienen. Unser Motto lautet: «Freiheit für alle Russen oder Tod!» Wir fordern ein Ende des Krieges und die umgehende Einberufung einer verfassungsgebenden Versammlung auf Grundlage des allgemeinen Wahlrechts. Für dieses Ziel werden wir bis zum Ende kämpfen: Sieg oder Tod! Alle freien Menschen, alle Arbeiter werden auf unserer Seite stehen im Kampf für Frieden und Freiheit. Nieder mit der Autokratie! Lang lebe die verfassungsgebende Versammlung!*

DIE MEUTEREI AUF DER *BOUNTY*

Eine der berühmtesten – oder berüchtigtsten – Meutereien in der Seegeschichte war jene auf der HMS *Bounty* 1789. Die *Bounty* war ein kleineres britisches Marineschiff, entsandt in den Pazifik, um Brotfruchtbäume von Tahiti als billige Nahrung für Sklaven auf die Westindischen Inseln zu bringen. Drei Wochen, nachdem das Schiff Tahiti mit seiner Pflanzenladung verlassen hatte, führte der Steuermannsmaat Fletcher Christian eine Meuterei an, an der fast die Hälfte der Mannschaft beteiligt war. Der Kapitän William Bligh und die meisten der loyalen Crewmitglieder wurden in der Barkasse der *Bounty* ausgesetzt. Bligh gelang es in einer seemännischen Meisterleistung, in dem offenen Boot 6710 km über den Stillen Ozean bis zur indonesischen Insel Timor zu navigieren. Unterdessen segelten die Meuterer nach Pitcairn Island im Südpazifik, wo sie die *Bounty* abbrannten. 1808 lebte nur noch ein Meuterer, die anderen hatten den Tod durch Krankheit oder im Streit gefunden. Als schließlich Brotfruchtbäume auf den Westindischen Inseln ankamen, wurden die Früchte von den Sklaven verschmäht.

UNTEN: *Die* Bounty II, *hier 2010 auf dem Lake Michigan, ist ein Nachbau der HMS* Bounty, *die durch die 1789 von Steuermannsmaat Fletcher Christian angeführte Meuterei zu Berühmtheit gelangte.*

Unter roter Flagge

Sie hissten die rote Flagge der Revolution und steuerten die ukrainische Hafenstadt Odessa an, in der Aufständische durch die Straßen zogen. Rebellion lag in der Luft, es herrschte so großes Chaos, dass das Kriegsrecht ausgerufen wurde und Truppen das Feuer auf die Aufrührer eröffneten. Bis zu 2000 Menschen wurden getötet, 3000 weitere verletzt. Die Revolutionäre in der Stadt hofften auf Unterstützung durch die *Potemkin* und ihre schweren Geschütze. Die Matrosen verweigerten sich jedoch und baten um Amnestie, als die Armee Odessa wieder unter Kontrolle hatte. Da man ihnen diese verwehrte, stachen sie abermals in See, in der Hoffnung, auf andere Schiffe zu stoßen, die sich ihnen anschließen würden. Auf dem Schlachtschiff *St. George* kam es nur zu einer kurzen Meuterei der Matrosen, bis die Offiziere und alle Zar-treuen Mannschaftsmitglieder wieder die Kontrolle erlangten.

Die *Potemkin* hielt Kurs auf Constanta an der rumänischen Küste. Kriegsschiffe der russischen Ostseeflotte sollten sie aufhalten, doch man weigerte sich, das Feuer auf die *Potemkin* zu eröffnen. Als Rumänien die Aufgabe des Schiffs verlangte, fuhr es weiter nach Feodossija auf der Krim. Dort bekam die Mannschaft jedoch keine Vorräte. Sie gab auf und kehrte nach Constanta

> GANZ RUSSLAND WARTET DARAUF, SICH ZU ERHEBEN UND DIE FESSELN DER SKLAVEREI ABZUWERFEN.
>
> **Afanasy Matjuschenko, einer der Anführer der Meuterei auf der *Potemkin***

RECHTS: *Eisensteins Film über die Meuterei,* Panzerkreuzer Potemkin, *wurde intensiv mit eindrücklichen Plakaten wie diesem beworben. Für die Sowjetunion war die Meuterei der Beweis, dass sich Soldaten mitunter dem Volk anschlossen, um eine alte Ordnung zu stürzen.*

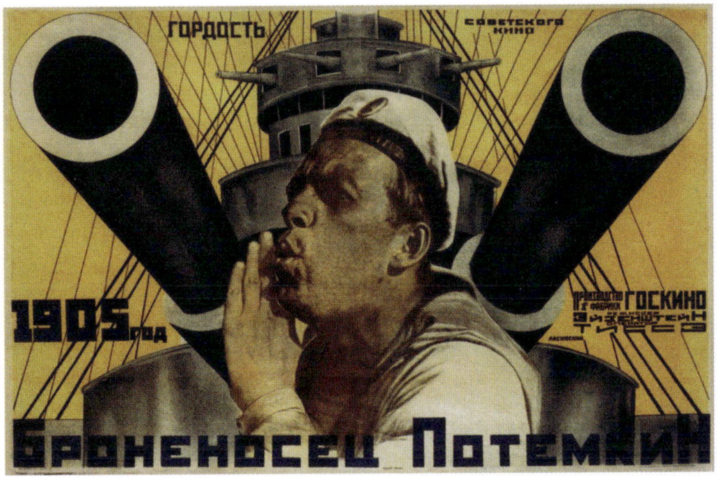

zurück, um sich zu ergeben, versenkte vor dem Verlassen aber das Schiff im Hafen durch Öffnung der Seeventile.

Die *Potemkin* wurde gehoben. Aufgrund von Salzwasserschäden in ihrem Inneren schleppte man sie zur Instandsetzung nach Sewastopol und taufte sie nach einem russischen Heiligen auf den Namen *Panteleimon* um. Während des Ersten Weltkriegs war sie an etlichen Aktionen gegen türkische Schiffe und Küstenanlagen beteiligt. Nach der Revolution 1917 bekam sie ihren Namen *Potemkin-Tawritscheski* zurück, ein paar Monate später wurde sie auf *Borets za Svobodu* (*Freiheitskämpfer*) umgetauft.

Deutsche Truppen erbeuteten sie im Mai 1918 und übergaben sie bei Kriegsende an die Alliierten, die sie in Sewastopol ließen. Um zu verhindern, dass die näher rückenden Bolschewiken das Schiff nutzten, deaktivierte man die Maschinen, wobei es allerdings sowohl den Weißrussen als auch den Bolschewiken immer wieder gelang, es hin und wieder zu fahren. 1920 wurde es aufgegeben und 1923 abgewrackt.

UNTEN: *Der Panzerkreuzer* Potemkin *vor Anker. Es sieht aus, als ob am Bug die britische Nationalflagge weht. Möglicherweise datiert das Foto vom Ende des Ersten Weltkriegs, als die Alliierten das Schiff beschlagnahmt hatten.*

Sergej Eisenstein verewigte die Meuterei auf der *Potemkin* von 1905 in seinem berühmten Stummfilm *Panzerkreuzer Potemkin* von 1925. Die echte Crew der *Potemkin* blieb größtenteils in Rumänien, nachdem sie von Bord gegangen war. Ein paar emigrierten nach Argentinien, andere kehrten zurück nach Russland, wo man sie festnahm und hinrichtete. Der letzte Überlebende, Ivan Beshoff, fand seinen Weg ins irische Dublin, wo er 1987 im Alter von 102 Jahren starb.

HMS *Dreadnought*

Zu Beginn des 20. Jahrhunderts beherrschte ein neuer Schlachtschifftyp die Kriegsmarinen: das Großlinienschiff, auch *Dreadnought*. Zu dieser Entwicklung hatte ein radikaler Wandel in der Kriegsführung auf See geführt und der neue Schiffstyp löste zwischen den führenden Seemächten der Welt ein Wettrüsten in Bau und Bewaffnung von Schlachtschiffen aus.

TYP: Großlinienschiff

STAPELLAUF: HM Dockyard, Portsmouth, England, 1906

LÄNGE: 160,6 m

TONNAGE: 18410 Tonnen Wasserverdrängung

KONSTRUKTION: gepanzerter Stahl

ANTRIEB: 2 Paar Turbinen zum Direktantrieb von 4 Schiffsschrauben

Im frühen 20. Jahrhundert kam es zu einer revolutionären Neuerung in der Konstruktion von Schlachtschiffen. Torpedos waren zur ernsten Gefahr für Kriegsschiffe geworden. Mit ihnen konnten aus einer typischen Kampfdistanz von 2,7 km Schiffe mühelos torpediert und versenkt werden. Alle führenden Kriegsmarinen wollten aus größerer Distanz mit schlagkräftigeren Waffen kämpfen, und der erste, der diese Idee öffentlich äußerte, war der italienische Schiffbauingenieur Vittorio Cuniberti. In seinem Artikel von 1903 schlug er ein Schlachtschiff vor, das nur mit großkalibrigen Geschützen einheitlicher Größe ausgerüstet werden sollte, weil bei der Gefechtsführung auf große Distanz die meisten kleineren Waffen an Bord vorhandener Schlachtschiffe überflüssig würden. Idealerweise wäre sein künftiges Schlachtschiff ausschließlich mit den größtmöglichen Geschützen bestückt. Bislang wurde gewöhnlich erst das Schiff entworfen und dann die Bewaffnung geplant. Fortan wählte man erst die Geschütze und baute dann das Schiff darum herum.

Das erste vom Stapel gelaufene Schlachtschiff dieser Art war die *Dreadnought* der britischen Marine. Sie besaß zehn 305-mm-Geschütze in fünf Doppeltürmen. Jede dieser gigantischen Kanonen konnte eine 390 kg schwere Granate aus einer Entfernung von mehr als 16 km abfeuern. Die *Dreadnought* war auch das erste Schlachtschiff mit Dampfturbinenantrieb. Er ermöglichte ihr Spitzengeschwindigkeiten von 21 Knoten (40 km/h) – sie war damit schneller als jedes andere Schlachtschiff auf See.

RECHTS: *Klar zum Gefecht: das Achterdeck der HMS* Dreadnought *im Jahr 1910. Ihre zwei mit Zwillingskanonen ausgerüsteten achteren Geschütztürme sind deutlich sichtbar, auf dem Turm im Vordergrund sind noch zwei 12-Pfünder montiert.*

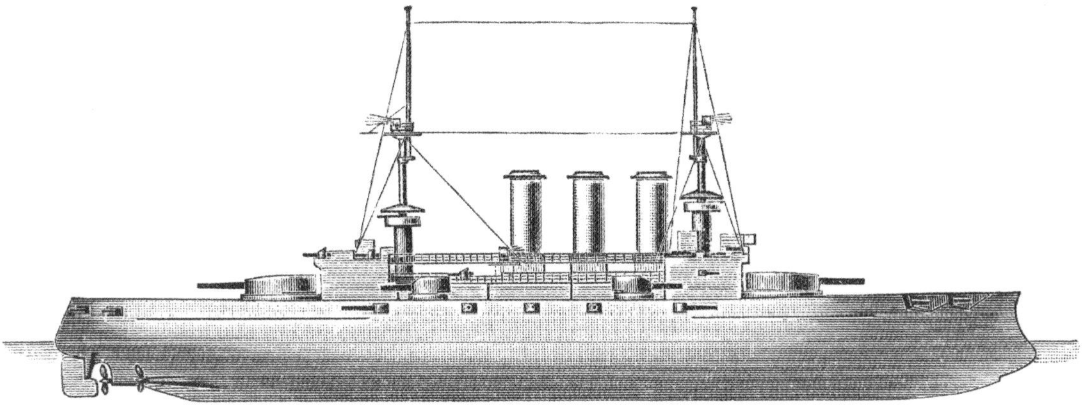

OBEN: *So sah das Schiff aus, das der italienische Konstrukteur Vittorio Cuniberti als ideales Schlachtschiff mit einheitlichen, großkalibrigen Geschützen für die Royal Navy entworfen hatte. Daraus entstand die Konstruktion der HMS* Dreadnought.

Die HMS *Dreadnought* sollte zur Abschreckung dienen, für den Fall, dass eine Nation Großbritannien anzugreifen beabsichtigte. Sie war so schnell und kampfstark, dass jedes andere Schlachtschiff auf einen Schlag veraltet war. Aber auch andere Streitmächte hatten in diese Richtung gedacht und bauten bald ihre eigenen Schiffe des Dreadnoughttyps. Japan hatte sogar schon vor Großbritannien mit dem Bau eines Großlinienschiffs, der *Satsuma*, begonnen, doch die *Dreadnought* lief früher vom Stapel. Die Vereinigten Staaten, die sich durch die im Pazifik aufsteigende Seemacht Japan zum Bau neuer Kriegsschiffe gezwungen sahen, folgten 1908 mit der USS *Michigan*. Unterdessen sorgte sich Großbritannien zunehmend wegen der wachsenden Anzahl der in Deutschland gebauten Kriegsschiffe. Sie waren seit der Zeit Nelsons die erste ernste Herausforderung der britischen Vormachtstellung auf See. In der Folge explodierte der weltweite Bau von Schlachtschiffen, die großen Kriegsmarinen behielten sich gegenseitig im Auge, um gleichzuziehen oder die anderen zu übertrumpfen.

Der technologische Vorsprung der HMS *Dreadnought* hielt nicht lange an. Die ersten Großlinienschiffe wurden bald von sogenannten Super-Dreadnoughts abgelöst, noch größere und noch stärker bewaffnete Schiffe. Auch hier waren die Briten wieder die ersten mit ihren Einheiten der *Orion*-Klasse, doch andere Nationen holten rasch auf. Die Geschütze wurden ebenfalls immer größer und erreichten Kaliber bis zu 380 mm. In dieser Zeit stellte man auch von Kohle- auf Ölbefeuerung um. Öl bedeutete mehr Ener-

DIE DAMPFTURBINE

Vor der HMS *Dreadnought* besaßen dampfgetriebene Schlachtschiffe große, schwere, ineffiziente Kolbenmotoren – Maschinen, bei denen sich die Kolben hin und her bewegten. Schwere mechanische Kurbelgetriebe wandelten die geradlinigen Bewegungen der Kolben in eine Drehbewegung zum Antrieb der Schiffspropeller. Charles Parsons' Dampfturbine war einfacher, kleiner und leichter. Die Turbinen der HMS *Dreadnought* brachten eine Ersparnis von mehr als 1000 Tonnen Maschinengewicht. Auch waren Turbinen effizienter als Kolbenmotoren, weil sie den Dampfdruck direkt in Rotationsbewegungen umsetzten. Turbinenmaschinen machten die Kriegsschiffe nicht nur schneller, sondern sie vibrierten auch weniger als Kolbenmaschinen und erforderten geringeren Wartungsaufwand.

gie bei geringerem Raumbedarf, sodass die ölbefeuerten Kessel kleiner dimensioniert werden konnten.

Die HMS *Dreadnought* war zwar für den Kampf mit anderen Überwasserschiffen gebaut worden, doch die einzige Aktion, in die sie im Ersten Weltkrieg involviert war, betraf ein U-Boot. Das deutsche *U-29* tauchte am 18. März 1915 im Pentland Firth nördlich von Schottland vor ihr auf. Die *Dreadnought* rammte es und versenkte es samt Besatzung.

Die Skagerrakschlacht

Nur einmal kämpften Großlinienschiffe gegeneinander, in der Skagerrakschlacht im Ersten Weltkrieg, an der die HMS *Dreadnought* ironischerweise nicht teilnahm. Die Schlacht wurde zwischen der *Grand Fleet* der britischen Marine unter dem Kommando von Admiral Sir John Jellicoe und der deutschen Hochseeflotte unter dem Kommando von Admiral Reinhard Scheer ausgetragen. Die Royal Navy blockierte die Nordsee, um Deutschland von wichtigen Versorgungslinien abzuschneiden und daran zu hindern, in den Atlantik durchzubrechen und britische Handelsschiffe anzugreifen. Ende Mai 1916 wagte sich ein Verband deutscher Schlachtkreuzer in die Nordsee mit der Absicht, britische Schiffe anzulocken und dann mit der bereits wartenden deutschen Flotte zu schlagen. Die Deutschen rechneten mit nur wenigen britischen Schiffen. Die Briten hatten jedoch vom Auslaufen der 40 deutschen Kriegsschiffe Wind bekommen und ihre gesamte *Grand Fleet* mobilisiert.

EIN UNGEBETENER GAST

1894 baute der Erfinder der Dampfturbine Charles Parsons (1854–1931) ein turbinengetriebenes Versuchsboot namens *Turbinia*, um die Leistungskraft seiner neuen Dampfturbinenmaschine zu demonstrieren. Die Spitzengeschwindigkeit der *Turbinia* lag bei 63 km/h, sie war

damit doppelt so schnell wie das schnellste Schlachtschiff. Er führte es auf recht kühne Weise vor. Unangekündigt tauchte die *Turbinia* 1897 bei der Navy-Parade anlässlich des diamantenen Thronjubiläums von Queen Victoria in Spithead an der englischen Südküste auf. Das Boot schoss zwischen den schwerfälligen Kriegsschiffen hin und her, keines der anwesenden Marineschiffe vermochte es einzuholen. Die Navy war so beeindruckt, dass sie 1899 zwei Zerstörer mit Dampfturbinenmaschinen baute, die HMS *Viper* und *Cobra*. Sie bewährten sich so gut, dass 1906 das erste turbinengetriebene Schlachtschiff, die HMS *Dreadnought*, gebaut wurde, und die Royal Navy fortan all ihre Kriegsschiffe mit Dampfturbinenmaschinen ausrüstete.

RECHTS: *Bedrohlich blicken die zwei 30-cm-Kanonen auf den Feind. Sie gehören zu einem der Hauptgeschütztürme der HMS* Dreadnought. *Zu sehen sind auch die Sichtscharten auf dem Dach des Geschützturmes sowie die 12-Pfünder oben auf.*

Am Nachmittag des 31. Mai trafen die Briten mit 151 Schiffen, davon 28 Schlachtschiffe, auf eine deutsche Flotte mit 99 Schiffen, davon 16 Schlachtschiffe. Die Deutschen landeten zuerst Treffer und versenkten drei britische Schiffe. Danach waren die Briten erfolgreicher. Die Kämpfe zogen sich bis in die Nacht. Die Royal Navy hatte 14 Schiffe und mehr als 6000 ihrer Männer verloren, die Deutschen 11 Schiffe und mehr als 2500 Soldaten. Beide Seiten gaben sich siegreich. Die Briten hatten zwar höhere Verluste zu beklagen, doch sie behielten die Kontrolle über die Nordsee und verhinderten den Durchbruch der deutschen Flotte.

UNTEN: *Die USS* Texas *ist das letzte Großlinienschiff aus dem Ersten Weltkrieg, das noch auf dem Wasser ist. Sie lief 1912 vom Stapel und war in beiden Weltkriegen im Einsatz. Heute steht sie als Museumsschiff in La Porte, Texas.*

Nach Ende des Ersten Weltkriegs durfte Deutschland gemäß Friedensvertrag von Versailles keine neuen Kriegsschiffe bauen. Großbritannien, durch den Krieg verarmt, konnte sich den Bau neuer Kriegsschiffe nicht leisten, und es sah aus, als ob nun andere die Vorherrschaft auf See übernehmen würden. Doch keine der großen Seemächte wollte die mit dem Bau neuer Flotten verbundenen ungeheuren Kosten auf sich nehmen. In der Folge wurde durch den Washingtoner Flottenvertrag von 1922 der Bau von Kriegsschiffen mit Hinsicht auf Anzahl, Typ und Größe eingeschränkt. Überdies musste ein Großteil der alten Großlinienschiffe verschrottet werden. Die HMS *Dreadnought* war bereits im Jahr zuvor zum Abwracken verkauft worden.

RMS *Lusitania*

Die *Lusitania* war einer der größten, schnellsten und luxuriösesten Ozeandampfer ihrer Zeit. Die gezielte Versenkung des Dampfers im Ersten Weltkrieg, bei der unzählige Menschen ihr Leben verloren, war mit ein Grund für den Eintritt der USA in den Krieg gegen Deutschland.

TYP: Ozeandampfer

STAPELLAUF: John-Brown-Werft, River Clyde, Schottland, 1906

LÄNGE: 240 m

TONNAGE: 44767 Tonnen Wasserverdrängung

KONSTRUKTION: genieteter Stahl

ANTRIEB: 4 Parsons-Dampfturbinen, 76000 PS (57 MW), zum Direktantrieb von 4 Schiffsschrauben

Zu Beginn des 20. Jahrhunderts herrschte im Passagierverkehr auf der lukrativen Transatlantikstrecke ein starker Wettbewerb zwischen den größten europäischen Reedereien. Eine davon, Cunard, hatte die schnellsten und luxuriösesten Dampfer gebaut, die RMS *Mauretania* und *Lusitania*, die 1906 vom Stapel liefen. Beide waren mit Dampfturbinenmaschinen ausgerüstet, die das Dreifache der Leistung der HMS *Dreadnought* erbrachten. Beide Dampfer konnten mit einer konstanten Reisegeschwindigkeit von knapp 50 km/h fahren und übertrafen damit alle anderen Passagierschiffe.

Am Morgen des 7. Mai 1915 fuhr die *Lusitania* längs der irischen Südküste Richtung Osten, ihre 1200 Passagiere ahnten nichts von den Funksprüchen, die die *Lusitania* vor deutschen U-Booten in der Gegend warnten. In feindlichen Gewässern wurde Zickzackkurs empfohlen, doch der Passagierdampfer stampfte auf geradlinigem Kurs weiter.

Am Abend vor der Abfahrt der *Lusitania* aus New York verließ das U-Boot *U-20* seinen Stützpunkt Emden an der deutschen Nordseeküste. Es umrundete Schottland und fuhr entlang der irischen Atlantikküste, um von Süden in die Irische See zu fahren und dort Schiffe vor der englischen Küste bei Liverpool zu jagen, dem Zielhafen der *Lusitania*. Einige Schiffe waren

dem *U-20* wegen Nebel entkommen. Bisher hatte es ein paar kleinere Frachtschiffe versenkt und Kommandant Walther Schwieger wollte endlich größere Beute machen.

Während *U-20* an der Oberfläche seine Batterien auflud, entdeckte Schwieger um 13.20 Uhr in der Ferne Rauch, der aus vier Schornsteinen quoll, es musste sich also um ein großes Schiff handeln, genau das, worauf er gewartet hatte! Es kam frontal auf ihn zu. Die *Lusitania* hatte keine Flaggen gehisst, ihre charakteristischen roten Schlöte hatte man schwarz angestrichen und ihren Namen überpinselt, trotzdem identifizierte einer der Offiziere des *U-20* sie korrekt als eines der beiden Schwesterschiffe *Mauretania* oder *Lusitania*. Das U-Boot tauchte ab und wartete. Als die *Lusitania* in Torpedoreichweite war, feuerte Schwieger.

Wenigstens zwei Besatzungsmitglieder der *Lusitania* hatten den Torpedo bemerkt und versucht, Alarm auszulösen, doch es war zu spät. Der Torpedo traf das Schiff an der Seite und explodierte. Fast unmittelbar danach schleuderte eine zweite, stärkere Explosion eine Wasser- und Trümmerfontäne in die Luft. Da es trotz der bekannten Gefahren keinerlei Probedurchläufe auf dem Schiff mit den Rettungsbooten gegeben hatte, wussten die Passagiere nicht, wie sie Rettungswesten anziehen oder sich generell verhalten sollten. Der Kapitän drehte nach backbord ab in der Hoffnung, das Schiff an der irischen Küste auf Strand laufen lassen zu können, bevor es unterging. Doch die *Lusitania* krängte nach steuerbord und sank über den Bug. Dann fiel der Strom aus. Jäh wurde es in den Kabinen und im Gängelabyrinth unten im Schiffsrumpf stockdunkel, die Aufzüge blieben stecken und die Passagiere, die nach oben wollten, saßen fest.

OBEN: *Der Speisesaal erster Klasse war der prachtvollste Raum auf See. Er war im Stile von Ludwig XVI. gehalten, dekoriert mit weißem Stuck, Blattgold, Mahagonitäfelung, korinthischen Säulen und überdacht mit einem freskenverzierten Kuppelgewölbe.*

RECHTS: *Das Schicksal brachte die* Lusitania *und* U-20 *zusammen – mit schrecklichem Ausgang. Der U-Boot-Kommandant war begierig, endlich große Beute zu machen, als ihm die* Lusitania *vors Visier geriet.*

LINKS: *Die* Lusitania *erreicht 1907 am Ende ihrer Jungfernfahrt New York. Am Kai stellen sich Schaulustige auf Fässer, um einen besseren Blick auf das imposante Schiff erhaschen zu können.*

Ein Akt der Unmenschlichkeit und Grausamkeit, der in der Geschichte der Kriege ohne Vergleich ist.

Die Reaktion der *New York Times* auf die Versenkung der *Lusitania*

MAURETANIA

Das Schwesterschiff der *Lusitania*, die *Mauretania*, lief drei Monate nach der *Lusitania* vom Stapel und jagte dieser sogleich das Blaue Band für die schnellste Atlantiküberquerung sowohl in östliche als auch in westliche Richtung ab. Fast 20 Jahre lang hielt sie beide Rekorde. Im Ersten Weltkrieg diente sie als Truppentransporter und Lazarettschiff, danach nahm sie den transatlantischen Passagierverkehr wieder auf und absolvierte insgesamt 269 Hin- und Rückfahrten. 1929 verlor sie beide Geschwindigkeitsrekorde an den deutschen Passagierdampfer *Bremen*. Als sie selbst als solcher im Jahr darauf nicht mehr konkurrenzfähig war, erlebte sie eine Wiedergeburt als Kreuzfahrtschiff. 1934 fusionierten die beiden großen britischen Reedereien Cunard und White Star und zogen einige ihrer älteren Schiffe aus dem Verkehr, darunter auch die *Mauretania*. Sie wurde 1935 abgewrackt.

Dann ging alles sehr schnell. Bei einem Schiff wie der *Lusitania* hätte man erwartet, dass es sich selbst bei schweren Schäden noch einige Stunden über Wasser halten würde, damit andere Schiffe zu Hilfe eilen könnten, doch die *Lusitania* sank binnen 18 Minuten. Als Rettungsboote nach kurzer Fahrt von der Küste am Unglücksort eintrafen, waren bereits viele Menschen im kalten Wasser zu Tode gekommen. Insgesamt 1195 Passagiere und Besatzungsmitglieder verloren ihr Leben. Lediglich etwas mehr als 760 Menschen konnten gerettet werden.

Das Bild, das sich im Hafen von Queenstown (heute Cobh) bot, war entsetzlich. Hunderte Tote lagen Seite an Seite aufgebahrt am Ufer. Das Rathaus diente als Leichenhalle. Die Überlebenden hatten die furchtbare Aufgabe, die langen Reihen der Toten abzusuchen, um ihre Angehörigen oder Freunde zu identifizieren.

Unter den Opfern befanden sich auch 123 Amerikaner. Die Reaktion der Vereinigten Staaten war vorhersehbar. Die Amerikaner waren außer sich, Deutschland hatte ohne Vorwarnung ein unbewaffnetes Zivilfahrzeug mit Bürgern einer

LINKS: *Dieses 1915 veröffentlichte Bild ist umstritten, weil es eine zweite Torpedoexplosion in der Flanke der* Lusitania *zeigt, genau hinter dem Einschlagloch des ersten Torpedotreffers. Tatsächlich war nur ein Torpedo abgefeuert worden.*

UNTEN: *Der Untergang der* Lusitania *im Ersten Weltkrieg, bei dem zahllose Menschen ihr Leben verloren, löste in Großbritannien und Irland große Entrüstung aus. Mit Postern wie diesem („IREN, RÄCHT DIE LUSITANIA») wollte man Männer für den Kriegsdienst gewinnen.*

neutralen Nation attackiert und versenkt. Der US-Botschafter in London drängte sein Land, Deutschland den Krieg zu erklären.

Ursachenforschung

Der Untergang warf einige Fragen auf. Warum fuhr die *Lusitania* so dicht an der Küste, vor der deutsche U-Boote lauern könnten, warum keinen Zickzackkurs? Es gab Mutmaßungen, dass man sie absichtlich einem Angriff in den Jagdgründen von U-Booten hatte aussetzen wollen, in der Hoffnung, dadurch die USA zur Teilnahme am Krieg bewegen zu können. Was verursachte die zweite Explosion? Führte die *Lusitania* Bewaffnung an Bord, wie die Deutschen behaupteten? Deutschland jedenfalls verweigerte eine Entschuldigung für die Versenkung, änderte jedoch die Vorschriften in der Kriegsmarine, wonach künftig keine Passagierschiffe mehr angegriffen werden sollten.

Eine Untersuchung des Handelsministeriums ergab, dass der vom U-Boot abgefeuerte Torpedo allein für den Untergang des Schiffs verantwortlich war. Man fand keinerlei Anhaltspunkte für die Annahme, der Ozeanriese sei absichtlich durch U-Boot-gefährliche Gebiete gefahren. Die Entscheidung des Kapitäns, auf einen von der irischen Küste weiter entfernten Zickzackkurs zu verzichten, wurde damit erklärt, dass er Liverpool rechtzeitig erreichen und seinen – teils sehr wohlhabenden – Passagieren den rollenden Zickzackkurs ersparen wollte. Die Ursache für die zweite Explosion ließ sich nie klären. Es gab zählebige Behauptungen, dass das Schiff Munition mit sich geführt hätte, doch nach Angaben der Reederei hatte sie nur die 4 Millionen Gewehrpatronen an Bord, welche auch offen im Frachtverzeichnis gelistet waren. Eine Kesselexplosion könnte die zweite Explosion erklären, doch davon erwähnte die Besatzung nichts.

1993 schickte der *Titanic*-Entdecker Dr. Robert Ballard Tauchroboter zum Wrack in der Tiefe. Auf den Fotos sieht man das Schiff auf der Steuerbordseite liegen, ein Großteil der Aufbauten ist weggerostet, der Rumpf verzogen und eingebrochen. Ballard macht eine wichtige Entdeckung: Auf dem Meeresgrund lag verstreute Kohle, die, wie es scheint, nach der Explosion aus Löchern im Rumpf herausgefallen war. Die *Lusitania* besaß großen Kohlehunger: Mehr als 5000 Tonnen hatte sie in New York gebunkert und das meiste davon während der Fahrt verfeuert. Man glaubt, dass die Torpedoexplosion den Kohlestaub in den fast leeren Kohlebunkern aufgewirbelt hat und dadurch eine explosive Mischung aus Kohlestaub und Sauerstoff entstand, bei der ein kleiner Funke genügte, um sie zu entzünden, den Rumpf entzweizureißen und das Schiff binnen Minuten untergehen zu lassen.

RMS *Titanic*

1912 hieß man auf dem größten Schiff der Welt die ersten zahlenden Passagiere an Bord willkommen. Viele von ihnen sollten die Jungfernfahrt des Schiffes, dessen Name in der Geschichte als Inbegriff für Katastrophe einging, nicht überleben. Es war die legendäre *Titanic*. Infolge ihres Untergangs wurden weltweit neue Bestimmungen im Schiffbau und strengere Sicherheitsregeln auf See eingeführt.

TYP: Ozeandampfer der *Olympic*-Klasse

STAPELLAUF: «Harland and Wolff»-Werft, Belfast, Nordirland, 1911

LÄNGE: 269,1 m

TONNAGE: 53 150 Tonnen Wasserverdrängung

KONSTRUKTION: genieteter Stahl

ANTRIEB: 2 Kolbendampfmaschinen, 1 Niederdruckturbine, 46 000 PS (34 300 kW), 3 Propeller

Die *Titanic* wurde in der irischen (heute nordirischen) Stadt Belfast erbaut, die noch immer mächtig stolz ist auf dieses imposante Schiff. Sie war das größte menschengemachte Objekt, das je über das Antlitz der Erde bewegt wurde. Ein in Belfast nach wie vor bekannter Slogan lautet: «She was alright when she left here!» (Sie war in Ordnung, als sie hier auslief!). Die *Titanic* und ihr Schwesterschiff *Olympic* ragten hoch über den Arbeiterhäusern in den Nachbarstraßen der «Harland and Wolff»-Werft auf, in der die zwei massiven Schiffe auf nebeneinanderliegenden Hellingen Gestalt annahmen.

Der Rumpf der *Titanic* bestand aus 2000 Stahlplatten, die mit mehr als 3 Millionen Nieten auf 300 Spanten befestigt waren. Der Rumpf war in 16 wasserdichte Abteile unterteilt, die sich durch elektrisch betriebene Schotten wasserdicht verschließen ließen, entweder mit einem Schalter auf der Brücke oder aber auch einzeln. Sollte das Kontrollsystem versagen, würde in ein Abteil flutendes Wasser automatisch die Schließung der Schotten auslösen. Selbst wenn zwei Kammern voll Wasser stünden, würde sich die *Titanic* noch über Wasser halten. Es schien unvorstellbar, dass sie aufgrund eines vorhersehbaren Unfalls sinken könnte.

Die öffentlichen Bereiche und Passagierkabinen der *Titanic* waren einzigartig. Sie verfügte über einen Swimmingpool, Türkische Bäder, Squashplätze und ein Fitnessstudio sowie über sehr geräumige Speisesäle, Lounges und einen Lesesaal. Die Ausstattung der Kabinen erster und zweiter Klasse

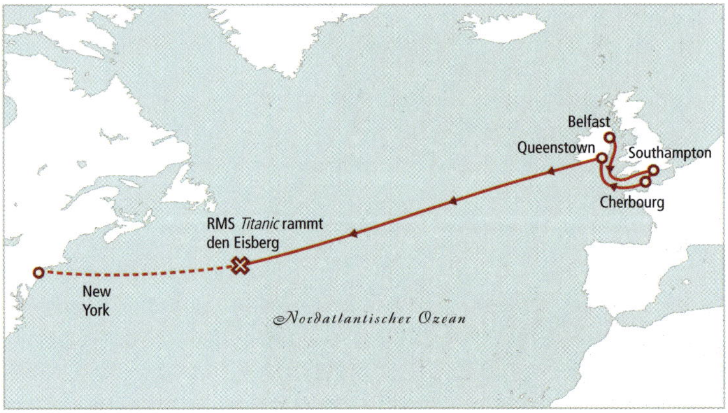

RECHTS: *Die Route der Jungfernfahrt der* Titanic *von Southampton nach New York mit Zwischenstopps im französischen Cherbourg und irischen Queenstown (heute Cobh).*

OBEN: *Luxus pur auf der* Titanic*: Stil und Flair waren den feinsten Hotels in Europa nachempfunden.*

entsprachen höchsten Standards. Die Passagiere sollten sich fühlen wie in einem erstklassigen Hotel. Selbst die dritte Klasse, auch Zwischendeck, war besser ausgestattet als die der meisten anderen damaligen Ozeandampfer: Bei der *Titanic* waren auch die Reisenden dritter Klasse in Kabinen und nicht in großen, offenen Schlafräumen untergebracht. Berühmt ist die prachtvolle Treppe der *Titanic*, die sieben Decks miteinander verband und mit einer Glaskuppel überdacht war.

An Bord gab es 20 Rettungsboote für insgesamt 1178 Menschen. Auf der *Titanic* befanden sich zwar mehr als 3000 Passagiere und Besatzungsmitglieder, doch gemäß den Sicherheitsvorschriften von 1912, dem Jahr ihrer Jungfernfahrt, lag die *Titanic* damit über der für Schiffe ihrer Größe verlangten Anzahl von 16 Rettungsbooten. Die geringe Kapazität der Boote

SCHICKSAL

Beim Manövrieren in einem Fluss oder Hafen können Schiffe von der Größe einer *Titanic* einen Sog erzeugen, der so stark ist, dass er Schiffe in der Umgebung an sich zieht. Am 20. September 1911 kollidierte das Kriegsschiff HMS *Hawke* der Royal Navy in der Meerenge von Solent (vor der Südküste Englands) mit der *Olympic*, möglicherweise aufgrund des Sogs des gigantischen Passagierschiffs, der das vorbeifahrende Schiff anzog. Die Reparaturen der *Olympic* zögerten die Fertigstellung der *Titanic* hinaus. Als sich die *Titanic* schließlich auf Jungfernfahrt begab, stieß sie fast mit der SS *City of New York* zusammen. Der Sog der vorbeifahrenden *Titanic* hatte die *New York* zu sich gezogen, sodass die *Titanic* Ausweichmanöver fahren musste. Was wäre wohl gewesen, wenn die *Olympic* und *Hawke* nicht oder die *Titanic* und die *New York* zusammengestoßen wären? Dann wäre die *Titanic* an einem anderen Tag ausgelaufen und wahrscheinlich nicht mit dem Eisberg kollidiert.

OBEN: *Eines der letzten Fotos von der* Titanic*: Sie verlässt Southampton auf ihrer ersten (und letzten) Fahrt. Viele der Passagiere und Besatzungsmitglieder sollten bereits knapp fünf Tage später ihr Leben verlieren.*

hielt man für ausreichend, denn im Ernstfall sollten die Passagiere damit zu den Rettungsschiffen gebracht werden. Man rechnete nicht damit, dass die Rettungsboote alle Passagiere und Besatzungsmitglieder auf einmal aufnehmen müssten.

Die Jungfernfahrt

Der Heimat- und Auslaufhafen der *Titanic* war nicht Liverpool, wie bei den meisten anderen britischen Passagierdampfern, sondern Southampton an der englischen Südküste. Man hatte sogar ein neues Dock für sie bauen müssen, so groß war sie. Die Wahl des neuen Standorts hatte rein wirtschaftliche Gründe: Southampton verfügte über eine bessere Anbindung an London und lag näher am europäischen Festland, wo die *Titanic* vor der Überfahrt über den Atlantik weitere Passagiere aufnehmen konnte.

Am Morgen des 10. April 1912 lief die *Titanic* aus, mehr als 1300 Millionäre, Playboys, Geschäftsleute und Emigranten samt Familienanhang freuten sich auf das große Abenteuer einer Atlantiküberquerung. Unter ihnen befand sich auch Thomas Andrews, der Direktor von Harland & Wolff, sowie J. Bruce Ismay, Vorsitzender der Reederei White Star Line.

Am 14. April empfing die *Titanic* Eiswarnungen von anderen Schiffen. Captain Smith schlug einen südlicheren Kurs ein, um die Eisberge zu umschiffen. Ausgucker hielten Wache, während die *Titanic* bei voller Fahrt weiterfuhr. Dies war durchaus üblich, denn das Tempo wurde erst gedros-

RECHTS: *Der Kapitän der* Titanic *Edward J. Smith. Er blieb an Bord und starb, als sie sank. Noch kurz zuvor hatte er gesagt, dass er mit seinem Schiff untergehen würde, wenn es jemals zum Schlimmsten kommen sollte.*

ICH KANN MIR KEINEN SCHWEREN UNFALL VORSTELLEN, WELCHER DIESEM SCHIFF ZUSTOSSEN SOLLTE. DAS HAT DER MODERNE SCHIFFBAU HINTER SICH GELASSEN.
Edward Smith, Kapitän der *Titanic*

selt, wenn ein Eisberg tatsächlich in Sicht kam. Die See war außergewöhnlich ruhig, was es den Ausguckern schwierig machte, den Horizont auszumachen.

Um 23.40 Uhr schrie der Ausgucker Fred Fleet in seinem Krähennest ins Telefon: «Eisberg voraus.» Die Offiziere auf der Brücke schalteten umgehend in den Rückwärtslauf und drehten das Steuer hart nach steuerbord, wodurch der Bug nach Backbord schwenkte. Die schnelle Reaktion der Offiziere verhinderte zwar einen Frontalzusammenstoß, allerdings streifte das Schiff den Eisberg. Die meisten Passagiere bemerkten gar nichts. Zunächst sah es aus, als hätte man Schlimmeres verhindert. Doch dann hörten die Heizer im Kesselraum 6 donnerndes Getöse, eiskaltes Wasser schoss durch einen klaffenden Spalt im

DER EISBERG

Der Eisberg, den die *Titanic* rammte, begann vor 15 000 Jahren als Schneefall in Grönland. Das Gewicht von weiterem Schneefall presste die darunterliegenden Schichten zusammen und verwandelte sie in Eis. Das Eis rutschte allmählich hinab zur See in den Ilulissat-Eisfjord. Zu Beginn des 20. Jahrhunderts brachen jedes Jahr ein bis zwei gigantische Eisberge in den Fjord, einer davon war 1909 der *Titanic*-Eisberg. Bei einem Gewicht von bis zu 1 Milliarde Tonnen dürfte er ein Jahr benötigt haben, um bis ans Ende des Fjords zu gelangen. Da war er wahrscheinlich noch halb so schwer. 1911 hatte er den Westgrönlandstrom erreicht, mit dem er die kanadische Nordostküste hinunter in den Atlantik trieb. Nach der verhängnisvollen Kollision driftete er nach Süden und schmolz.

RECHTS: *Ist das der Eisberg, der die* Titanic *untergehen ließ? Das Foto wurde am 15. April 1912 aufgenommen, nahe der letzten Position der* Titanic.

Rumpf und riss sie um. Einige Offiziere eilten nach unten, um den Schaden zu inspizieren, und sahen voller Entsetzen, was geschehen war. Fünf wasserdichte Abteile waren durchbrochen und liefen mit Wasser voll. Die Offiziere begriffen auf Anhieb, dass das Schiff dem Untergang geweiht war. Die *Titanic* würde sinken.

Notrufe wurden abgesetzt. Die *Californian*, die der *Titanic* am nächsten war, empfing sie jedoch nicht, weil man den Funkraum bereits für die Nacht geschlossen hatte. Die abgefeuerten Notraketen sah die *Californian* zwar, doch man war sich nicht sicher, was sie bedeuteten, und so unternahm man nichts. Ein weiteres Schiff, die 93 km weit entfernte *Carpathia*, reagierte sofort und steuerte die Position der *Titanic* an. Derweil hatten die Offiziere auf der *Titanic* Mühe, die Passagiere in die Rettungsboote zu befördern, die nicht glauben wollten, dass das Schiff im Sinken begriffen war. Manche der Boote waren nur zur Hälfte besetzt, als sie wegfuhren. Letzten Endes wurde jedem klar, dass das Schiff verloren war. Es sank immer weiter über den Bug, während das Heck in die Höhe ragte. Der Rumpf brach entzwei und verschwand in den Wellen. Captain Smith, ein Kapitän alter Schule, ging mit seinem Schiff unter.

Die *Carpathia* kam kurz nach Tagesanbruch an und konnte 705 Überlebende von den Rettungsbooten aufnehmen. Die *Californian* hatte schließlich auch davon erfahren und erreichte die Unglücksstelle später, gleichzeitig mit der *Mount Temple*. Doch für mehr als 1500 Passagiere und Besatzungsmitglieder kam jede Hilfe zu spät, sie waren im eiskalten Wasser gestorben. Man barg mehrere Hundert Leichen und brachte sie ins kanadische Halifax in Neuschottland. Die hohe Anzahl von Opfern stellte die Behörden vor eine enorme logistische Herausforderung. Angehörige aus ganz

BALLARDS GEHEIME MISSION

Als Dr. Robert Ballard beschloss, die *Titanic* zu suchen, benötigte er dafür die Hilfe der US Navy, die sich sehr für seine Tauchroboter interessierte. Man machte einen Deal: Würde Ballard mithilfe seiner Technologie die Wracks zweier amerikanischer U-Boote, die USS *Thresher* und *Scorpion*, aufspüren und erkunden und wäre der Zeitrahmen dann noch nicht ausgeschöpft, so dürfte er die Navy-Ressourcen für seine eigenen Zwecke nutzen. Die beiden U-Boote waren in den 1960er-Jahren gesunken und man wollte in Erfahrung bringen, was mit ihren Atomreaktoren passiert war. Nachdem Ballard die Wracks gefunden und untersucht hatte, blieben ihm nur noch 12 Tage für die Suche nach der *Titanic*. Bei der Erkundung der U-Boote war ihm aufgefallen, wie weit verstreut deren Wrackteile lagen, weshalb er bei der *Titanic* von einem entsprechend größeren Trümmerfeld ausging. Er suchte also ein Trümmerfeld und nicht das Schiff selbst. Am Tag 10, am 1. September 1985, war es soweit: Er hatte das Feld geortet und das führte ihn direkt zum Wrack.

UNTEN: *Der Bug der* Titanic *ragt aus der finsteren Tiefsee, an ihm hängen «Rostzapfen», die sich bei der Zersetzung des Eisens bilden.*

OBEN: *Die Nachricht über den Untergang der* Titanic *löste in der Bevölkerung große Trauer aus. Kurz nach dem Unglück wusste man noch nicht, dass das Schiff vor dem Untergang entzweigebrochen war.*

Nordamerika reisten zur Identifizierung der Toten nach Halifax, die dann zur Beerdigung in ihre Heimatorte transportiert werden mussten. Etwa ein Drittel der Opfer konnte nicht identifiziert werden und wurde in Halifax bestattet.

Nach der Katastrophe

Auf beiden Seiten des Atlantiks führte man Untersuchungen der Katastrophe durch. In der Folge wurde das Internationale Übereinkommen zum Schutz des menschlichen Lebens auf See (*International Convention for the Safety of Life at Sea*) beschlossen, in dem unter anderem die Anzahl von Rettungsbooten auf Schiffen geregelt wird, die Verwendung von Raketen als Notsignale und die Verpflichtung, die Funkräume rund um die Uhr zu besetzen. Überdies wurde die *International Ice Patrol* (Internationale Eispatrouille) gegründet, um Schiffe vor gefährlichen Eisbergen zu warnen.

Die Suche nach dem Wrack der *Titanic* blieb in den frühen 1980er-Jahren erfolglos, bis eine Expedition 1985 unter Leitung von Dr. Robert Ballard die Wrackteile auf dem Grund in 3800 m Tiefe ortete. Der Zustand und die Lage der beiden Hauptteile des Schiffs, die 600 m weit voneinander entfernt in einem Feld von Hunderttausenden von Trümmern lagen, ließen vermuten, dass die *Titanic* an oder in Nähe der Wasseroberfläche entzweigebrochen war und die zwei Hälften dann einzeln auf Grund sanken.

Die Schwesterschiffe der *Titanic* erfuhren unterschiedliche Schicksale. Die *Britannic* diente im Ersten Weltkrieg als Lazarettschiff. Als sie 1916 durch den Kanal von Kea im Ägäischen Meer fuhr, riss eine Explosion unterhalb der Wasserlinie ein Loch in ihren Rumpf. Sie sank binnen 55 Minuten. Man vermutet, dass eine von einem deutschen U-Boot gelegte Mine die Explosion verursacht hatte. Die *Britannic* war das größte Schiff, das im Ersten Weltkrieg versenkt wurde. Die *Olympic* dagegen genoss ein langes Leben als Passagierschiff auf dem Atlantik. Als man sie 1935 nach 24 Jahren außer Dienst stellte, hatte sie 257 Hin- und Rückfahrten absolviert, 2,9 Millionen Kilometer zurückgelegt und 430 000 Passagiere befördert.

U-21

Als 1914 in Europa der Krieg ausbrach, hatten einige Streitmächte ihre ersten Unterseeboote zur Verteidigung und zum Schutz von Küsten und Häfen im Einsatz. Deutschland ging weiter und entwickelte hochseetüchtige Langstrecken-U-Boote. Eines bewies mehr als andere, dass U-Boote tödliche Kampfmaschinen sind: *U-21*. Es war das erste U-Boot, das im Ersten Weltkrieg ein Schiff versenkte, das erste, das ein Schiff mit einem Torpedo mit Eigenantrieb versenkte und das erste U-Boot, das ein Schiff versenkte und selbst unbeschadet davonkam.

TYP: U-Boot des Typs *U-19*

STAPELLAUF: Danzig (polnisch Gdansk), 1913

LÄNGE: 64,15 m

TONNAGE: 650 Tonnen Verdrängung über, 837 Tonnen unter Wasser

KONSTRUKTION: genieteter Stahl

ANTRIEB: 2 MAN-Achtzylinder-Zweitaktmotoren und 2 AEG-Doppel-E-Motoren

Deutschlands Weltmachtambitionen im frühen 20. Jahrhundert stand nur ein Hindernis im Weg – Großbritannien. Damals war Großbritannien die stärkste Seestreitmacht der Welt und wollte dies auch bleiben. Das deutsche Programm zum Bau von Schlachtschiffen bedrohte die Briten. Die Deutschen würden eine direkte Konfrontation mit der Royal Navy nicht gewinnen, doch sie kalkulierten, dass die Briten bei einer bestimmten Größe und Stärke der deutschen Flotte eine Konfrontation vermeiden und sich mit der Koexistenz eines erstarkten Deutschlands arrangieren würden. Sollte Großbritannien allerdings versuchen, mit Nordsee-Blockaden die Bewegungen der deutschen Marine zu kontrollieren und einzuschränken, dann müsste Deutschland in der Lage sein, Seeschlachten in begrenztem Umfang gegen die Briten zu führen. Dabei brächten U-Boote den Deutschen einen Vorteil gegenüber der mächtigeren Royal Navy.

Der Staatssekretär der deutschen Marine, Admiral Alfred von Tirpitz, wollte umfangreichere Staatsmittel zur Finanzierung von U-Booten nur bewilligen, wenn sie nachgewiesenermaßen auch außerhalb der Küstengewässer einsetzbar wären. Und so wurden in Deutschland innerhalb kurzer

RECHTS: U-21 *am 17. Februar 1914 in Kiel, Schleswig-Holstein. Es liegt ganz rechts außen in der vorderen U-Boot-Reihe.*

DAS U-BOOT BEHAUPTET SICH

Am 16. Juli 1914 geschah auf dem deutschen *U-9* etwas völlig Neues: Die Mannschaft lud die Torpedorohre unter Wasser nach. Das war ein wesentlicher Aspekt bei der Entwicklung von U-Booten als praxistaugliche und effektive Kriegswaffe, wie sich im September 1914 zeigte, als das *U-9* drei britische Kreuzer (HMS *Aboukir*, *Hogue* und *Cressy*), die am östlichen Ende des Ärmelkanals patrouillierten, binnen einer Stunde versenkte. Fast 1500 britische Seeleute verloren ihr Leben. *U-9* musste zum Nachladen der Torpedorohre nicht mehr auftauchen, sondern bewerkstelligte dies unter Wasser. Militärs, die in U-Booten mehr Spielerei denn kriegstaugliche Waffen auf See sahen, mussten sich eines Besseren belehren lassen und erkannten nun mit Schrecken, wie gefährlich U-Boote wirklich waren.

RECHTS: U-9 *kehrt in den Hafen zurück und wird nach seinem vernichtenden Schlag gegen drei britische Kriegsschiffe von Kameraden begrüßt.*

Zeit große, hochseetüchtige U-Boote entwickelt, die imstande waren, gegen Ozeanschiffe Krieg zu führen.

U-21 war eines von vier Einheiten des Typs *U-19.* Sie waren die ersten deutschen U-Boote mit Dieselmotoren. Mit einer Reichweite von 12 230 km waren sie, zumindest theoretisch, in der Lage, ohne Nachtanken über den Atlantik und wieder zurück zu fahren. *U-21* war das erste U-Boot, das ein Schiff mit einem Torpedo mit Eigenantrieb versenkte. Es führte vier Torpedos mit, die durch zwei Bug- oder zwei Heckrohre gefeuert werden konnten. Über Wasser konnte die Besatzung zusätzlich mit einer 88-mm-Deckkanone schießen.

Im August 1914 patrouillierte *U-21* auf der Jagd nach britischen Schiffen die Straße von Dover und die Küstengewässer nördlich vor Schottland, fand jedoch keine passende Beute. Am 5. September 1914 fuhr es vor der Isle of May an der schottischen Ostküste über Wasser, als die Besatzung Rauch in der Ferne entdeckte. Es tauchte ab und bereitete sich auf einen Angriff vor, doch das Schiff, der Aufklärungskreuzer HMS *Pathfinder*, stampfte davon. Die Besatzung glaubte, erneut ein Ziel verpasst zu haben, als die *Pathfinder* kehrtmachte und auf das U-Boot zukam. Der Kapitän des *U-21*, Otto Hersing, feuerte einen Torpedo, der eines der Munitionsmagazine der *Pathfinder* traf und detonierte. Das Schiff explodierte und sank. 261 Matrosen starben.

OBEN: *Im Gemälde von Willy Stöwer trifft* U-21 *am 30. Januar 1915 in der Irischen See Vorkehrungen für einen Angriff auf das Passagierschiff* Linda Blanche, dessen *Größe hier übertrieben dargestellt ist. Die* Linda Blanche *war nur ein winziger Küstendampfer.*

U-21 versenkte in der Nordsee und im Ärmelkanal weitere Schiffe, bis es im April 1915 ins Mittelmeer zur Unterstützung der Türkei, Deutschlands Verbündeten, beordert wurde. Dort versenkte es die britischen Kriegsschiffe *Triumph* und *Majestic* vor der Halbinsel Gelibolu, weshalb die Alliierten ihre Großkampfschiffe an entferntere, sicherere Ankerplätze verlegten.

Damals befand sich Italien im Krieg mit Österreich-Ungarn, nicht aber mit Deutschland. Damit das *U-21* italienische Schiffe angreifen konnte, wurde es von der Österreich-Ungarischen Marine als *U-36* in Dienst gestellt, bis Italien im August 1916 Deutschland den Krieg erklärte. Als *U-21* vor Sizilien ein vermeintliches Handelsschiff attackierte, stellte sich dieses als getarntes bewaffnetes Schiff heraus – eine U-Boot-Falle (*Q-ships*). Es eröffnete das Feuer und zwang *U-21* zum Abtauchen, um seiner Zerstörung zu entgehen.

1917 wurde es zurück in die Nordsee beordert, als Deutschland nach einer zweijährigen Unterbrechung nach dem Versenken des Passagierschiffs *Lusitania* (siehe Seite 134) wieder den uneingeschränkten U-Boot-Krieg aufnahm. Allein im April wurden von deutschen U-Booten, darunter auch

RECHTS: *Die Gefahr durch deutsche U-Boote wurde genutzt, um Liberty Bonds auf Postern wie diesem anzupreisen. Mit dem Verkauf der Kriegsanleihen sollten die Kriegsausgaben gedeckt werden. Der Kauf galt als patriotische Pflicht.*

U-21, 500 000 Tonnen britischer Handelsschiffe versenkt. Diese wären besser im Konvoi unter Begleitschutz von Kriegsschiffen gefahren, doch davon besaß Großbritannien nicht genügend. Erst als die USA im April 1917 Deutschland den Krieg erklärte, standen amerikanische Schiffe zur Verfügung und man konnte umgehend Konvois einführen. Selbst darauf hatte Hersing eine Antwort. Bei einer Gelegenheit manövrierte er sein *U-21* mitten in einen Konvoi hinein, feuerte zwei Torpedos ab und entkam erfolgreich den Unterwasserbomben der eskortierenden Zerstörer. Im Allgemeinen jedoch wurde mit dem Konvoisystem und der raschen Einführung von Hunderten von U-Boot-Abwehrschiffen die U-Boot-Gefahr gebannt.

U-21 beendete seine Laufbahn als Ausbildungsschiff, auf dem man die nächste Generation deutscher U-Boot-Fahrer ausbildete. Bei Kriegsende sollte es an Großbritannien übergeben werden, doch beim Schlepp über die Nordsee ging es unter. *U-21* hatte 40 britische, italienische, holländische, russische, französische, norwegische, portugiesische und schwedische Schiffe in die Tiefe geschickt und ist damit im Hinblick auf die versenkte Tonnage eines der erfolgreichsten U-Boote des Kriegs. Bei Kriegsende hatte Deutschland 375 U-Boote in 33 verschiedenen Klassen gebaut und der Welt demonstriert, was für eine mächtige Kriegswaffe ein U-Boot sein konnte.

U-BOOT-FALLEN

Im Frühjahr 1916 griff *U-9* ein Schiff an, das den Eindruck eines unbewaffneten Handelsschiffs vermittelte. In Wirklichkeit handelte es sich dabei um eine U-Boot-Falle (auch *Q-ships* genannt) zur Bekämpfung von U-Booten. Diese Schiffe tarnten sich als kleine unbewaffnete Frachtschiffe oder Fischerboote. Wenn in der Nähe ein U-Boot auftauchte und das Schiff (gemäß internationaler Abkommen) vor dem bevorstehenden Versenken warnte, setzte sich die Schiffsmannschaft in den Beibooten ab. Das U-Boot näherte sich dann dem vermeintlich verlassenen Schiff, um es mit den Deckkanonen zu bombardieren. War das U-Boot nah genug, eröffneten jedoch die auf dem Schiff versteckten Marinesoldaten das Feuer auf das U-Boot. Die Fallen waren zunächst recht erfolgreich, Großbritannien und Frankreich setzten Hunderte davon ein. Doch sie verloren an Effektivität, als U-Boote die getarnten Schiffe einfach aus größerer Entfernung mit Torpedos versenkten. Überdies wurden die Schiffe nach Wiederaufnahme des uneingeschränkten U-Boot-Kriegs wieder ohne Vorwarnung versenkt.

UNTEN: *Das Foto aus einer Zeitung von 1918 zeigt ein deutsches U-Boot kurz vor dem Angriff auf eine Jacht, deren Crew davonrudert. Die Jacht, so der Artikel, ist eine U-Boot-Falle und es ist eigentlich das U-Boot, das in Gefahr schwebt.*

SS *Normandie*

Eine Gesetzesänderung in den USA im Jahr 1921 führte zum Bau einer neuen Generation von transatlantischen Passagierdampfern. Der schönste von allen war die SS *Normandie*. Sie besaß eine völlig neue Rumpfform und moderne turboelektrische Maschinen. Sie setzte neue Maßstäbe beim Ozeantransport und jeder nachfolgende Ozeandampfer musste sich mit ihr vergleichen lassen.

TYP: Ozeandampfer

STAPELLAUF: Saint-Nazaire, Frankreich, 1932

LÄNGE: 313,6 m

TONNAGE: 71 300 Tonnen Wasserverdrängung

KONSTRUKTION: genieteter Stahl

ANTRIEB: 4 turboelektrische Maschinen, 160 000 PS (117,7 MW) zum Antrieb von 4 Propellern

Ozeanriesen wie die *Mauretania* oder *Olympic* waren für ihre luxuriöse, opulente erste Klasse bekannt, doch sie mussten auch zahlreiche arme Passagiere dritter Klasse befördern, die von Europa in die Vereinigten Staaten auswanderten. 1921 verabschiedete der US-Kongress ein Einwanderungsgesetz, den *Quota Act*, der der Masseneinwanderung einen Riegel vorschob. Im Jahr nach seinem Inkrafttreten war die Zahl der Immigranten um eine halbe Million gefallen. Reedereien reagierten darauf mit dem Bau neuer Luxusliner für wohlhabende Reisende.

Die neuen Schiffe sollten die schönsten und begehrtesten Verkehrsmittel für unbeschwertes Reisen werden. Die wichtigsten Akteure waren Briten und Franzosen. Deutschland war aus dem Rennen, denn seine alten Passagierdampfer waren am Ende des Ersten Weltkriegs von den Siegermächten konfisziert worden und für den Bau neuer Schiffe war kein Budget vorhanden. Der berühmteste deutsche Ozeandampfer der Nachkriegszeit war die *Bremen* von der Reederei Norddeutsche Lloyd. Der erste der neuen französischen

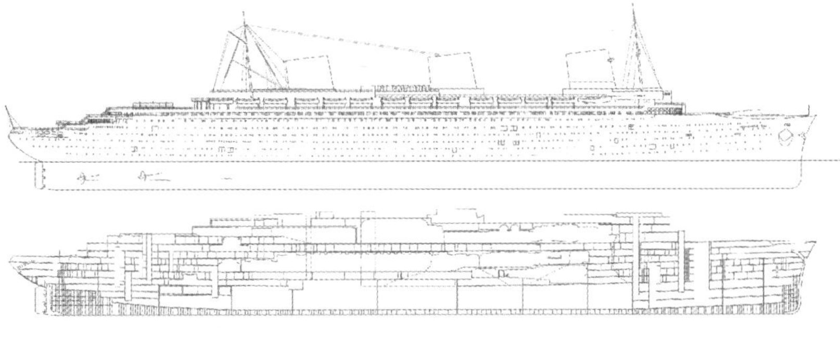

RECHTS: *Auf dem Oberdeck der* Normandie *waren die feudalen Salons und Lounges untergebracht, darunter ein riesiger Speisesaal für die erste Klasse. Die Räumlichkeiten der Touristen- und dritten Klasse befanden sich im hinteren Teil.*

LINKS: *50 000 Zuschauer drängten sich am Ufer von Le Havre, als die* Normandie *1935 zu ihrer Jungfernfahrt nach New York aufbrach.*

Ozeanriesen war die 1927 vom Stapel gelaufene *Île de France* der Compagnie Générale Transatlantique, auch CGT oder einfach *French Line*. Mit ihrer Inneneinrichtung im Art-déco-Stil war sie eine Art schwimmender Kunstinstallation. Sie setzte neue Maßstäbe in puncto Design, Dekor, Service und Küche für alle nach ihr kommenden Linienschiffe. Ihre französische Nachfolgerin *Normandie* ging bei Konstruktion und Design noch weiter. Sie bestach durch ihre atemberaubende Schönheit mit ausgesprochen elegantem Rumpf und klipperartig konkav geschwungenem Bug. Die drei kurzen Schornsteine neigten sich leicht schräg nach hinten. Zudem verfügte sie über eine innovative Bugwulst, dank derer Bugwelle und Sog reduziert wurden.

Schwere Zeiten

Entworfen hatte die *Normandie* der russische Schiffbaumeister Wladimir Yourkewitsch. Die Arbeiten begannen 1931, doch es waren harte Zeiten für Reedereien nach dem Börsencrash an der Wall Street. Der Bau etlicher neuer Dampfer verzögerte sich oder wurde ganz eingestellt. Der Bau der *Normandie* konnte nur dank staatlicher Unterstützung weitergeführt werden, was nicht unüblich war, da die prachtvollen Schiffe auch den Nationalstolz symbolisierten – und sich in Kriegszeiten als Truppentransporter nutzen ließen.

Bei der Erprobung auf See schaffte die *Normandie* dank des schnittigen Rumpfs und der turboelektrischen Maschinen Geschwindigkeiten von über 32 Knoten (59 km/h). Die Turbinen trieben die Schiffsschrauben nicht direkt an, sondern über Generatoren zur Stromversorgung von Elektromotoren,

DAS BLAUE BAND

Sobald ein Schiff den Atlantik überquerte, kam schon das nächste, das schneller sein wollte. Und so versuchte eines das andere zu übertrumpfen. Die Ozeanriesen wetteiferten um die prestigeträchtige schnellste Transatlantiküberfahrt, bekannt als das Blaue Band, eine aus dem Pferdesport übernommene Auszeichnung. Bewerben um das Blaue Band konnten sich nur Passagierschiffe mit regelmäßigen Fahrten und gewonnen hat das Schiff, das in westlicher Richtung eine schnellere Durchschnittsgeschwindigkeit erzielte als die anderen. Ein echter Preis wurde allerdings erst ausgelobt, als 1935 der britische Reeder Harold Hales (1868–1942) die Hales-Trophäe stiftete. Sie wurde unabhängig von der Fahrtrichtung an das schnellste Passagierschiff vergeben, war also nicht ganz dasselbe wie das Blaue Band. Im Laufe der Jahre hielten 35 Schiffe das Blaue Band, zuletzt 1952 die SS *United States*. Sie war die letzte, da nachfolgende Passagierdampfer keinen regulären Dienst mehr anboten.

OBEN: *Die prächtigen Türen und Zwischenwände im Art-déco-Stil trennten den Rauchersalon vom großen Salon. Auch Art-Déco-Meister wie René Lalique, Jean Dupas und Emile-Jacques Ruhlmann wirkten bei der prunkvollen Innenausstattung mit.*

die die Propeller drehten. Durch diese Anordnung erübrigten sich Hilfsturbinen, die bei einem Ozeandampfer normalerweise zum Rückwärtsfahren benötigt wurden. Die Elektromotoren der *Normandie* ließen sich, anders als Turbinen, in beide Richtungen betreiben. Dadurch sparte man enorm viel Gewicht und gewann an Raum. Die öffentlichen Art-déco-Innenbereiche waren sehr großzügig dimensioniert. Um die zentralen Bereiche freizuhalten, hatte man die Schornsteinschächte geteilt und an den Schiffsseiten entlanggeführt. So bot der Hauptspeisesaal Platz für 700 Gäste.

Die *Normandie* holte sich direkt bei der ersten Fahrt das Blaue Band. Ihre Jungfernfahrt von Le Havre nach New York im Mai 1935 dauerte

TIEFFLUG UND ABSTURZ

1936 hatte die *Normandie* einen bizarren Unfall. Am 22. Juni nahm Lieutenant Guy Horsey, ein Pilot der Royal Air Force, an einer Torpedoübung im Solent vor der englischen Südküste teil. Horsey und seine Kameraden flogen mit ihren «Blackburn Baffin»-Doppeldeckern Ziele an und warfen Übungstorpedos ohne Sprengladung ab. Unterdessen fuhr die *Normandie* in die Meerenge von Solent ein, um vor der Weiterfahrt nach Frankreich Post und Passagiere abzuladen. Horsey ging im Sturzflug aufs Ziel, feuerte den Torpedo und drehte ab. Er flog backbord neben der *Normandie* unterhalb deren Schornsteinhöhe, als seine Maschine Fehlzündungen hatte und er die Kontrolle über sie verlor. Horsey stürzte aufs Vordeck der *Normandie*. Die geschrottete Maschine lag auf dem Deck und da blieb sie auch. Da der Schiffskapitän die Abfahrt nicht verzögern wollte, fuhr er damit los, und die britische Luftwaffe musste ein Team nach Frankreich schicken, um das Flugzeug zu bergen.

4 Tage, 3 Stunden und 14 Minuten. Mit ihr gewann erstmals ein französisches Schiff diesen Rekord. Doch schon ein Jahr später verlor sie ihn an ihre große Rivalin, Cunards *Queen Mary.* Nach einer Modernisierung im Jahr 1937 holte sich die *Normandie* das Blaue Band erneut, nur um es im Jahr darauf abermals an die *Queen Mary* abzugeben.

Trotz ihrer unvergleichlichen Schönheit und Schnelligkeit war die *Normandie* oft nur zur Hälfte belegt. Sie setzte auf Erste-Klasse-Passagiere, denen sie entsprechend viel Platz einräumte, sodass sie als Schiff der Reichen und Prominenten berühmt wurde, das nichts für gewöhnliche Reisende war. Die wachsende Anzahl an Touristen bevorzugte die Reise mit der *Queen Mary.*

Als 1939 in Europa der Krieg ausbrach, befand sich die *Normandie* in New York, und man wies sie an, dortzubleiben. 1941 wurde sie der amerikanischen Marine als Truppentransporter überlassen, die sie in USS *Lafayette* umbenannte. Während des Umbaus für Militärzwecke fing sie am 9. Februar 1942 Feuer, ausgelöst durch einen Funken eines Schweißbrenners. Aufgrund des ausgeschalteten Brandschutzsystems konnten sich die Flammen ungehindert ausbreiten. Als die Feuerwehr eintraf, brannte das Schiff lichterloh. Die Löschboote pumpten so viel Wasser ins Innere, dass sich die *Normandie* zur Seite neigte, bis sie schließlich kenterte. 1943 wurde sie aufgerichtet und in ein Trockendock gebracht. Doch durch Feuer und Wasser – sie hatte über ein Jahr lang auf der Seite im Wasser gelegen – hatte sie so große Schäden davongetragen, dass man sie nicht zuletzt auch wegen des Fachkräftemangels während des Kriegs nicht mehr reparierte. Sie verblieb bis Kriegsende in New York und wurde dann zum Verschrotten verkauft.

LINKS: *In den 1930er-Jahren wurden die Ozeanriesen mit spektakulären Plakaten wie diesem von der* Normandie *des Künstlers André Wilquin (1899–2000) großflächig beworben.*

Bismarck

Das deutsche Schlachtschiff *Bismarck* war eines der mächtigsten Schlachtschiffe im Zweiten Weltkrieg und so gefährlich, dass es gejagt und zerstört wurde. Ein leichter «Stringbag»-Doppeldecker aus früheren Zeiten setzte die *Bismarck* außer Gefecht, ihre Schnelligkeit, große Feuerkraft und dicke Panzerung hatten nichts dagegen ausgerichtet. Es war ein Anzeichen, dass die Tage der Schlachtschiffkolosse gezählt waren.

TYP: Schlachtschiff der *Bismarck*-Klasse

STAPELLAUF: Hamburg, 1939

LÄNGE: 251 m

TONNAGE: 41 00 Tonnen Wasserverdrängung

KONSTRUKTION: geschweißter Stahl

ANTRIEB: 3 Dampfturbinen, 148 120 PS (108 912 kW) zum Antrieb von 3 Propellern

In den Jahren zwischen den Weltkriegen verabschiedeten die großen Seemächte mehrere Verträge und Vereinbarungen, um den Bau von Kriegsschiffen einzudämmen, die in den 1930er-Jahren jedoch allmählich ihre Geltung verloren. Bei Kriegsausbruch 1939 rechnete Deutschland nicht damit, vor Ende der 1940er-Jahre einen Seekrieg gegen die Briten führen zu müssen, wenn der Landkrieg auf dem Kontinent zu Ende ginge, und entwarf den sogenannten Z-Plan, um bis dahin eine der Königlichen Marine ebenbürtige Seemacht aufzustellen. Doch dann erklärte Großbritannien am 3. September 1939 Deutschland den Krieg. Lediglich zwei moderne Schlachtschiffe standen im Dienst der deutschen Marine, die *Scharnhorst* und die *Gneisenau*, zwei größere waren gerade vom Stapel gelaufen und würden demnächst in Dienst gestellt: die *Bismarck* und die *Tirpitz*.

Die *Bismarck* war die erste. Ursprünglich sollte die Hauptartillerie aus acht 33-cm-Kanonen bestehen, doch noch während sie sich im Bau befand, wurden in anderen Ländern Kriegsschiffe mit 38-cm-Kanonen bestückt. Die deutsche Marine wollte wenigstens gleichziehen. Es waren sogar 41-cm-Geschütze in Überlegung, doch dafür hätten Rumpf, Wasserverdrängung, Tiefgang und Munitionsmagazin der *Bismarck* größer dimensioniert werden müssen, was die Baukosten in die Höhe getrieben und die Fertigstellung verzögert hätte. Da man die Wasserverdrängung bereits festgelegt hatte, wurde beschlossen, das Schiff mit acht 38-cm-Geschützen in vier Doppeltürmen auszurüsten, zwei bugseitig, zwei achtern. Jede dieser massiven Kanonen konnte eine Granate vom Gewicht eines Kleinwagens über 36 km weit feuern. Da man das Kaliber der Geschütze nicht weiter erhöht hatte, konnte man das so gewonnene Gewicht für eine dickere Panzerung nutzen. Sollte dennoch eine Granate den Panzer durchschlagen, war der Rumpf in 22 wasserdichte Abteile getrennt.

UNTEN: *Das deutsche Schlachtschiff* Bismarck *war eine gewaltige Kampfmaschine. Vom Augenblick seines Stapellaufs an stellte es eine ernste Gefahr für die Kriegs- und Handelsmarinen der Alliierten dar.*

OBEN: *Das Gemälde «BISMARCK im Gefecht» von Olaf Rahardt zeigt das Schlachtschiff in Aktion. Hinter dem Feuer und Rauch ihrer Hauptgeschütze sind die Granatenfontänen der sie verfolgenden britischen Kriegsschiffe zu sehen.*

Jagd auf die *Bismarck*

Nach erfolgreichem Handelskrieg der Schlachtschiffe *Scharnhorst* und *Gneisenau* 1941 im Atlantik bekam nun die *Bismarck* den Auftrag, die Großbritannien versorgenden Frachtschiffe zu zerstören. Eigentlich sollte sie dabei von ihrem Schwesterschiff *Tirpitz* unterstützt werden, diese war jedoch, obwohl bereits in den Dienst gestellt, noch nicht kampfbereit. Daher begleitete der Schwere Kreuzer *Prinz Eugen* die *Bismarck* auf der «Rheinübung» genannten Operation. Gelänge es, Großbritannien durch Blockaden auszuhungern und zur Unterwerfung zu zwingen, würde Deutschland die Vorherrschaft in Europa erlangen.

Die *Bismarck* und *Prinz Eugen* sollten unbemerkt aus ihrem Stützpunkt im damaligen Gotenhafen (heute Gdynia, Polen) in den Atlantik durchbrechen. *Prinz Eugen* startete am 18. Mai, die *Bismarck* tags darauf. Vor Kap Arkona trafen sie sich und fuhren nach Westen. Als sie das Kattegat erreichten, ein flaches Meeresgebiet zwischen Dänemark und Schweden, wurden sie von einem schwedischen Kriegsschiff gesichtet. Auf ihrer Weiterfahrt nach Westen und dann nordwärts längs der norwegischen Küste wurden sie abermals erspäht, diesmal von der norwegischen Widerstandsbewegung. Immer mehr Sichtungsmeldungen liefen bei den Briten ein. Am 21. Mai suchten die beiden Schiffe tagsüber Schutz in einem Fjord bei Bergen und warteten bis zum Einbruch der Dunkelheit, um weiterzufahren. Die *Prinz Eugen* nutzte die Gelegenheit zum Auftanken. Dabei wurden sie von einer

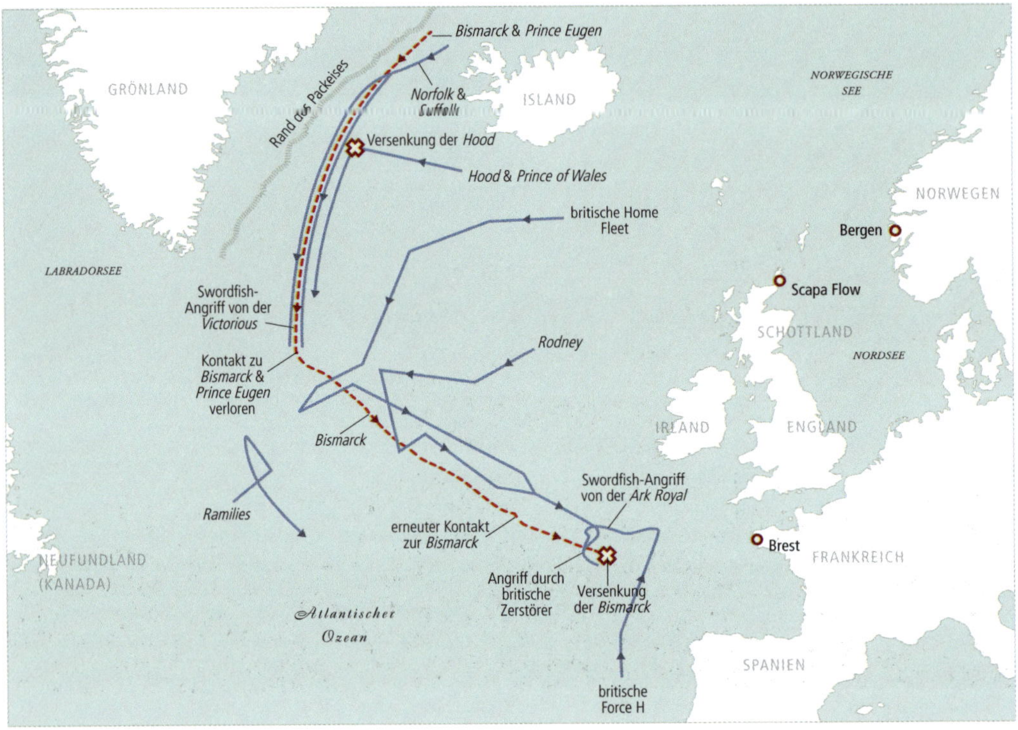

OBEN: *Die* Bismarck *hatte es fast zurück in geschützte Gewässer geschafft, nachdem sie das britische Kriegsschiff HMS* Hood *versenkt hatte. Doch dann wurde die* Bismarck *geortet und die britischen Kriegsschiffe rückten näher. Die blauen Linien markieren die britischen Schiffe bzw. Flotten, die rote gestrichelte Linie zeigt die Route der* Bismarck.

Spitfire der Royal Air Force gesichtet und fotografiert. Als sie kurz darauf im Schutz der Dunkelheit aufbrachen, kamen weitere britische Flieger an und suchten sie, jedoch erfolglos. Die beiden Schiffe befanden sich inzwischen auf offener See und bewegten sich schnell Richtung Norden.

Am Abend des 22. Mai verließ eine britische Kampfeinheit Scapa Flow auf den schottischen Orkney-Inseln, um herauszufinden, welche Routen die deutschen Schlachtschiffe seit ihren letzten bekannten Positionen genommen haben könnten. Inzwischen fuhren die *Bismarck* und die *Prinz Eugen* Richtung Westen. Ihre Kommandanten wähnten sich im Glauben, dass man sie seit ihrer Abfahrt aus der Ostsee noch nicht entdeckt habe. Sie ahnten nicht, dass britische Kriegsschiffe bereits aktiv nach ihnen suchten, weil 11 Konvois mit wichtigen Vorräten und Tausender Truppen jenseits des Atlantiks zur Abfahrt nach Großbritannien bereitstanden. Die HMS *Suffolk* sichtete die deutschen Schiffe schließlich am Abend des 23. Mai in dichtem Nebel. Die britische Hauptkampfgruppe, zu der auch das neue Schlachtschiff *Prince of Wales* und der in die Jahre gekommene Schlachtkreuzer *Hood* gehörten, war etwa 480 km entfernt. Die *Bismarck* sichtete die britische HMS *Norfolk* und nahm sie unter Beschuss, doch sie verschwand im Nebel. Bis zum Eintreffen der restlichen britischen Flotte

> Wir werden schiessen, bis die Rohre glühen und bis die letzte Granate ihr Rohr verlassen hat.
> **Admiral Günther Lütjens vor dem letzten Gefecht an die Besatzung der *Bismarck***

OBEN: *Mit dem Foto des Spitfire-Piloten Michael Suckling von der Royal Air Force, auf dem die* Bismarck *und die Geleitschiffe in norwegischen Gewässern vor Anker liegend zu sehen sind, begann am 21. Mai 1941 die Jagd der Briten auf das Schlachtschiff.*

beschatteten die britischen Schiffe die *Bismarck* und *Prinz Eugen* aus sicherer Entfernung.

Am Morgen des 24. Mai entdeckten die Operateure an den Hydrophonen (Unterwassermikrophone) und die Wachtposten der *Bismarck* zwei näherkommende Schiffe. Eines davon, die HMS *Hood*, nahm die *Prinz Eugen* aus einer Entfernung von knapp 23 km unter Beschuss. Die *Hood* war so mächtig und bedeutend, dass sie als «the Mighty *Hood*» (die mächtige *Hood*) und als «the Pride of the Royal Navy» (Stolz der Königlichen Marine) bekannt war. Sekunden später eröffnete ein zweites britisches Schiff, die *Prince of Wales*, das Feuer. Der *Prince of Wales* gelang auch der erste Treffer gegen die *Bismarck*. Beide befanden sich nun im Schussbereich. Die *Hood* und *Bismarck* erlitten weitere Treffer. Dann durchschlug eine Granate der *Bismarck* die Panzerung der *Hood* und traf eines ihrer Munitionsmagazine. Sie explodierte und brach entzwei. Binnen drei Minuten ging sie unter, nur drei der 1418 Männer an Bord überlebten. Die Briten waren zutiefst geschockt, als sie die Nachricht vom Versenken und Verlust der *Hood* erhielten.

Die Schlacht ging weiter. Die *Prince of Wales*, nun von beiden deutschen Schiffen unter Beschuss, wurde wiederholt getroffen und brach den Angriff ab. Die *Bismarck* war zu schwer beschädigt, um die Operation Rheinübung fortzusetzen, und steuerte zur Reparatur einen französischen Hafen an. Jedes verfügbare britische Schiff erhielt Order, die *Bismarck* aufzuspüren und zu zerstören. Die HMS *Victorious* entsandte ihre Bordflugzeuge. Einer der von den Fliegern abgeworfenen Torpedos traf sie mittschiffs und zwang sie, langsamer zu fahren. Die stark lädierte *Prince of Wales* konnte die *Bismarck* nun einholen und unter Beschuss nehmen, doch bald schon hatten die britischen Schiffe den Kontakt wieder verloren.

ENTDECKUNG

Nach ihrem Untergang 1941 wurde die *Bismarck* erst 1989 vom *Titanic*-Entdecker Dr. Robert Ballard gefunden, der sie 965 km vor der französischen Küste aufrecht auf dem Grund sitzend in 4791 m Tiefe ortete. Beim Sinken war sie auf der Flanke eines erloschenen Vulkans zum Liegen gekommen und hatte einen Erdrutsch verursacht. Der Rumpf wies acht Einschlaglöcher auf, ein Teil des Hecks war weggebrochen. Alle vier Hauptgeschütztürme waren verschwunden, wahrscheinlich abgefallen, als sich das Schiff an der Oberfläche überlegte. Ansonsten befand sich der Rumpf in relativ gutem Zustand, was darauf hindeutet, dass beim Sinken Wasser ins Schiff einlief und dadurch der Innen- und Außendruck ausgeglichen wurde. Das legt die Vermutung nahe, dass sie sich, wie einige Besatzungsmitglieder behaupteten, selbst versenkte, um nicht in Feindeshand zu fallen.

RECHTS: *Das britische Kriegsschiff* Dorsetshire *hatte angefangen, Überlebende der Bis*marck *aufzunehmen, setzte sich jedoch ab, als angeblich ein deutsches U-Boot gesichtet wurde, und überließ die deutschen Seeleute im Wasser ihrem Schicksal.*

Das letzte Gefecht

Die Besatzung der *Bismarck* wähnte sich in Sicherheit, als sie sich den von deutschen U-Booten kontrollierten Gewässern näherte und in Reichweite deutscher Flieger gelangte. Doch ein Catalina-Flugboot erspähte sie am Morgen des 26. Mai vor der irischen Westküste, rund 1125 km von der französischen Hafenstadt Brest entfernt. Die britischen Schiffe waren inzwischen so weit weg (weil sie in die falsche Richtung gefahren waren), dass man die *Bismarck* nur noch einholen konnte, wenn es gelänge, sie weiter zu verlangsamen. Sie wurde von Swordfish-Doppeldeckern der HMS *Ark Royal* torpediert. Ein Treffer am Heck verklemmte ihre Ruder nach Backbord, sodass sie manövrierunfähig war und nur noch im Kreis fahren konnte. Am nächsten Morgen, am 27. Mai, entdeckten die britischen Schiffe *Rodney*, *King George V* und *Dorsetshire* die *Bismarck* und eröffneten das Feuer, sie war nun leichte Beute und wurde wiederholt von Granaten und Torpedos getroffen. Ein Geschützturm nach dem anderen wurde außer Gefecht gesetzt. Hunderte Besatzungsmitglieder fanden im nicht nachlassenden Beschuss den Tod. Die Briten waren entschlossen, das Schiff, das die *Hood* und ihre Männer versenkt hatte, zu vernichten. Knapp 3000 Granaten wurden auf die *Bismarck* gefeuert, davon 400 Treffer. Die lodernde *Bismarck* legte sich schließlich über und sank. Die *Dorsetshire* begann, Überlebende im Wasser aufzunehmen, drehte jedoch ab, als man angeblich ein U-Boot-Periskop sichtete. Hunderte Seeleute waren noch im Wasser, von der 2200-köpfigen Besatzung der *Bismarck* überlebten nur 115 Männer. Der Flottenchef der Operation Rheinübung, Admiral Günther Lütjens, und der erste und einzige Kommandant der *Bismarck*, Ernst Lindemann, gingen beide mit dem Schiff unter.

SCHICKSALE DEUTSCHER GROSSKAMPFSCHIFFE

Das Schwesterschiff der *Bismarck*, die *Tirpitz*, stellte eine ernste Gefahr für die arktischen Konvois dar. Am 12. November 1944 wurde sie von der Royal Air Force mit 5,4-Tonnen schweren «Tallboy»-Bomben versenkt. Weitere deutsche Großkampfschiffe wurden entweder versenkt oder in Häfen blockiert. Im Februar 1942 brachen die *Scharnhorst*, *Gneisenau* und *Prinz Eugen* aus dem französischen Hafen in Brest durch in den Ärmelkanal und schafften es in ihre deutschen Heimatstützpunkte. Die *Gneisenau* wurde jedoch im Trockendock bombardiert und stach danach nicht mehr in See. Die *Scharnhorst* kämpfte im Dezember 1943 erneut in der allerletzten Seeschlacht zwischen britischen und deutschen Schlachtschiffen, im Seegefecht vor dem Nordkap. Sie griff vor der norwegischen Nordküste einen Konvoi an, wurde jedoch von dessen Geleitzug in die Tiefe geschickt. Die *Prinz Eugen* überstand den Krieg und wurde der US-Marine übergeben, die sie bei zwei Tests im Pazifik einsetzte, um die Auswirkung von Atombomben auf Schiffe zu untersuchen. Danach ließ man sie verfallen, im Dezember 1946 ging sie im Kwajalein-Atoll bei den Marshallinseln unter.

OBEN: *Die* Prinz Eugen *lag 1946 in Nähe des Bikini-Atolls für zwei Tests mit den Codenamen «Able» und «Baker» vor Anker, mit denen die Auswirkungen von Atombomben untersucht wurden.*

UNTEN: *Die* Prinz Eugen *lag 1100 m von der Detonationsstelle entfernt vor Anker. Sie wurde nur wenig beschädigt, aber durch den radioaktiven Niederschlag stark verseucht.*

HMS *Illustrious*

Der Flugzeugträger war, wie auch das U-Boot, eine Entwicklung, der Militärstrategen mit Skepsis begegneten. Und wie auch U-Boote wurden sie anfangs nur als reine Unterstützungsfahrzeuge genutzt. Das Potenzial dieser Schiffe erkannte man erst nach dem Angriff auf Tarent im Jahr 1940. Es war der erste von einem Träger auf See aus durchgeführte Angriff auf Schiffe. Am eindrücklichsten demonstrierte die Schlagkraft von Flugzeugträgern die HMS *Illustrious*.

TYP: Flugzeugträger der *Illustrious*-Klasse

STAPELLAUF: Barrow-in-Furness, England, 1939

LÄNGE: 225,6 m

TONNAGE: 23 369 Tonnen Wasserverdrängung

KONSTRUKTION: gepanzerter Stahlrumpf

ANTRIEB: 3 Dampfturbinen, 111 000 PS (83 000 kW) zum Antrieb von 3 Propellern

Die Italiener hatten in Tarent an der Südküste eine mächtige Flotte mit sechs Schlachtschiffen sowie Kreuzern und Zerstörern stationiert, um ihre Nachschublinien über das Mittelmeer nach Nordafrika zu sichern. Um diese zu kappen und um die Gefahr für Militäroperationen der Alliierten in Nordafrika zu bannen, mussten die Briten die Flotte ausschalten. Dafür sollten Marineflugzeuge die italienische Flotte torpedieren. Ursprünglich sollte hierfür die HMS *Eagle* zum Einsatz kommen, eine umgebaute alte Super-Dreadnought aus dem Jahr 1918, doch da ihre Treibstoffanlage leckte und reparaturbedürftig war, fiel die Wahl auf die HMS *Illustrious*.

Die *Illustrious* war erst ein paar Monate vor Ausbruch des Zweiten Weltkriegs vom Stapel gelaufen und wurde nun mit einem Radarfrühwarnsystem ausgerüstet. Damit ließen sich feindliche Flieger in bis zu 100 km Entfernung aufspüren. Kamen sie näher als 19 km, wurden sie mit 110-mm-Geschützen unter Beschuss genommen, die in acht Doppeltürmen, vier auf jeder Seite des Flugdecks, untergebracht waren. Bei Annäherung unter 6200 m kamen die schnellfeuernden Luftabwehrgeschütze des Schiffs zum Einsatz. Die *Illustrious* besaß davon 48 Stück, die in sechs achtläufigen Einheiten arrangiert waren. Sollte ein Flieger trotzdem durchkommen und

RECHTS: *Ein «Fairey Flumar»-Kampfflugzeug startet von der HMS* Illustrious. *Während ihrer Dienstzeit im Mittelmeer trug sie 15 «Fulmar»-Jagdflugzeuge und 18 «Fairey Swordfish»-Doppeldecker.*

LINKS: *Die HMS* Illustrious *im Zweiten Weltkriegs vor Malta, beim Einlaufen in den Hafen steht die Crew aufgereiht an Deck. Im Mittelmeer diente sie von September 1940 bis März 1941 und erneut im September 1943.*

Bomben abwerfen, schützte ein gepanzertes Flugdeck das Schiff, unter dem sich ein gepanzerter Hangar befand.

Kritiker gaben dem Angriff auf Tarent mit dem Codenamen «Operation Judgement» keine Chance auf Erfolg und plädierten für eine konventionelle Seeschlacht. Tarent war mit Flugabwehrgeschützen, Maschinengewehren, Sperrballons sowie Torpedoschutznetzen schwer gesichert. Ein Luftangriff würde sich schwierig gestalten.

ERFINDUNG DES FLUGZEUGTRÄGERS

Der erste erfolgreiche Versuch, Flugzeuge von Schiffen aus zu starten, fand nur sieben Jahre nach dem historischen Erstflug der Gebrüder Wright mit einem Motorflugzeug im Jahr 1903 statt. Er gelang dem amerikanischen Piloten Eugene Burton Ely (Foto) im Doppeldecker Curtiss Model D am 14. November 1910. Das Schiff, die USS *Birmingham*, stand ruhig auf glatter See. In der Praxis mussten die Maschinen jedoch vom Deck eines stampfenden und rollenden Schiffes aus starten und darauf auch wieder landen können. Im Mai 1912 startete erstmals ein Flieger – der «Short Improved S.27»-Doppeldecker mit Commander Charles Samson – von einem Schiff in Fahrt, dem britischen Kriegsschiff HMS *Hibernia*. Das erste Schiff, auf dem Start und Landung eines Flugzeugs erfolgten, war 1917 die HMS *Argus*. Die frühen Träger waren umgebaute Kriegsschiffe. Der welterste als solcher konzipierte Flugzeugträger war die japanische *Hosho*, die 1921 vom Stapel lief.

UNTEN: *Die auf der HMS* Illustrious *stationierten «Fairey Swordfish»-Flugzeuge – mit dem Spitznamen «Stringbags» («Netztasche») – waren Torpedobomber, die nur einen Torpedo trugen.*

UNTEN: *Tarent war seit den 1860er-Jahren ein Marinestützpunkt und spielte in beiden Weltkriegen eine bedeutende Rolle. 1940 griff die HMS* Illustrious *den Hafen an, um die von dort ausgehende Gefahr für die Schiffe der Alliierten zu bannen.*

Angriff auf Tarent

Am 11. November 1940 begaben sich die *Illustrious* und acht weitere Kriegsschiffe in Position vor der etwa 310 km von Tarent entfernten griechischen Insel Cephalonia. Nach Sonnenuntergang starteten von der *Illustrious* sechs mit Torpedos bewaffnete Swordfish-Doppeldecker sowie sechs weitere mit Bomben. Es folgte eine zweite Welle mit neun Maschinen, von denen eine jedoch wegen Treibstoffproblemen umkehren musste. Für den Angriff teilten sie sich in kleinere Gruppen auf. Die erste griff Ölbunker an der Küste an, die zweite Schiffe im Hafen. So wurde ein Schiff nach dem anderen torpediert oder bombardiert.

Am Ende hatte man ein Schlachtschiff (*Conte di Cavour*) versenkt und zwei weitere Schlachtschiffe und zwei Schwere Kreuzer beschädigt. Die *Conte di Cavour* wurde zwar gehoben, doch sie war so schwer beschädigt, dass die Reparaturen nie abgeschlossen wurden. Von den 20 Flugzeugen, die ans Ziel gelangten, wurden zwei abgeschossen, die zwei Piloten des einen Fliegers starben, die beiden des anderen gerieten in Kriegsgefangenschaft. Die Italiener hatten 59 Tote und 600 Verwundete zu beklagen. Tarent war ein Erfolg für die Briten. Zum ersten Mal wurde eine Flotte allein mit Marineflugzeugen außer Gefecht gesetzt. Militärstrategen erkannten rasch, dass Trägerflugzeuge über eine viel größere Reichweite verfügten als die Geschütze eines Kriegsschiffs. Danach baute man keine Schlachtschiffe mehr und sie mussten ihren Platz als dominierendes Kriegsschiff den Flugzeugträgern überlassen.

OBEN: *Als die* Illustrious *im Dezember 1941 aus den USA nach Großbritannien zurückkehrte, stieß sie in einem Sturm mit der HMS* Formidable *zusammen und beschädigte sich dabei Bug und Flugdeck.*

DAS SCHWERWIEGENDE PROBLEM MIT DEM PANZER

Großbritannien und die USA beschritten in der Entwicklung von Flugzeugträgern im Zweiten Weltkrieg unterschiedliche Wege. Die Amerikaner bevorzugten ungepanzerte Flugdecks, die Briten gepanzerte. Beides hatte Vor- und Nachteile. Ein ungepanzertes Flugdeck ließ sich schneller und einfacher reparieren, zudem konnte man aufgrund der Gewichtsersparnis einen größeren Hangar für mehr Flugzeuge bauen. Ein Bombentreffer würde jedoch verheerenden Schaden anrichten und hohe Verluste fordern. Mit gepanzertem Flugdeck und Hangar hatte man dagegen eine sehr solide Konstruktion, doch wegen des zusätzlichen Panzergewichts musste der Hangar kleiner ausfallen und die Anzahl der mitgeführten Flugzeuge reduziert werden. Aufgrund ihrer Erfahrungen im Krieg rüsteten die Amerikaner ihre Träger seit der *Midway*-Klasse von 1945 mit gepanzerten Flugdecks aus.

Die Flieger der *Illustrious* griffen im Mittelmeer weitere feindliche Schiffe, Küstenstellungen und Flugzeuge an. Im Januar 1941 wurde sie von einem deutschen Sturzkampfgeschwader schwer beschädigt. Während der Reparaturarbeiten auf Malta wurde sie erneut bombardiert und wäre ohne gepanzertes Flugdeck wohl zerstört worden. 1943 war sie wieder in Großbritannien zur Überholung, bevor sie abermals ins Mittelmeer fuhr, um die Landung der Alliierten in Salerno zu unterstützen. 1944 verlegte man sie in den Indischen Ozean, 1945 in den Pazifik. Dort wurde sie bei Kamikazeangriffen so schwer beschädigt, dass man sie in die amerikanische Norfolk-Marinewerft in Portsmouth, Virginia, überführte. Während ihrer Instandsetzung ging der Krieg zu Ende, danach diente sie als Ausbildungsschiff. Im Laufe der nächsten Jahre nahm sie an Seeversuchen zum Start und Landen von Düsenflugzeugen vom Typ der de Havilland Vampires, Supermarine Attackers und Gloster Meteors teil. Im Dezember 1954 wurde sie außer Dienst gestellt und 1957 zur Verschrottung zerlegt. Die *Illustrious* war im Laufe ihrer Dienstjahre mehrfach umgebaut und verbessert, mit neuer Bewaffnung, besserem Radar und größerem Flugdeck ausgestattet worden. Sie hatte von Doppeldeckern bis Düsenjägern allen als schwimmende Flugzeugpiste gedient.

SS *Patrick Henry*

Bei Ausbruch des Zweiten Weltkriegs mussten Unmengen an Material, Versorgungsgütern und Fahrzeugen auf dem Seeweg transportiert werden, doch es fehlte an Schiffen. Überdies versenkten deutsche U-Boote Handelsschiffe schneller, als sie gebaut werden konnten. Man benötigte in großer Anzahl neue Handelsschiffe von einfacher, schnörkelloser Konstruktion, die sich zügig und kostengünstig herstellen ließen. Sie wurden unter dem Namen Liberty-Schiffe bekannt, von denen die *Patrick Henry* das erste von vielen war.

TYP: EC2-Liberty-Schiff

STAPELLAUF: Baltimore, Maryland, USA, 1941

LÄNGE: 134,6 m

TONNAGE: 14474 Tonnen Wasserverdrängung

KONSTRUKTION: Stahlrumpf

ANTRIEB: Dreifachexpansionsmaschine, 2500 PS (1900 kW), 1 Propeller

Nach dem Ersten Weltkrieg kehrten die Vereinigten Staaten zurück zu ihrer neutralen Abschottungspolitik, entschlossen, «Einmischungen im Ausland» fortan zu vermeiden. Davon rückte man jedoch wieder ab, als Japan im Dezember 1941 die US-Pazifikflotte in Pearl Harbor angriff. Bis dahin hatte Amerika seine Schiffsbauressourcen Großbritannien zum Bau der benötigten Handelsschiffe zur Verfügung gestellt, es sollten möglichst schnell viele identische Frachter gebaut werden. Von diesen Schiffen, die auf einen Typ des britischen Trampdampfers von 1879 zurückgingen, wurden 60 Stück in der sogenannten *Ocean*-Klasse in den amerikanischen Werften in Portland in Maine und im kalifornischen Richmond gebaut. Dann veränderte man die Konstruktion, nicht nur wegen der kriegsbedingten Materialengpässe, sondern auch, um amerikanischen Herstellungs- und Schiffbauvorgaben zu genügen und die Schiffe einfacher, schneller und kostengünstiger bauen zu können. Heraus kam das EC2: E für *Emergency* (Notfall), C für Cargo und 2 als Hinweis auf ein Schiff mittlerer Größe mit 120–140 m Länge an der Wasserlinie. Seine Fracht reichte von Lebensmitteln über Treibstoff bis hin zu Waffen und Munition.

Das erste EC2-Schiff war die *EC2-S-C1*. Das *S* stand für *steam-powered* (dampfgetrieben). Da alle verfügbaren Dampfturbinenmaschinen der Kriegsmarine bereitgestellt wurden, betrieb man die frühen Liberty-Schiffe mit einfachen ölbefeuerten Kolbendampfmaschinen. Die *EC2-S-C1* benannte man *Patrick Henry* nach dem amerikanischen Politiker aus dem 18. Jahrhundert. Er war für seine Rede im Jahr 1775 in Virginia berühmt,

UNTEN: *Liberty-Schiffe wie die* Patrick Henry *waren von einfacher Konstruktion und daher schnell und günstig hergestellt. Den Rumpf hatte man in fünf Frachträume unterteilt.*

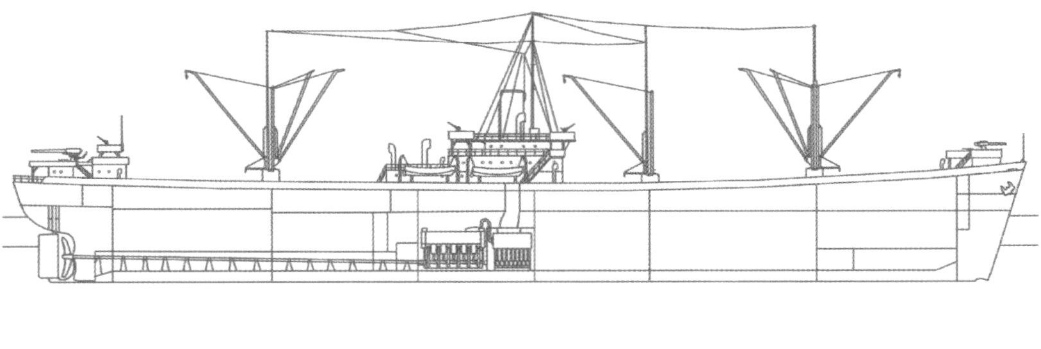

OBEN: *Nicht einmal fünf Monate nach der Kiellegung lief die frisch angestrichene* Patrick Henry *vom Stapel.*

als er mit diesen Worten zu militärischem Widerstand gegen die Briten aufrief: «Gebt mir Freiheit oder gebt mir den Tod.» Beim Stapellauf der *Patrick Henry* bezog sich Präsident Roosevelt auf dessen Rede und verlieh seiner Hoffnung Ausdruck, dass diese neuen Schiffe die Freiheit nach Europa bringen mögen. Seither sind sie als Liberty-Schiffe („Freiheitsschiffe») bekannt. Weniger schmeichelhafte Bezeichnungen waren «hässliche Entlein» oder «Seekühe», die sie ihrem nüchternen Aussehen und ihrer Langsamkeit zu verdanken hatten. Vielleicht waren es nicht die schönsten Schiffe, die man je gebaut hatte, im Dienst bewährten sie sich jedenfalls sehr gut.

Stapellauf der *Patrick Henry*

Die *Patrick Henry* lief am 27. September 1941, zusammen mit 13 weiteren identischen Liberty-Schiffen, in der Bethlehem-Fairfield-Werft in Baltimore, Maryland, vom Stapel. Mehr als 1000 Zuschauer, darunter vier Nachfahren von Patrick Henry, hatten sich in der warmen Brise eingefunden, um zuzuschauen, wie das nach ihm benannte Schiff erstmals zu Wasser gelassen wurde. Ihre Ladekapazität in fünf Frachträumen und auf dem Deck betrug 10 856 Tonnen: Das entspricht 2840 Jeeps, 440 Panzern oder 230 Millionen Patronen für Handfeuerwaffen.

Liberty-Schiffe waren in kurzer Zeit fertiggestellt, weil sie aus Fertigbauteilen bestanden. Entwickelt hatte dieses den Montagestraßen im Fahrzeugbau ähnelnde Verfahren der amerikanische Industrielle Henry J. Kaiser. Für den Bau der ersten Liberty-Schiffe benötigte man jeweils rund 244 Tage, binnen zweier Jahre nur noch 42 Tage. In einer einmaligen PR-Aktion wurde die *Robert E. Peary* sogar in nur vier Tagen gefertigt.

> Ich denke, dass uns dieses Schiff sehr gute Dienste leisten wird.
> **US-Präsident Franklin D. Roosevelt in einem Kommentar über die Konstruktion der Liberty-Schiffe**

Die Bewaffnung war relativ schlicht und konnte je nach Schiff variieren, bestand aber häufig aus einer 75-mm-Kanone am Bug und/oder einer 100-mm-Kanone achtern sowie verschiedenen kleineren Flugabwehrgeschützen. Die Arbeit auf einem

Gebt mir Freiheit oder gebt mir den Tod

Patrick Henry, 1775

RECHTS: *Neun neu gebaute Liberty-Schiffe werden im Dezember 1943 in der California Shipbuilding Corporation in Los Angeles auf den Dienst vorbereitet.*

UNTEN: *Kiellegung eines weiteren Liberty-Schiffs. Derselbe Vorgang wurde im Zweiten Weltkrieg mehr als 2700 Mal in 18 amerikanischen Werften wiederholt.*

Liberty-Schiff galt als gefährlich. Wurde das Schiff nicht von einem U-Boot oder Flugzeug versenkt, ging es vielleicht in einem Sturm verloren oder litt an Baumängeln, weshalb man die Schiffe spöttisch auch «Kaisersärge» nannte. Im Krieg fuhr die *Patrick Henry* bis ins Rote Meer, nach Murmansk in der russischen Arktis, zu den Westindischen Inseln, nach Südafrika, Westafrika und Italien. Sie überstand den Krieg und wurde danach für zivile Einsätze umgebaut. Als sie 1946 vor Florida auf Grund lief, wurde sie so schwer beschädigt, dass man sie nach Mobile in Alabama überführte und mit anderen beschädigten oder außer Dienst gestellten Liberty-Schiffen stilllegte, aber nicht mehr reparierte. Schließlich wurde sie nach Baltimore geschleppt und 1958 in ihrer Bauwerft abgewrackt. Der Schrott wurde geschmolzen und zu Stahlplatten für den Bau neuer Schiffe verarbeitet.

Victory-Schiffe

1944 wurde die Konstruktion der Liberty-Schiffe verbessert, sie hießen nun Victory-Schiffe, waren größer und so schnell, dass sie auch U-Booten entkommen konnten. Ihre Länge betrug 139 m, ihre Wasserverdrängung 15 440 Tonnen. Anstelle der schlichten Dampfmaschine der Liberty-Schiffe verfügten die meisten der Victory-Schiffe über Dampfturbinenmaschinen. Einige wurden mit Diesel betrieben.

Liberty-Schiffe waren für Rumpffrakturen anfällig gewesen, mitunter brachen sie in schwerer See entzwei. Um dem Rumpf mehr Flexibilität zu verleihen, legte man die Spanten der Victory-Schiffe weiter auseinander, sodass er biegsamer wurde und nicht gleich auseinanderbrach. Das erste Victory-Schiff lief als SS *United Victory* im Januar 1944 vom Stapel. Insgesamt baute man davon 534 Stück. 117 der Victory-Schiffe waren als Angriffstruppentransporter der *Haskell*-Klasse ausgelegt, um 1500 Truppen zu transportieren und mit schiffseigenen Landungs-booten an den Küsten abzusetzen. Einige wenige nutzte man auch als Lazarettschiffe. Das letzte Schiff der *Haskell*-Klasse wurde 2012 verschrottet.

DAS SCHICKSAL DER LIBERTY-SCHIFFE

Bei Kriegsende hatte man knapp 3000 Liberty-Schiffe gebaut. Die meisten waren nach berühmten Patrioten, Helden, Politikern, Wissenschaftlern und Entdeckern benannt worden. 200 gingen durch Feindeinwirkung, Unwetter oder Unfälle unter. Viele blieben bis in die 1960er- und 1970er-Jahre im Dienst, bevor sie abgewrackt wurden. Nur drei der Tausenden Schiffe, die man während des Kriegs gebaut hatte, sind bis zum heutigen Tag erhalten. Mit der SS *Jeremiah O'Brien* (Foto) kann man Schiffstouren in der Umgebung der San Francisco Bay unternehmen. Die SS *John W. Brown* ist ein Museumsschiff in Baltimore und bietet historische Fahrten an. Die SS *Arthur M. Huddell*, später umgetauft auf *Hellas Liberty*, steht als stationäres Museumsschiff in der griechischen Hafenstadt Piräus.

Vergessene Helden

Die Liberty-Schiffe und ihre mutigen Besatzungen sind die vergessenen Helden des Zweiten Weltkriegs. Ihr Beitrag war von unschätzbarem Wert. Zwei Drittel der Fracht, die während des Kriegs zur Unterstützung der Alliierten amerikanische Häfen verließ, wurde auf Liberty-Schiffen transportiert. Ohne sie und ihre wichtigen Versorgungsgüter, die sie über den Atlantik brachten, wäre die deutsche U-Boot-Blockade gegen Großbritannien vielleicht erfolgreich gewesen und der Krieg in Europa hätte einen anderen Verlauf genommen.

YAMATO

Japan baute die größten, schwersten und schlagkräftigsten Schlachtschiffe des Zweiten Weltkriegs. Das größte war die *Yamato*. Bei Angriffen von U-Booten, Schiffen und Flugzeugen erwies sie sich jedoch als so unterlegen, dass man keine Schlachtschiffe mehr in vergleichbarer Größe baute. Die *Yamato* markierte das Ende der Großkampfschiffe in den Kriegsmarinen.

TYP: Schlachtschiff der *Yamato*-Klasse

STAPELLAUF: Marinewerft Kure, Japan, 1940

LÄNGE: 263 m

TONNAGE: 65 027 Tonnen Wasserverdrängung

KONSTRUKTION: geschweißter Stahlrumpf

ANTRIEB: 4 Dampfturbinen, 150 000 PS (111 855 kW) zum Antrieb von 4 Propellern

Die ersten Monate des Pazifikkriegs liefen für die japanischen Streitkräfte gut. Insel um Insel nahmen sie ein, bis sich im Mai 1942 das Blatt wendete. In den Schlachten im Korallenmeer und bei den Midway-Inseln stoppten die Amerikaner den japanischen Vormarsch und drängten sie im Pazifik wieder zurück. Japan plante eine Revanche auf See und stellte eine beeindruckende Flotte mit Schlachtschiffen, Flugzeugträgern und anderen Schiffen auf, darunter das größte je gebaute Schlachtschiff, die *Yamato*. In dieser Klasse sollten fünf Einheiten entstehen, doch nur zwei, die *Yamato* und *Musashi*, wurden als Schlachtschiffe fertiggestellt. Ein drittes, die *Shinano*, baute man zu einem Flugzeugträger um.

Die in den frühen 1930er-Jahren entworfene *Yamato* sollte größer werden als alle anderen existierenden Kriegsschiffe im Pazifik und vor allem größer als solche, die die USA durch den Panamakanal in den Pazifik überführen konnten. Der Bau erfolgte unter strenger Geheimhaltung, sodass das Auftauchen der *Yamato* im Pazifik überraschend kam. Ihr gepanzertes Deck war so auslegt, dass es 1000 kg schweren, aus 3000 m Höhe abgeworfenen panzerdurchschlagenden Bomben würde standhalten können, die Gürtelpanzerung sollte 45-cm-Granaten widerstehen, die aus einer Distanz von 21 km abgefeuert würden. Die Hauptartillerie umfasste neun 460-mm-Kanonen in drei Drillingstürmen. Es waren die größten Geschütze, die je

OBEN: *Die* Yamato, *fotografiert am 20. September 1941, in der Marinewerft Kure in der Bucht von Hiroshima kurz vor ihrer Fertigstellung. Im Hintergrund das Versorgungsschiff* Mamiya.

LINKS: *Das japanische Superschlachtschiff* Yamato *war so konstruiert, dass es massive Luftangriffe überstehen könnte – ihre mittlere Zitadelle war von Dutzenden Luftabwehrgeschützen umgeben.*

auf einem Schiff installiert wurden, jeder Turm wog sage und schreibe 2516 Tonnen, so viel wie ein US-Zerstörer. Die Kanonen hatten eine Reichweite von 44 km. Ende 1941 stellte man die *Yamato* in Dienst, nur gut eine Woche nach dem japanischen Angriff auf Pearl Harbor.

Die Schlacht von Leyte

Trotz ihrer Größe und furchterregenden Schlagkraft feuerte die *Yamato* ihre Waffen in nur einer Schlacht, und zwar im Golf von Leyte im Oktober 1944. Es war die größte Seeschlacht im Zweiten Weltkrieg, vielleicht die größte überhaupt.

In der Schlacht in der Philippinensee im Juni 1944 wurden fast alle japanischen Trägerflugzeuge vernichtet. Die US-Piloten hatten ein derart leichtes Spiel, die veralteten japanischen Flugzeuge, die von Pilotenneulingen geflogen wurden, abzuschießen, dass sie es als «großes Truthahnschießen bei den Marianen» bezeichneten. Die *Yamato* war zwar anwesend, nahm aber an der Schlacht nicht teil. Am 20. Oktober fielen US-Truppen auf der philippinischen Insel Leyte ein. Die Schlacht umfasste vier separate Gefechte zwischen dem 23. und 26. Oktober: in der Sibuyan-See, in der Surigao-Straße, vor Kap Engaño und vor Samar. Japan entsandte nahezu alle verfügbaren Kriegsschiffe nach Leyte, um amerikanische Landungsversuche zu vereiteln. Doch amerikanische U-Boote entdeckten die japanischen Schiffe unterwegs und griffen sie an, die *Yamato* entkam allerdings unbeschadet. In

ihrer ersten Schlacht in der Sibuyan-See erlitt sie kleinere Schäden, als sie von panzerbrechenden Bomben getroffen wurde, abgeworfen von einer Maschine des US-Trägers *Essex*. Dem Schwesterschiff der *Yamato*, der *Musashi*, erging es schlechter: Man hatte sie mit Bomben und Torpedos in die Tiefe geschickt. Am 24. Oktober zog sich ein Teil der japanischen Streitkräfte von Leyte zurück und griff, in der Schlacht vor Samar, einen kleinen Verband amerikanischer Schiffe an, die die Landungen unterstützten. Es war das einzige Mal, dass die *Yamato* gegen andere Überwasserschiffe kämpfte. Sie landete einige Treffer, doch ein entschlossener und intensiver Gegenschlag der Amerikaner zwang sie zum Rückzug. Sie kehrte zur Reparatur in die japanische Marinebasis in Kure zurück.

OBEN: *Der Brückenturm der* Yamato *trug den Luftabwehrradar, den Oberflächenradar, den Hauptentfernungsmesser sowie das radargestützte Feuerleitsystem.*

Operation Ten-Go

Am 1. April 1945 fielen die Alliierten in Okinawa ein. Es war der Auftakt einer Invasion japanischer Heimatinseln mit dem größten Amphibienangriff im Pazifikkrieg. Der Kaiser beharrte auf einem Gegenschlag der japanischen Marine in einer Operation namens Ten-Go. Die *Yamato*, acht Zerstörer und ein Kreuzer wurden nach Okinawa entsandt, um die Alliierten anzugreifen. Alle Beteiligten begriffen, dass es sich um eine letzte verzweifelte Selbstmordmission handelte. Die Schiffe wurden nur für die Hinfahrt betankt, man rechnete nicht mit ihrer Rückkehr. Falls sie Okinawa erreichten, sollten sie auf Strand laufen und als Küstenbatterie die Truppen der Alliierten vernichten. Dann sollten die Soldaten von Bord gehen und an Land kämpfen.

Die Alliierten hatten jedoch, von Japan unbemerkt, die Funksprüche über die Operation Ten-Go abgefangen und waren deshalb vorbereitet. U-Boote gaben die Positionen der japanischen Schiffe durch. Am Morgen des 7. April erwarteten Hunderte Flugzeuge der Alliierten die näher rückende japanische Flotte und bombardierten sie ungehindert, da die Japaner keine Luftsicherung besaßen. Die Angriffe konzentrierten sich auf die *Yamato*. Die Bomben und Torpedos fanden schnell ihr Ziel. Am Ende der Attacke hatte die *Yamato* Schlagseite, Wasser lief ein, und einige ihrer Geschütze waren außer Gefecht gesetzt. Eine Gegenflutung (gezieltes Fluten der gegenüberliegenden Seite des Schiffs) konnte die Schräglage etwas verringern.

RECHTS: *Die* Yamato *befindet sich am 24. Oktober 1944 auf dem Rückzug aus der Schlacht in der Sibuyan-See, eines der vier Seegefechte der Schlacht von Leyte, als eine Bombe auf ihrem Deck in Nähe des bugseitigen Geschützturms explodiert.*

Bald darauf startete ein zweiter Angriff am Nachmittag. Weiteres Wasser schoss ein, als die *Yamato* erneut getroffen wurde, sie bekam backbords zunehmend Schlagseite, Gegenfluten war nicht mehr möglich. Es folgte die dritte und letzte Attacke, die weiteren Schaden und Wassereinbruch verursachte. Kurz nach 14.00 Uhr ließ sich die *Yamato* nicht mehr steuern, sie neigte sich immer mehr zur Seite, an Bord wüteten Feuer. Angesichts des drohenden Untergangs wurden alle Mann von Bord befohlen. Doch schon 20 Minuten später kenterte die *Yamato* mit einem Großteil der Besatzung. Als sie zur Seite rollte, detonierte eines ihrer Munitionsmagazine, sie versank in den Wellen und nahm rund 2500 Männer mit sich. Auf amerikanischer Seite starben 12 Soldaten. Das Wrack der *Yamato* wurde rund 40 Jahre später in zwei Teilen 290 km südwestlich von Kyushu in einer Tiefe von 340 m entdeckt. Die Magazinexplosion hatte sie entzweigerissen.

Weil Japan sich trotz offensichtlicher Niederlage nicht ergeben wollte, zudem bereit war, eine große Anzahl an Soldaten in Kamikaze-Luftangriffen und sinnlosen Operationen wie Ten-Go zu opfern und darüber hinaus mit einer zwei Millionen Mann starken Armee bereitstand, die Heimatinseln zu verteidigen, trafen die Amerikaner, die bei Amphibienangriffen auf konventionelle Weise ähnlich denen in der Normandie mit einer Million Opfer gerechnet hätten, die Entscheidung, den Krieg mit Atombomben zu beenden. Am 6. August, vier Monate nach dem Versenken der *Yamato*, wurde die erste Atombombe auf Hiroshima abgeworfen, eine zweite auf Nagasaki drei Tage später. Japan ergab sich am 15. August. Der Zweite Weltkrieg war endlich beendet – und das Zeitalter der Superschlachtschiffe ebenfalls.

LINKS: *Die* Yamato *im Oktober 1941 in der Sukumo Bay während der Erprobung auf See: Sie erreichte eine Spitzengeschwindigkeit von 27,4 Knoten (50,7 km/h). Nach erfolgreichen Tests wurde sie im Dezember in Dienst gestellt.*

RV Calypso

In den 1960er- und 1970er-Jahren dokumentierte der französische Unterwasserforscher Jacques Yves Cousteau (1910–1997) seine Arbeit für die Fernsehserie *The Undersea World of Jacques Cousteau* (in deutscher Version: Geheimnisse des Meeres). Eine Hauptrolle spielte dabei das Forschungsschiff, mit dem Cousteau und sein Team unterwegs waren. Ihre Erkundungen weckten bei Zuschauern Begeisterung für die Unterwasserwelt und sensibilisierten sie für Umweltprobleme.

TYP: Forschungsschiff (ehemaliger Minensucher)

STAPELLAUF: Seattle, Washington, USA, 1942

LÄNGE: 42 m

TONNAGE: 366 Tonnen Wasserverdrängung

KONSTRUKTION: Rumpf aus Douglasfichte

ANTRIEB: 2 Achtzylinder-Dieselmotoren von General Motors, 580 PS (430 kW), 2 Propeller

Jacques-Yves Cousteau war ehemaliger französischer Marineoffizier sowie (neben Émile Gagnan) Miterfinder des modernen Atemreglers (Aqua-Lung), der das Gerätetauchen ermöglichte. 1951 fand er das Schiff, das ihm über 40 Jahre lang als schwimmende Forschungsstation dienen sollte: ein ehemaliger Minensucher der britischen Marine, die HMS *J-826*, erbaut in den Vereinigten Staaten und an Großbritannien im Rahmen des Leih- und Pachtgesetzes verliehen. Ihr Rumpf war aus Holz (Douglasfichte), um die Gefahr der Zündung von Magnetminen zu reduzieren. Am 21. März 1942 wurde sie in der Werft *Ballard Marine Railway Yard* in Seattle im amerikanischen Bundesstaat Washington von Isobel Prentice, der Tochter des Werftvorarbeiters, vom Stapel gelassen. Britische Minensuchschiffe wie die *J-826* erhielten keine Taufnamen, sondern nur eine Nummer.

Die *J-826* und ihre 30-köpfige Besatzung dienten in der 153. Minensuchflotille im Mittelmeer. Ab 1943 war sie auf Malta stationiert und nahm im gleichen Jahr an der Operation «Husky» teil, der Alliierteninvasion von Sizilien. 1944 wurde sie umbenannt in *BYMS-2026* und im italienischen Tarent stationiert. Nach dem Krieg legte man sie in Malta still und veräu-

ßerte sie an einen privaten Käufer, der sie zu einer Autofähre umbaute und zu *Calypso G* umbenannte. Sie verkehrte zwischen Malta und Gozo und konnte bis zu 11 Autos und 400 Passagiere transportieren. 1950 wechselte sie erneut den Besitzer: Ein Millionär und Mitglied der Brauereifamilie Guinness erstand sie und lieh sie Cousteau für einen französischen Franc im Jahr.

Cousteau brachte das Schiff, das nun *Calypso* hieß, in eine Werft im südfranzösischen Antibes und ließ es zu einem Meeresforschungsschiff umbauen. Ein Großteil der notwendigen Ausrüstung wurde von Privatfirmen und der französischen Marine gestiftet. Zur Innenausstattung gehörten auch Forschungs- und Fotolabors sowie Wohnquartiere für die 28-köpfige Crew. Eine weitere Neuerung war eine Unterwasserbeobachtungskammer im Bugbereich, in der eine Person Platz fand und etwa 3 m unter der Wasserlinie durch Bullaugen die Unterwasserwelt beobachten konnte.

Im November 1951 lief die *Calypso* zu ihrer ersten Expedition aus, um die Korallen im Roten Meer zu erforschen. Dabei wurden mehrere neue Tier- und Pflanzenarten entdeckt. Cousteau sah sich in seiner Meinung bestärkt, dass die beste Art, Menschen das Meer näherzubringen, darin bestand, dass sie es selbst erkundeten. Im Juli 1952 fuhr die *Calypso* zur Insel Grand-Congloué vor der südfranzösischen Küste, wo Cousteau und sein Team zum Wrack eines Lastschiffes aus dem 2. Jahrhundert v.u.Z. hinabtauchten. Sie bargen Tausende Amphoren und andere Töpferware, die sie in Museen der Region brachten.

OBEN: *Jacques-Yves Cousteau, hier 1972 im Alter von 62 Jahren auf einer Konferenz. Den Fernsehzuschauern in den 1960er- und 1970er-Jahren war er aus der beliebten Dokumentationsserie über seine Expeditionen gut bekannt.*

Die schweigende Welt

Um seine Arbeit bekannter zu machen und zu finanzieren, schrieb Cousteau das Buch *Le monde du silence* (Die schweigende Welt), das später auch als oscarprämierte Dokumentation verfilmt wurde. Zuschauer in aller Welt lernten Cousteau und seine *Calypso* kennen und waren neugierig auf neue Abenteuer und Expeditionen. Es folgten weitere preisgekrönte Dokumentarfilme. 1968 begann die Serie, für die er am bekanntesten ist: *The Undersea World of Jacques Cousteau* (in deutscher Version: Geheimnisse des Meeres). Sie lief bis 1975, in 36 Folgen begleiteten die Zuschauer Cousteau und seine Taucher bei ihren Fahrten mit der *Calypso* über die Ozeane und ihren Erkundungen der Unterwasserwelt. Das kleine Schiff wurde berühmt. Sie reiste vom Indischen Ozean bis zur Antarktis, vom Amazonas bis zum Roten Meer.

Cousteaus Filme präsentierten einem breiten Publikum wissenschaftliche Themen auf neue, unterhaltsame Weise. Cousteau und die *Calypso*

LINKS: *Die Calypso erreicht am 30. August 1980 Montreal. Ihr Hubschrauber sitzt auf dem Helikopterdeck, das untertassenförmige Tauchboot auf dem Deck dahinter.*

OBEN: *Die* Calypso *1972 auf Expedition in der Antarktis. Mithilfe von Hubschrauber, Heißluftballon und Tauchern wird der Kontinent über und unter dem Eis erforscht. Es war das erste Mal, dass Taucher sich unter Eisberge und Schelfeis wagten.*

wurden weltberühmte Ikonen der entstehenden Umweltbewegung. Das Schiff war so berühmt, dass der Sänger und Songwriter John Denver, einer der erfolgreichsten Musiker der 1970er-Jahre, ihm ein Lied widmete. Es hieß *Calypso* und erreichte Platz 2 der amerikanischen Billboard-Charts. Eine Unterwasserkamera wurde ebenfalls Calypso nach dem Schiff benannt.

Cousteau stattete die *Calypso* mit einer Reihe von Versuchstauchgefährten aus, darunter ein untertassenförmiges Tauchboot und Tauchscooter. Darüber hinaus erhielt die *Calypso* einen Landeplatz für einen kleinen Hubschrauber, dahinter wurde ein hydraulischer Kran installiert, um das Tauchboot und andere Minitauchgefährte ins Wasser zu lassen und wieder herauszuheben. Die *Calypso* wurde zum schwimmenden Versuchsstand für allerlei Unterwassergeräte.

Das letzte Kapitel?

Am Nachmittag des 8. Januar 1996 lag die *Calypso* im Hafen von Singapur und wartete auf ihre nächste Expedition, als ein Lastkahn sie rammte und ein Loch in den Rumpf unterhalb der Wasserlinie riss. Wasser lief ein, sie kenterte und sank ins etwa 5 m tiefe Wasser. Der Kapitän und ein Ingenieur befanden sich gerade an Bord, konnten sich aber retten. Sie kam auf ihrer Steuerbordseite mit Teilen der Brücke zum Liegen, Masten und Helikopterdeck ragten noch aus dem Wasser.

> Wen das Meer erst einmal in seinen Bann gezogen hat, den lässt es nie mehr aus seinen wundervollen Fängen …
> **Jacques-Yves Cousteau**

17 Tage lag sie im schlammigen Wasser, bevor sie gehoben und zur Instandsetzung nach Frankreich überführt wurde. Cousteau hatte das alternde Schiff schon seit Längerem ersetzen wollen und vielleicht würde der Unfall das Vorhaben beschleunigen. Doch Cousteau sollte seine Unterwasserabenteuer weder auf der *Calypso* noch auf einem anderen Schiff fortsetzen – er starb 1997 im Alter von 87 Jahren in seinem Zuhause in Paris.

Die *Calypso* wurde an Cousteaus Organisation verkauft, die *Équipe Cousteau/Cousteau Society*. Jahrelange juristische und finanzielle Probleme verzögerten den Beginn der Restaurationsarbeiten jedoch bis 2007. In der Zwischenzeit wurde der *Calypso* von der französischen Stiftung Fondation du patrimoine maritime et fluvial (Stiftung für das Kulturerbe von Meeren und Flüssen) in Anerkennung ihrer Bedeutung der Titel des Bateau d'intérêt patrimonial (Schiff mit Bedeutung für das Kulturerbe) verliehen. Weitere Rückschläge und Schwierigkeiten verzögerten die Instandsetzungsarbeiten erneut. Die Zukunft der Calypso ist ungewiss. Vielleicht richtet man sie als schwimmendes Museum und Informationszentrum her oder man versenkt sie draußen im Meer als künstliches Riff für all jene Lebewesen, denen Cousteau einen Großteil seines Lebens gewidmet hat.

UNTEN: *2007 wartet die rostende* Calypso *in einer Werft in Concarneau in der französischen Bretagne auf Instandsetzung. Im Bug ist die Kammer zu erkennen, aus der die Forscher die Unterwasserwelt beobachteten.*

USS *Missouri*

Die *Missouri* war das letzte Schlachtschiff der amerikanischen Marine. Schon während sie sich – gemeinsam mit drei weiteren Schlachtschiffen der *Iowa*-Klasse – im Bau befand, zeigte sich die Verwundbarkeit bei Torpedo- und Fliegerangriffen, sodass man keine weiteren baute. Die *Missouri* diente auch im Koreakrieg sowie in der Operation «Wüstensturm», bevor sie 1992 als letztes Schlachtschiff der Welt außer Dienst gestellt wurde. Sie war Schauplatz von einem der bedeutendsten historischen Ereignisse des 20. Jahrhunderts – der Zeremonie, die den Zweiten Weltkrieg beendete.

TYP: Schlachtschiff der *Iowa*-Klasse

STAPELLAUF: Marinewerft Brooklyn, New York, USA, 1944

LÄNGE: 270 m

TONNAGE: 45 720 Tonnen Wasserverdrängung

KONSTRUKTION: geschweißter Stahl

ANTRIEB: 4 Dampfturbinen mit Zweiwellenanordnung, 212 000 PS (158 000 kW), 4 Propeller

OBEN: *Die USS* Missouri *um das Jahr 1948 herum. Sie thront hinter einer mit Oberfähnrichen der US-Marineakademie voll besetzten Motorbarkasse. Die* Missouri *und die anderen Schiffe der* Iowa-*Klasse waren die schnellsten Schlachtschiffe, die je gebaut wurden.*

Die *Missouri*, auch bekannt als «the Mighty Mo», war eines von vier in den 1940er-Jahren gebauten Schlachtschiffen der *Iowa*-Klasse. Die anderen drei waren die *Iowa*, *Wisconsin* und *New Jersey*. Sie waren als schnelle Schlachtschiffe konzipiert, die Flugzeugträgern Geleitschutz geben sollten, insbesondere den zu dieser Zeit gebauten Trägern der *Essex*-Klasse. Die Hauptartillerie bestand aus neun 406-mm-Kanonen in drei Drillingstürmen. Jede Kanone konnte erhöht und separat gefeuert werden.

Die *Missouri* wurde gerade rechtzeitig fertiggestellt, um in den letzten Monaten des Zweiten Weltkriegs zum Einsatz zu kommen. Als Erstes sollte sie einer Kampfgruppe Geleitschutz geben, die im Februar 1945 Luftangriffe gegen Japan flog. Ein paar Tage später unterstützte sie mit ihren massiven Geschützen die Landungstruppen in Iwo Jima. Dann teilte man sie einer anderen Trägerspezialeinheit zu, die Luftangriffe gegen japanische Militäreinrichtungen und Geschützstellungen an der Küste bei Okinawa flog. Einmal stürzte sich ein Kamikazeflieger auf das Schiff, verursachte aber nur geringe-

PASSGENAUE DURCHFAHRT

Die *Missouri* war so konstruiert, dass sie gerade noch durch den Panamakanal passte, der den Atlantik mit dem Pazifik verbindet. Zum Passieren müssen die Schiffe durch Schleusenkammern, in denen sie um 26 m auf die Höhe des Wasserspiegels im Kanal angehoben und danach wieder auf den Meeresspiegel abgesenkt werden. Die ursprünglich geplante Breite der Schleusenkammern betrug 28,5 m. Die US Navy wünschte jedoch mindestens 36 m, damit Kriegsschiffe bei der Durchfahrt beidseitig ausreichend Spielraum besäßen. Man schloss einen Kompromiss von 33,53 m – die *Missouri* maß 33 m in der Breite.

OBEN: *Die USS* Missouri *zwängt sich am 13. Oktober 1945 durch die Miraflores-Schleuse des Panamakanals, auf jeder Seite bleiben nur wenige Zentimeter Abstand.*

UNTEN: *Admiral Nimitz sitzt auf dem Deck der* Missouri *und unterzeichnet die Kapitulationsurkunde, die das Ende des Zweiten Weltkriegs markierte.*

ren Schaden. Der japanische Pilot erhielt von der amerikanischen Besatzung eine Seebestattung mit allen militärischen Ehren. Die *Missouri* war an weiteren Angriffen an der japanischen Küste beteiligt, bevor sie zur philippinischen Insel Leyte fuhr, um sich der Dritten US-Flotte anzuschließen. Danach kehrte sie nach Japan zurück, wo sie Angriffe auf industrielle Ziele verübte und Flugzeugträgern Schutz gab, von denen aus Luftangriffe starteten. Diese kombinierten Aktionen verhinderten, dass japanische Kriegsschiffe in ihren eigenen Gewässern operieren konnten.

Nach den Atombombenabwürfen auf Hiroshima und Nagasaki fuhr die *Missouri* in die Bucht von Tokio, wo ranghohe Militärs, darunter der Oberbefehlshaber der Alliierten General Douglas MacArthur, und eine japanische Delegation unter Führung des Außenministers Mamoru Shigemitsu an Bord kamen, um die Kapitulationsurkunde zu unterzeichnen, die das Ende des Zweiten Weltkriegs markierte.

OBEN: *US-Marineflieger im Formationsflug am 2. September 1945 während der Kapitulationszeremonie in der Bucht von Tokio. Das Foto wurde vom Dach eines der Geschütztürme der* Missouri *aufgenommen.*

Lasst uns beten, dass der Friede auf der Welt nun wiederhergestellt ist und dass Gott ihn für immer aufrechterhalten möge. Das Verfahren ist beendet!

General MacArthur an Bord der USS *Missouri* in der Bucht von Tokio am 2. September 1945

Nach dem Zweiten Weltkrieg

Am Tag nach der Kapitulationszeremonie fuhr die *Missouri* nach Pearl Harbor, danach nach New York für Überholungsarbeiten. Im Mai 1946 nahm sie an den ersten größeren Seemanövern im Atlantik seit Kriegsende teil. Sie verbrachte das Jahr darauf mit einer Reihe von Übungseinsätzen und zeremoniellen Aufgaben, bevor es abermals zur Überholung nach New York ging. Bis zu Beginn des Koreakriegs 1950 setzte sie die Übungseinsätze auf See fort. Zu diesem Zeitpunkt waren die anderen drei Schlachtschiffe der *Iowa*-Klasse bereits außer Dienst gestellt, wurden dann aber erneut für den Koreakrieg aktiviert. Die *Missouri* kam als erstes der Schlachtschiffe in Korea an und unterstützte mit ihren Geschützen die Landungen der Alliierten. Sie führte Küstenbombardierungen durch und gab Geleitschutz für Träger. Im März 1951 fuhr sie zu Wartungsarbeiten und Übungen nach Norfolk, Virginia, bevor sie im Oktober 1952 nach Korea zurückkehrte und sich bis März 1953 an Küstenbombardierungen beteiligte. Als der Kommandierende Offizier an Herzversagen starb, ging es für die *Missouri* zurück in die Vereinigten Staaten, wo sie sich bald darauf einer aufwendigeren Instandsetzung unterziehen musste, die bis April 1954 andauerte. Danach folgte in Begleitung der drei anderen Schiffe der *Iowa*-Klasse eine Übungsfahrt nach Westeuropa, es war das einzige Mal, dass alle vier Schlachtschiffe gemeinsam ope-

EINGEMOTTET

Als die Mighty Mo 1955 zum ersten Mal außer Dienst gestellt wurde, kam sie in die Reserveflotte der US Navy, die auch als *Mothball Fleet* („eingemottete Flotte») bekannt ist. Die im Kriegsfall von der US Navy benötigten Schiffe müssen nicht alle dauerhaft instandgehalten werden. In Friedenszeiten braucht die Marine weniger Schiffe, trotzdem muss sie im Ernstfall weitere Schiffe rasch aktivieren können. Die in Kriegszeiten zusätzlich gebauten Schiffe werden in mehreren US-Reserveflotten in seetüchtigem Zustand gehalten, sodass sie bei Bedarf schnell reaktiviert werden können. In den meisten Fällen verschlechtert sich der Zustand der Schiffe jedoch und sie veralten, bis sie zum Abwracken verkauft werden. Eine der amerikanischen Reserveflotten an der Küste vor San Francisco umfasste einst mehr als 300 Schiffe, die inzwischen abgewrackt wurden.

rierten. Im Februar 1955 endete ihre aktive Zeit, man stellte sie in der Marinewerft im Puget Sound außer Dienst zur Pazifikreserveflotte. Die an Land vertäute *Missouri* war eine Attraktion: Tausende Menschen wollten das Deck besichtigen, auf dem die Kapitulation Japans unterzeichnet worden war.

Ruf zu den Waffen

30 Jahre nach ihrer Außerdienststellung wurde die *Missouri* im Rahmen eines Programms zum Ausbau der Kriegsmarine von US-Präsident Ronald Reagan reaktiviert. Ihre nun größtenteils veraltete Ausrüstung wurde entfernt und durch modernen Radar, Systeme zur elektronischen Kampfführung und neue Bewaffnung, unter anderem Tomahawk-Marschflugkörper, ersetzt. Anschließend begab sie sich auf Weltumrundung, die erste eines amerikanischen Schlachtschiffes seit 80 Jahren.

Gegen Ende der 1980er-Jahre diente sie während der angespannten Lage mit dem Iran als Geleitschutz für Öltanker in der Straße von Hormus. Im Golfkrieg 1991 unterstützte sie die Operation «Wüstensturm» zur Befreiung von Kuweit von der irakischen Besatzung, sie feuerte Dutzende Marschflugkörper auf irakische Ziele und bombardierte Küstenstellungen. Überdies half sie bei der Minenräumung im Persischen Golf. Im April 1991 kehrte sie in die Vereinigten Staaten zurück. Nach dem Fall der Sowjetunion wurde die *Missouri* 1992 ein letztes Mal außer Dienst und erneut in die Reserveflotte im Puget Sound gestellt. 1998 überführte man sie nach Pearl Harbor auf Hawaii und eröffnete sie ein Jahr später als Museumsschiff.

Nach der Ära der großen Schlachtschiffe wie der Mighty Mo schlugen die Kriegsmarinen einen neuen Kurs ein. Der Fokus lag nun auf Flugzeugträgern, die als effektiveres Mittel zur Machtdemonstration in Übersee und zur Abwehr von Torpedo- und Luftangriffen dienten, die die Schlachtschiffe außer Gefecht gesetzt hatten. Die Mighty Mo war die letzte ihrer Art.

RECHTS: *Die Feuersbrunst einer furchterregenden 15-Kanonen-Breitseite der* Missouri, *abgefeuert 1987 während eines Manövers in den Übungsgewässern vor Hawaii.*

Kon-Tiki

Der norwegische Forscher Thor Heyerdahl (1914–2002) hatte eine eigene Theorie über die Migration von Urvölkern über den Pazifik und diese widersprach der seinerzeit gängigen wissenschaftlichen Meinung. Heyerdahl begegnete dieser Kritik, indem er eine getreue Kopie eines historischen Bootes nachbaute und damit den Ozean überquerte, um zu überprüfen, ob seine Theorie der Praxis standhielt. Diese Fahrt und das von ihm gebaute und auf den Namen *Kon-Tiki* getaufte Floß wurden berühmt, doch bewiesen werden konnte seine Theorie erst mit der Erfindung der Genanalyse.

TYP: Floß

STAPELLAUF: Callao, Peru, 1947

LÄNGE: 14 m

TONNAGE: unbekannt

KONSTRUKTION: Balsa-, Kiefern-, Mangroven- und Tannenholz sowie Bambus

ANTRIEB: Segel

UNTEN: *Ozeanströmungen trugen die* Kon-Tiki *über den Pazifik. Thor Heyerdahl glaubte, dass die Urvölker Südamerikas vor Jahrtausenden dieselbe Reise unternommen haben könnten.*

In den 1940er-Jahren herrschte die allgemein anerkannte Migrationstheorie vor, dass Bewohner aus Südasien vor rund 5000 Jahren über den Pazifik Richtung Osten und über den Indischen Ozean Richtung Westen fuhren. Der norwegische Forscher Thor Heyerdahl hielt es dagegen für möglich, dass die Polynesier aus Südamerika gekommen sein könnten und nicht aus Asien. Niemand wusste, ob eine derart lange Fahrt mit den vor Jahrtausenden in Südamerika verfügbaren Mitteln überhaupt möglich war. Heyerdahl beschloss, seine Theorie in der Praxis zu überprüfen und die Reise selbst anzutreten.

Zusammen mit fünf Kameraden baute er ein 14 m langes und 7,5 m breites Floß aus Balsastämmen, die sie mit Hanftauen zusammenbanden. Sie nannten es *Kon-Tiki*, nach dem Sonnengott der Inkas. Auf die Balsastämme legten sie ein Bambusdeck und errichteten darauf eine Kabine aus Bambusrohr mit einem Dach aus Bananenblättern. An einem 9 m hohen Mast, gehalten von einem A-förmigen Gerüst aus Mangrovenstämmen, hing ein Segel. Über dem Hauptsegel ließ sich ein kleines Toppsegel hissen, achtern ein kleines Besansegel. Ein 5,8 m langes Steuerruder aus Mangroven- und Tannenholz war achtern befestigt. Zur Steuerung dienten zudem Kiefernbretter, die zwischen den Balsastämmen ins Wasser gesteckt werden konnten.

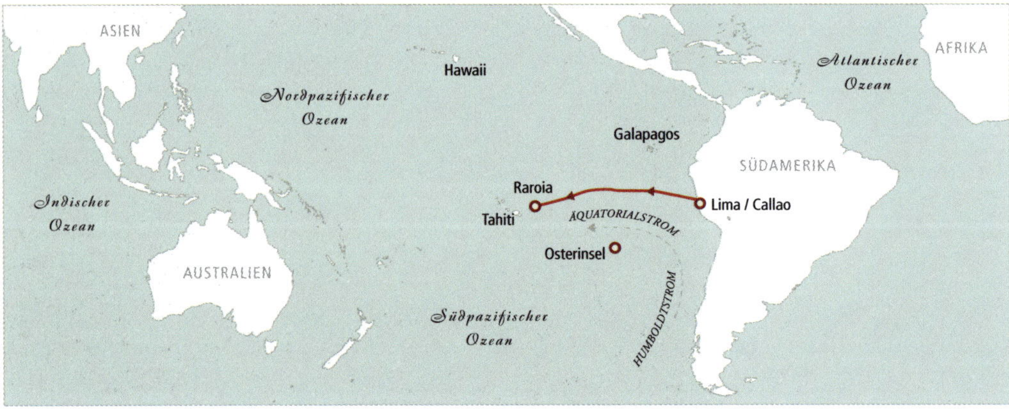

OBEN: *Ein Crewmitglied der* Kon-Tiki *angelt Fisch fürs Abendessen, während das Floß in den vorherrschenden Strömungen und Winden dahintreibt. Man fing Fliegende Fische, Gelbflossenthun, Goldmakrelen, Bonitos und Haie.*

Die Vorräte an Bord umfassten 1040 Liter Trinkwasser sowie Hunderte Kokosnüsse, Süßkartoffeln und Feldrationen der US-Armee. Aber auch frisch gefangener Fisch diente zur Ernährung. Mit an Bord führte die Crew mehrere Radiogeräte, um Meldungen über den Verlauf der Fahrt abzusetzen und Schiffe in der Umgebung vor ihrem Floß zu warnen, um Kollisionen zu verhindern.

Kurz vor der Abfahrt präsentierte Heyerdahl das Floß erfahrenen Seeleuten – die ihm das Scheitern prophezeiten. Das Holzfloß würde sich, so glaubten sie, keine drei Monate über Wasser halten. Diesen Mindestzeitraum hatte Heyerdahl grob für seine Fahrt einkalkuliert. Die breite Form des Floßes mit stumpfem Bug und das kleine Segel hielten die Experten für unpraktisch, die Taue, die das Floß zusammenhielten, würden bald reißen oder sich auflösen, das Floß auseinanderfallen. Andere Skeptiker waren davon überzeugt, dass sich das Holz rasch voll Wasser saugen und das Floß sinken würde. Heyerdahl wusste zwar, dass Südamerikaner in vorgeschichtlicher Zeit mit Flößen wie der *Kon-Tiki* große Strecken an der Küste bewältigt haben, aber er wusste natürlich nicht, ob sein Floß die lange Reise über den offenen Ozean überstehen würde.

DIE EXPEDITION MIT DER KON-TIKI HAT MIR DIE AUGEN GEÖFFNET, WAS DER OZEAN WIRKLICH IST. ER IST EIN FÖRDERNDES UND KEIN TRENNENDES SYSTEM.

Thor Heyerdahl im Vorwort zur 35. (englischen) Jubiläumsausgabe seines Buchs *Kon-Tiki* (Washington Square Press, 1984)

UNTEN: *Die Moai auf der Osterinsel (oben) ähneln den Statuen, die man auf dem südamerikanischen Festland fand, wie diese hier aus Bolivien (unten). Die Ähnlichkeit legt eine Verbindung zwischen den Erbauern nahe.*

Von der Theorie zur Praxis

Am 28. April 1947 zog ein peruanischer Marineschlepper die *Kon-Tiki* von Callao, Peru, hinaus aufs Meer, bis man den Küstenschiffsverkehr hinter sich gelassen hatte. Dann trug der Humboldtstrom das Floß westwärts in den Stillen Ozean. 101 Tage später landete es auf einem Riff im Raroia-Atoll des Tuamotu-Archipels. Es hatte 7964 km mit einer Durchschnittsgeschwindigkeit von 1,5 Knoten (2,8 km/h) zurückgelegt. Es war weder auseinandergefallen, noch hatte es sich mit Wasser vollgesogen und war gesunken.

Damit hatte Heyerdahl erfolgreich nachgewiesen, dass Südamerikaner in der Vorgeschichte nach Polynesien gefahren sein *könnten*, doch die meisten Gelehrten lehnten diese Theorie weiterhin ab. Erst Jahre später, als die Wissenschaft mithilfe von Genanalysen den Ursprung eines Volkes nachweisen konnte, fand man durch DNS-Tests bei Polynesiern heraus, dass diese tatsächlich zum Teil südamerikanische Vorfahren besaßen. Heyerdahl waren Ähnlichkeiten zwischen den berühmten Steinfiguren, *Moai*, auf der Osterinsel (Rapa Nui) und den präkolumbianischen Statuen in Peru aufgefallen. Als man die DNS der Bewohner der Osterinsel analysierte, fanden sich darunter Gene, die man auch bei südamerikanischen Ureinwohnern entdeckt hatte.

Die Erbgutanalysen zeigten, dass die meisten Polynesier, wie früher auch angenommen, asiatische Vorfahren besaßen, manche jedoch anscheinend von südamerikanischen Völkern abstammten. Entweder reisten Südamerikaner in vorgeschichtlicher Zeit nach Polynesien, wie Heyerdahl annahm, oder einige Polynesier fuhren nach Südamerika und dann wieder zurück. Dass manche Polynesier nach Südamerika gelangt waren, ist bekannt, da man in Brasilien vorzeitliche Schädel fand, die ausschließlich polynesische DNS aufwiesen.

Weitere Reisen

Zwischen 1954 und 2011 wiederholten ein halbes Dutzend Expeditionen erfolgreich die Fahrt der *Kon-Tiki*. In den 1960er-Jahren unternahm ein ähnliches Floß eine 18 000 Kilometer lange Reise von Südamerika nach Australien. Das Floß *Tangaroa*, zu dessen Crew auch Thor Heyerdahls Enkel gehörte, stach auf den Tag genau 59 Jahre nach der *Kon-Tiki* (am 28. April 2006) in See und erreichte das Raroia-Atoll 70 Tage später, es war damit einen Monat schneller als die *Kon-Tiki*. 2011 überquerte ein Plastikfloß namens *Antiki* (so benannt wegen des hohen Alters der Crew!) von den Kanarischen Inseln aus den Atlantik bis zu den Bahamas und legte eine Entfernung von 4800 km zurück. All diese Expeditionen

RECHTS: *Thor Heyerdahl und seine Crew treffen Vorkehrungen für eine weitere Expedition, diesmal an Bord des Papyrusbootes* Ra.

stützten Thor Heyerdahls Theorie, dass lange Ozeanreisen im Altertum machbar waren.

2010 fuhr eine Segeljacht mit dem skurrilen, an *Kon-Tiki* angelehnten Namen *Plastiki* von San Francisco aus über den Pazifik bis ins australische Sydney, um auf die Meeresverschmutzung durch Plastikmüll und das dringend notwendige Plastikrecycling aufmerksam zu machen. Gebaut hatte man das 12 Tonnen schwere Boot aus 12 500 gebrauchten Plastikflaschen und anderem recycelten Plastikmüll.

Heyerdahl selbst unternahm weitere Langstreckenfahrten in Nachbauten primitiver Segelboote. 1969 versuchte er, vom marokkanischen Safi aus den Atlantik in dem Papyrusschilfboot *Ra* zu überqueren. Während der Überfahrt sog sich das Schilf mit Wasser voll, bis das Boot auseinanderfiel – aber immerhin war er damit 6440 km weit gesegelt und bis auf 160 km an die Karibikinseln herangekommen. Im Jahr darauf wiederholte Heyerdahl die Fahrt in einem anderen Papyrusboot, *Ra II*. Diesmal glückte die Reise und er landete damit in Barbados.

1977 baute er das Schilfboot *Tigris*, um zu beweisen, dass die Völker der drei großen alten Kulturen in Mesopotamien, Ägypten und dem Industal über den Seeweg Kontakt miteinander gehabt haben könnten. Das 18 m lange Boot segelte vom Irak durch den Persischen Golf in den Indischen Ozean bis ins Industal in Pakistan. Von dort überquerte es den Indischen Ozean bis zum Horn von Afrika. Nach fünf Monaten und 6800 km auf See erreichte es Dschibuti. Obwohl das Boot noch seetüchtig war und Heyerdahl damit weiter ins Rote Meer nach Ägypten hätte segeln können, verbrannte er es aus Protest gegen die Kriege in der Region.

SS *Ideal X*

In den 1950er-Jahren hatte ein Unternehmer im amerikanischen Nordkarolina die Nase voll: Das herkömmliche Be- und Entladen von Handelsschiffen dauerte ihm viel zu lang. Er ersann eine Lösung, die den globalen Handel revolutionieren sollte. Die gigantischen Containerhäfen, die heutzutage den Großteil des internationalen Frachtguts handhaben, die Containerschiffe und die Container selbst gehen alle auf dieses eine kleine Schiff mit dem Namen *Ideal X* zurück.

TYP: zum Containerschiff umgebauter T2-Öltanker

STAPELLAUF: Sausalito, Kalifornien, USA, 1944, umgebaut in Baltimore, 1955

LÄNGE: 160 m

TONNAGE: 16 460 BRT

KONSTRUKTION: geschweißte Stahlplatten

ANTRIEB: Dampfturbine für Elektroantrieb

Etwa 90 Prozent des globalen Handels erfolgt auf dem Seeweg. Heute besteht die weltweite Handelsflotte aus rund 50 000 Schiffen. Jedes muss zu Beginn seiner Fahrt beladen und am Ende entladen werden. Die schnellen und effizienten modernen Cargoterminals, die den weltweiten Seetransport in diesem Ausmaß überhaupt erst möglich machen, sind einem gewissen Malcom McLean zu verdanken.

In den 1930er-Jahren leitete McLean ein Truck-Unternehmen in Nordkarolina. Die von seinen Trucks transportierten Waren und Materialien machten einen Teil ihrer Reise auf See und es frustrierte McLean zu sehen, wie lange es dauerte, bis die Güter an Bord beziehungsweise gelöscht waren. Es gab inzwischen zwar Spezialschiffe zum Transport von Öl, Autos und Kohle, doch nahezu alles andere wurde in gewöhnlichen Frachtschiffen befördert und in den unterschiedlichsten Verpackungen, wie Säcken, Fässern, Kartons, Kisten oder Ballen, als sogenanntes Stückgut versandt. Bei Ankunft eines Schiffs im Hafen kam eine Armee von Dockarbeitern an Bord, um die Ladung zu löschen. Manche Stücke mussten einzeln gehandhabt werden. Andere lagerten auf Paletten oder in Netzen. Dann wurde das Schiff auf dieselbe Art und Weise wieder beladen. Das ganze Procedere war so langwierig, dass Schiffe sich mitunter wochenlang im Hafen aufhielten. Oft verbrachten sie sogar genauso viel Zeit im Hafen wie auf See.

Ein besserer Weg

1937, in der Woche von Thanksgiving, begleitete McLean eine Baumwolllieferung nach New York und überwachte die Beladung des Schiffs mit Destination Istanbul, Türkei. Es dauerte und dauerte, mit jedem Tag wuchs McLeans Verärgerung. Reedereien konnten weder sagen, wie lange die Verladung dauern, noch, wann das Schiff auslaufen oder im nächsten Hafen ankommen würde. Die Fracht musste schon Tage oder Wochen vor der Verschiffung in den Hafen gebracht werden und damit stieg das Risiko, dass etwas verloren ging oder beschädigt oder gestohlen wurde. Riesige Lagerhallen waren nötig, um die Waren in den Häfen zu deponieren. Das alles war nicht nur arbeits-, sondern auch kostenintensiv.

Es muss einen besseren Weg geben, als Frachtgut Stück für Stück auf ein Schiff zu verladen.
Malcom McLean

McLean war entschlossen, eine bessere Methode zu finden. Zunächst hatte er die Idee, LKW-Auflieger samt Fracht kom-

OBEN: *Malcom McLean an Bord eines der Schiffe, die er zu Containerschiffen umbaute. Er setzte eine Revolution im globalen Frachtverkehr in Gang.*

UNTEN: *Die* Ideal X *war ursprünglich ein Tanker, der zum Containerschiff umgerüstet wurde. Er bekam ein leichtes Oberdeck für Container, ein sogenanntes Spardeck, das über das vorhandene Deck gebaut wurde.*

plett aufs Schiff zu verladen. Die Auflieger konnten im Zielhafen abgeladen und direkt weggefahren werden. Im Laufe der Zeit kam er auf eine noch viel radikalere Lösung. Wenn Speditionsfirmen die verschiedenen Güter in identischen Kisten – Schiffscontainern – verpackten, wären Be- und Entladung der Container ruck zuck erledigt.

Um seine Idee zu testen, kaufte er einen Öltanker des Standardtyps T2 und baute ihn für den Transport von Schiffscontainern aus Stahl um. Von diesem Tankertyp hatte man im Zweiten Weltkrieg Hunderte gebaut. McLeans Schiff war am 30. Dezember 1944 unter dem Namen *Potrero Hills* von der Marinship Corporation im kalifornischen Sausalito vom Stapel gelaufen. McLean ließ über dem vorhandenen Deck ein neues Deck aufbringen, ein sogenanntes Spardeck. Er erläuterte seine Idee dem Ingenieur Keith Tantlinger, der stapelbare Schiffscontainer entwarf, die sich am Spardeck fixieren ließen, sodass sie auf See nicht verrutschten. Das Schiff wurde umbenannt zu *Ideal X*.

Am Liegeplatz 24 im Hafen von Newark in New Jersey luden Kräne eine Schicht mit 58 Containern auf das neue Spardeck. Die Beladung dauerte pro Container nur 7 Minuten. In nicht einmal 8 Stunden war alles erledigt, ein Bruchteil der Zeit, die man bei herkömmlicher Verladung benötigte. Die *Ideal X* stach am 26. April 1956 in See und kam sechs Tage später, am 2. Mai, in Houston, Texas, an. Die Container wurden schnell gelöscht und mit McLeans Trucks, die bereits warteten,

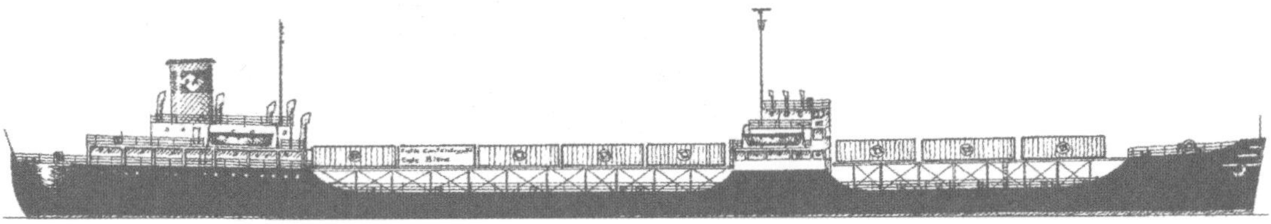

abtransportiert. Der bescheidene Tanker aus dem Zweiten Weltkrieg hatte eine Revolution in Gang gesetzt.

Der nächste Schritt

Im Jahr darauf nahm McLean weitere Verbesserungen vor. Die ersten Container mussten einzeln auf dem Schiffsdeck fixiert werden. Nun rüstete McLean ein weiteres Schiff um, ein Frachtschiff von der C-2-Klasse aus dem Zweiten Weltkrieg namens *Gateway City*, bei dem die Container in speziellen Zellengerüsten übereinandergestapelt wurden. Das 137 m lange Schiff konnte 226 Container laden, fast viermal so viel wie die *Ideal X*.

McLean vergrößerte seine Flotte mit weiteren Containerschiffen. Trotzdem ließ sich die Revolution in der Containerverschiffung nur zögerlich an. Anfangs stieß der sogenannte intermodale oder kombinierte Frachtverkehr bei den meisten Speditionsfirmen und Hafenbehörden nur auf geringes Interesse, sodass sich die Industrie nur langsam darauf einstellte. Die ersten Containerschiffe überquerten den Atlantik erst 1966.

Letzten Endes überzeugten McLeans Container wegen der enormen Kosteneinsparungen. 1956 stellte er einen Vergleich auf: Während der Preis pro Tonne bei konventioneller Verschiffung 5,86 $ betrug, waren es bei seiner Containerverschiffung nur 16 US-Cent. Überdies waren Container sicherer und reduzierten die mit Verlust, Schaden und Diebstahl verbundenen Ausgaben, wodurch sich noch mehr einsparen ließ. Im Vietnamkrieg erfuhr die Containerverschiffung einen unerwarteten Aufschwung. Aus den

UNTEN: *MacLeans erstes Schiff, die* Ideal X, *markierte den Anfang einer weltweiten Flotte von heute rund 5000 Containerschiffen, das sind etwa 10 Prozent der gesamten Handelsflotte.*

RECHTS: *Die Zunahme des Containertransportverkehrs führte weltweit zum Bau riesiger Containerhäfen.*

Waren- und Materiallieferungen für die amerikanischen Truppen verschwanden sowohl in amerikanischen als auch in vietnamesischen Docks bei herkömmlicher Verschiffung immer wieder Sachen. Mit den Schiffscontainern ließ sich der Diebstahl aus Militärlieferungen drastisch reduzieren.

Im Laufe der Zeit geschah das Unvermeidliche. Alte, traditionelle Häfen und Kais machten dicht, Tausende Dockarbeiter verloren ihre Arbeit und Hunderte neue Containerhäfen zur Handhabung von Schiffscontainern schossen weltweit wie Pilze aus dem Boden. Auch die Schiffe sind nicht mehr wiederzuerkennen. Im Vergleich zur kleinen *Ideal X* sind moderne Containerschiffe wahre Giganten. Die größten können mehr als 19 000 Container transportieren. McLeans Container besaßen ursprünglich eine Länge von gut 10 m, da dies die Standardgröße der Auflieger von US-Trucks war. Bald darauf wurden internationale Standardmaße eingeführt. Moderne Container sind 6 oder 12 m lang.

Nachdem die *Ideal X* bewiesen hatte, dass das Konzept der Containerverschiffung funktioniert, wurde sie verkauft und auf *Elemir* umgetauft. Am 8. Februar 1964 wurde sie in einem Sturm schwer beschädigt und am 20. Oktober desselben Jahres in Japan abgewrackt.

WER WAR ZUERST?

Die *Ideal X* war nicht das erste Containerschiff. 1955, ein Jahr vor dem ersten Auslaufen der *Ideal X*, ließ die British Yukon Ocean Services einen Frachter namens *Clifford J. Rogers* vom Stapel. Das von Canadian Vickers erbaute Schiff pendelte zwischen Vancouver und Skagway in Alaska und transportierte gewöhnliches Frachtgut und Erz, und zwar in 168 Metallcontainern. Doch erst Malcom McLean und seine *Ideal X* setzten eine Revolution im weltweiten Frachtverkehr in Gang.

USS *Nautilus*

U-Boote entwickelten sich in der ersten Hälfte des 20. Jahrhunderts zwar zu effektiven Kriegsmaschinen, doch waren sie bislang nicht viel mehr als Schiffe, die sich eine Zeitlang unter Wasser verbergen konnten. Eine technische Neuerung in den 1950er-Jahren verwandelte sie in eine insgesamt tödlichere Waffe. Die *Nautilus* war das erste dieser neuen U-Boote.

TYP: Atom-U-Boot

STAPELLAUF: Groton, Connecticut, USA, 1954

LÄNGE: 98 m

TONNAGE: 3590 Tonnen Verdrängung über, 4160 Tonnen unter Wasser

KONSTRUKTION: geschweißter Stahl

ANTRIEB: atomgetriebene Dampfturbinen, 13 400 PS (10 MW), 2 Propeller

Bis 1954 waren U-Boote aufgrund der Kapazität und Dauer ihrer Batterien an die Wasseroberfläche gebunden. Sie konnten mit Batteriekraft eine kurze Zeit – maximal ein paar Stunden – abtauchen, mussten dann aber wieder emporkommen, um mithilfe der Dieselmotoren ihre Batterien aufzuladen. 1951 begannen die Vereinigten Staaten mit dem Bau des weltweit ersten atomgetriebenen U-Boots, der *Nautilus*.

Nach einer Bauzeit von 18 Monaten lief die *Nautilus* im Thames River in Groton, Connecticut, vom Stapel. Acht Monate später wurde sie als Atom-U-Boot in Dienst gestellt. Am 17. Januar 1955 war sie das erste Mal mit Atomkraft unterwegs und schlug innerhalb kurzer Zeit alle Tauch- und Schnelligkeitsrekorde von U-Booten. Am 10. Mai fuhr sie die gesamte 2222 km lange Strecke nach Puerto Rico unter Wasser in weniger als 90 Stunden. Es war die längste Unterwasserfahrt und die höchste Dauergeschwindigkeit

RECHTS: *Am 21. Januar 1954 taufte Amerikas First Lady Mamie Eisenhower das weltweit erste Atom-U-Boot, die USS* Nautilus *(SSN-571). Nur wenige Augenblicke später glitt es das erste Mal ins Wasser.*

OBEN: *Auch wenn sie heute etwas altmodisch wirkt, so entsprach die* Nautilus *in den 1950er-Jahren dem neuesten Stand der U-Boot-Technik. Hier die inzwischen nicht mehr streng geheime Feuerleitanlage.*

über eine Stunde, die ein U-Boot je geschafft hatte. Die Spitzengeschwindigkeit unter Wasser lag sicherlich über 20 Knoten (37 km/h), doch die genaue Zahl blieb ein militärisches Geheimnis.

Der maßgebliche Unterschied zur klassischen Konstruktion war natürlich der Atomreaktor. Er war speziell für ein U-Boot konstruiert und nutzte die natürliche Hitze des radioaktiven Zerfalls seines Treibstoffs, um Wasser zu erhitzen und Dampf für die Turbinen zu erzeugen. Der Dampf wurde abgekühlt, kondensierte zu Wasser und wurde erneut verwendet. Da man den Treibstoff nicht in konventioneller Weise verbrannte, wurde kein Sauerstoff verbraucht und es entstanden keine giftigen Abgase – aus diesem Grund mussten herkömmliche U-Boote unter Wasser im Batteriebetrieb fahren. Folglich können atomgetriebene U-Boote länger untertauchen – wenn es sein muss, monatelang.

Lernprozesse

Schiffe mussten den Umgang sowohl mit freundlichen also auch feindlichen Atom-U-Booten lernen. So verbrachte die *Nautilus* mehr als zwei Jahre mit verschiedenen Tests und Übungen auf See mit der Marine. Dazu gehörten unter anderem Probefeuerungen mit ihren Torpedos und Übungen mit U-Boot-Jägern in Narragansett Bay auf Rhode Island und vor den Bermudainseln. Die Techniken aus dem Zweiten Weltkrieg, mithilfe von Fliegern und Radar dieselelektrische U-Boote zur Strecke zu bringen, zeigten sich völlig wirkungslos gegenüber U-Booten, die tiefer und länger abtauchen und aus einem Suchgebiet schneller verschwinden konnten als je zuvor. Mit der *Nautilus* wurden alle bestehenden Techniken zur Bekämpfung von U-Booten schlagartig obsolet.

Im Februar 1957 kehrte die *Nautilus* nach 111 100 km in ihre Bauwerft zurück, um die Brennstäbe austauschen zu lassen. Es waren die ersten Wartungsarbeiten, die man an einem atomgetriebenen Schiff durchführte. Im Mai fuhr sie in den Pazifik, um an einer Reihe von Tests und Manövern mit der dortigen US-Flotte teilzunehmen. Im August machte sie ihre erste Fahrt unter dem Polareis. Gewöhnlich mieden U-Boote das Eis wegen der Gefahr, sich dort festzusetzen oder zu verirren, da Magnetkompasse in Nordpolnähe sehr ungenau arbeiten und unter dem Eis keine Navigation nach Sternen möglich ist. U-Boote konnten sehr leicht vom Kurs abkommen und sich verfahren. Sollte sich die *Nautilus* unter Eis verirren, so bestünde zumindest keine Gefahr, dass ihre Energiequelle versagte, die ihr eine extrem lange Tauchzeit ermöglichte. Das Navigieren unter dem Polareis bot den Amerikanern einen besonderen militärischen Vorteil: Ihre U-Boote konnten nun von einer Seite des Polareises zur anderen fahren und so in sowjetische Gewässer gelangen.

SIND IN FAHRT MIT ATOMANTRIEB.
Signal von der USS *Nautilus* am 17. Januar 1955

RECHTS: *Die Route der* Nautilus *führte von Hawaii über die Küste von Alaska zu einer Stelle in der Grönlandsee bei Spitzbergen und weiter bis zur britischen Isle of Portland. Die 2945 km lange Strecke unter der Polkappe dauerte vier Tage.*

Unterm Pol

1958 begab sich die *Nautilus* auf ihre berühmteste Mission unter dem Codenamen «Operation Sunshine». Sie verließ Seattle am 9. Juni und fuhr zehn Tage später in die Tschuktschensee nördlich der Beringstraße ein, musste jedoch kehrtmachen, als sie auf tiefes Eis in flachen Gewässern stieß. Sie wartete in Pearl Harbor, bis sich die Eissituation entspannte. Am 23. Juli machte sie sich erneut auf in den Norden. Ihr Kommandant William R. Anderson hatte vor, unter dem Eis «auf geradem Wege» zum Nordpol zu fahren, doch dann musste er feststellen, dass das Packeis weiter als sonst in südlichere Breiten gedriftet war. Er suchte nach der besten Route und fand sie an der Barrowspitze an der Nordküste Alaskas, wo er eine Zufahrt in den tiefen unterseeischen Graben Barrow Sea Valley entdeckte. Als die *Nautilus* durch die unerforschten Gewässer unter der Polkappe glitt, konnte die Crew über die am Rumpf montierten Videokameras das Eis darüber sehen.

Am 3. August, nur zwei Tage nach ihrem Abtauchen unters Eis, erreichte die *Nautilus* als erstes U-Boot den geografischen Nordpol. Die dort von ihr gemessene Wassertiefe betrug 4090 m und war erheblich größer als erwartet. Man entdeckte auch bis dahin unbekannte Unterwassergebirgszüge. Die *Nautilus* verbrachte insgesamt 96 Stunden unter dem Eis, bevor sie nord-

FRACHT-U-BOOTE

Nachdem die *Nautilus* ihre historische Fahrt unter dem Polareis vollbracht hatte, glaubten damalige Kommentatoren, eine neue Ära atomgetriebener Fracht-U-Boote bräche an, um Güter fortan über diese neuen Unterwasserseewege zu transportieren. Die Strecke von London (England) nach Tokio (Japan), die über den Panamakanal 20740 km beträgt, reduziert sich beim Unterfahren des Nordpols auf nur 11670 km – also nur knapp mehr als die Hälfte. Überdies könnten Stürme über Wasser den Fracht-U-Booten nichts anhaben. Trotzdem wurden sie nie gebaut.

östlich von Grönland wieder auftauchte. Dank eines Trägheitsnavigationssystems, für das man ein für Marschflugkörper bestimmtes System angepasst hatte, konnte sie lange unter Wasser navigieren.

Nach der historischen Fahrt kehrte die *Nautilus* zur Evaluierung und zur Durchführung von Übungsmanövern zurück. 1962 war sie an der Seeblockade von Kuba während der Kubakrise beteiligt. 1966 stieß sie bei einem simulierten Angriff auf ein Kriegsschiff mit dem Flugzeugträger *Essex* zusammen, dabei wurde der Kommandostand beschädigt. Nach Instandsetzung nahm sie erneut an Operationen teil, in denen man neue Techniken zum Einsatz und zur Ortung von U-Booten entwickelte und neue Sensoren, Waffen und sonstige Ausrüstung erprobte. Sie blieb auch aktiv, als modernere, aufgrund der Erfahrungen mit der *Nautilus* weiterentwickelte Atom-U-Boote ihren Dienst antraten.

Im Dezember 1978 hatte die *Nautilus* 804 627 km mit Atomkraft zurückgelegt und ihre Dienstzeit näherte sich dem Ende. Im Mai 1979 wurde sie in der Marinewerft Mare Island in Vallejo, Kalifornien, außer Dienst gestellt. 1982 erklärte man sie zum historischen Nationaldenkmal und brachte sie nach Groton in Connecticut, wo sie als Museumsschiff besichtigt werden kann.

UNTEN: *Am 1. Juli 2008 tauchte die USS* Providence *(SSN-719) zum Gedenken an den 50. Jahrestag der ersten erfolgreichen Nordpolunterquerung durch die Nautilus am Nordpol auf.*

Rainbow Warrior

In ihrer 30-jährigen Dienstzeit beteiligte sich die *Rainbow Warrior* rund um den Globus an Protesten gegen die verschiedensten Umweltfrevel und machte auf Gefahren für Natur und Umwelt aufmerksam. Ihre prominenten Auftritte bei den weltweiten Greenpeace-Kampagnen fanden auf besonders gewalttätige Weise ein jähes Ende. Es ist eine Geschichte über Spione, Bomben und Staatsgeheimnisse.

TYP: Fischtrawler

STAPELLAUF: Aberdeen, Schottland, 1955

LÄNGE: 40 m

TONNAGE: 418 BRZ

KONSTRUKTION: geschweißter Stahl

ANTRIEB: dieselelektrische Motoren zum Antrieb eines Propellers plus 620 m² Segel (ab 1985)

Das Schiff, das als Wahrzeichen der Umweltbewegung zu Weltruhm gelangen sollte, nahm seinen Anfang als bescheidenes Fischerboot. Es lief 1955 als Trawler *Sir William Hardy* vom Stapel und war das erste britische Schiff mit dieselelektrischem Antrieb. Es gehörte dem britischen Ministerium für Landwirtschaft, Fischerei und Lebensmittel, das es als Forschungsschiff einsetzte. 1977 brauchte man es nicht mehr und bot es zum Verkauf an.

Greenpeace UK, der britische Zweig der internationalen Umweltorganisation, wurde darauf aufmerksam, ein Schiff wie die *Sir William Hardy* könnte man gut gebrauchen. Nach acht Monaten hatte Greenpeace das Geld für die Anzahlung in Höhe von 10 Prozent zusammen, um sich den Kauf zu sichern. Der Restbetrag musste nach weiteren 60 Tagen beglichen werden. Zunächst sah es so aus, als würde den Umweltschützern das Schiff dann doch wegen fehlender Mittel durch die Finger gleiten, bis der niederländische Zweig des World Wildlife Fund (WWF) anbot, eine Kampagne zur Rettung der Wale mitzufinanzieren. Nun konnte Greenpeace UK das Schiff erwerben. Es wurde 1977 innerhalb von vier Monaten instandgesetzt und am 2. Mai 1978, umgetauft auf *Rainbow Warrior* (Regenbogenkrieger), wieder zu Wasser gelassen. Die 24-köpfige Crew stammte aus zehn verschiedenen Nationen.

Dieselelektrischer Antrieb

Das dieselelektrische Antriebssystem der *Rainbow Warrior* hat seinen Ursprung in der russischen Ölschute *Vandal*, die 1903 für den Öltransport auf der Wolga und dem Wolga-Ostsee-Kanal gebaut wurde. Da sie zu klein für eine ausreichend leistungsstarke Dampfmaschine war, erhielt sie Dieselmotoren zum Antrieb eines Generators, der die Elektroantriebsmotoren mit Strom versorgte. Der Hauptvorteil des dieselelektrischen Antriebs bestand und besteht auch heute noch darin, dass man die Dieselmotoren überall im Rumpf installieren kann, da es zwischen Motor und Propeller keine mechanische Verbindung gibt. Die *Vandal* erregte großes Interesse und führte 1908 zum Bau des weltweit ersten seetüchtigen Dieselelektroschiffs, einem Tanker namens *Mysl*.

OBEN: *Umweltaktivisten gehen im März 1982 von Bord der* Rainbow Warrior *aufs Eis im Sankt-Lorenz-Golf in Kanada, um gegen die alljährliche Robbenjagd zu protestieren.*

Kampagnen auf hoher See

Ihren ersten Auftritt auf der Weltbühne hatte die *Rainbow Warrior* bei einem Protest gegen den isländischen Walfang. Trotz wiederholter Geld-, Treibstoff- und Ausrüstungsprobleme bewährte sich das kleine Schiff gut. 1981 gaben die dieselelektrischen Motoren ihren Geist auf und mussten durch neue ersetzt werden, bei den Umbauarbeiten entdeckten die Mechaniker, dass das ursprüngliche Hydrauliksystem des Schiffs für die Verwendung von Waltran als Schmieröl ausgelegt war! Die weiteren Proteste und der unnachgiebige Druck auf die Walfangnationen führten 1982 schließlich zur Verabschiedung eines Moratoriums, das den kommerziellen Walfang verbot.

1985 plante Frankreich seine nächsten Atomtests auf dem Mururoa-Atoll im Pazifik. Und so machte sich die *Rainbow Warrior* auf den Weg zum Testgebiet, wo man Proteste durchführen und die Versuche, soweit möglich, stören wollte. Im Juli des Jahres erreichte sie Neuseeland. Bereits bei früheren Protesten gegen die französischen Atomtests war das Greenpeace-Schiff – das man inzwischen umweltfreundlicher auch mit Segeln ausgestattet und damit zur weltgrößten Ketsch gemacht hatte – von französischen Kommandos geentert worden. Man rechnete also mit Widerstand, doch niemand rechnete mit dem, was dann geschah.

> Die Welt ist krank und liegt im Sterben, die Menschen werden sich erheben wie Regenbogenkrieger …
>
> **Auszug aus dem Buch *Warriors of the Rainbow* von William Willoya und Vinson Brown (Naturegraph, 1962), nach dem die *Rainbow Warrior*-Schiffe benannt wurden**

LINKS: *Ein Arbeiter untersucht das von einer Bombe in den Rumpf der* Rainbow Warrior *gerissene Loch. Französische Geheimagenten hatten den Anschlag 1985 in Neuseeland verübt.*

Angriff auf einen Krieger

Kurz vor Mitternacht des 10. Juli fanden sich die 11 Besatzungsmitglieder an Bord der *Rainbow Warrior* plötzlich in völliger Dunkelheit wieder. Unmittelbar darauf erfolgte ein lauter Knall und Wasser schoss krachend ins Schiff. Die Crew glaubte zunächst, ein Boot hätte sie gerammt. Da erfolgte ein zweiter, stärkerer Knall. Alle stürmten von Bord auf den Kai. Binnen weniger Minuten geriet das überflutete Schiff in Schlagseite. Auf einmal bemerkte die Crew, dass jemand fehlte. Es war zunächst unklar, ob sich Greenpeace-Fotograf Fernando Pereira zum Zeitpunkt des Unglücks auf dem Schiff befunden hatte oder nicht. Tragischerweise aber war er an Bord gewesen und ist ertrunken.

Die *Rainbow Warrior* war nicht gerammt worden, soviel stand schnell fest. Die Umweltschützer vermuteten Sabotage, da sich nichts an Bord befunden hatte, was die zwei Explosionen hätte auslösen können. Taucher entdeckten unterhalb der Wasserlinie ein in den Rumpf gerissenes Loch von 2,4 m mal 1,8 m Größe und bargen Teile von Haftminen, die nicht aus Neuseeland stammten, was bewies, dass die *Rainbow Warrior* Ziel eines brutalen Anschlags geworden war. Doch wer steckte dahinter? Der Verdacht fiel direkt auf Frankreich.

Zwei Personen, die sich als Schweizer Touristen ausgaben, wurden festgenommen. Sie stellten sich als französische Geheimagenten heraus, Major Alain Mafart und der weibliche Hauptmann Dominique Prieur. Nach anfänglichem Leugnen gab der französische Premierminister schließlich zu, dass es sich bei den beiden um Agenten des französischen Auslandsnachrichtendienstes DGSE (Direction Générale de la Sécurité Extérieure) handelte und dass sie auf dessen Anweisung gehandelt hätten. Ein Gericht ver-

NEUE KRIEGER

Greenpeace erwarb nach dem ersten zwei weitere *Rainbow Warrior*-Schiffe – 1989 die *Rainbow Warrior II* und 2011 die *Rainbow Warrior III* –, um die Umweltschutzkampagnen fortzusetzen. Die *Rainbow Warrior II* war ein umgerüsteter Schoner, basierend auf dem Rumpf eines 1957 erbauten Hochseetrawlers. Sie kam vier Jahre nach dem Versinken der *Rainbow Warrior* erstmals zum Einsatz. 2011 wurde sie außer Dienst gestellt und im selben Jahr durch die *Rainbow Warrior III* ersetzt, ein spezialgefertigter Motorsegler. Die Mittel dafür wurden über Crowdfunding im Internet gesammelt, an dem sich mehr als 100 000 Spender aus aller Welt beteiligt hatten.

UNTEN: *Die* Rainbow Warrior II *führt die von der ersten* Rainbow Warrior *begonnene Arbeit fort und nimmt 2008 an einem Protest gegen den geplanten Bau eines Kohlekraftwerks in Ashkelon, Israel, teil.*

urteilte Frankreich zu einer Schadenersatzzahlung von rund 8 Millionen Dollar an Greenpeace. Die Geheimagenten wurden angeklagt, für schuldig befunden und zu zehn bzw. sieben Jahren Haft verurteilt. Zum Absitzen der Strafe verlegte man sie in eine französische Militärbasis in Französisch-Polynesien, doch bereits nach zwei Jahren kamen sie wieder frei, was Frankreich erneut internationale Kritik eintrug. Zwei weitere Personen – eine französische Spionin, die vor dem Attentat nachweislich das Greenpeace-Büro in Auckland infiltriert hatte, sowie ein in den Anschlag verwickelter Kampfschwimmer – verschwanden nach dem Vorfall und konnten nicht ausfindig gemacht werden.

Die *Rainbow Warrior* wurde einen Monat später geborgen, doch sie war zu stark beschädigt, um sie noch einmal instand setzen zu können. 1987 versenkte man sie vor Neuseeland zwischen Matauri Bay und den Cavalli-Inseln als künstliches Riff, an dem sich sowohl Meereslebewesen als auch Taucher erfreuen können.

NS *Lenin*

Als in den 1950er-Jahren die ersten nukleargetriebenen U-Boote vom Stapel liefen, glaubte man, sie läuteten ein neues Atomzeitalter im Seeverkehr ein. Dies schien sich zu bestätigen, als die Sowjetunion das erste zivile Atomschiff baute. Man rechnete damit, dass es das erste von vielen atomgetriebenen Schiffen unterschiedlichster Art sein würde.

TYP: Atomeisbrecher

STAPELLAUF: Leningrad, UDSSR (heute Sankt Petersburg, Russland), 1957

LÄNGE: 134 m

TONNAGE: 16 000 Tonnen Wasserverdrängung

KONSTRUKTION: geschweißter Stahl

ANTRIEB: 3 OK-150-Kernreaktoren bis 1970 (2 OK-900-Kernreaktoren nach 1970), Turbogeneratoren, Elektromotoren, 3 Propeller

OBEN: *Nach 30 Jahren Dienst als weltweit erster Atomeisbrecher wurde die* Lenin *in Murmansk für immer vertäut und in ein Museum umgewandelt.*

Die Küstengewässer in Russlands Norden sind die kürzeste Verbindung zwischen dem Osten und dem Westen des Landes, doch jeden Winter friert das Meer zu und man benötigt Eisbrecher, um die Fahrwasser der nördlichen Seeroute freizuhalten. Der Energieverbrauch zum Durchbrechen des dicken Eises ist extrem hoch. Eisbrecher mit herkömmlichen Dieselmotoren verbrennen mehrere Tonnen Treibstoff in der Stunde und müssen häufig in den Hafen zum Tanken zurückfahren. Im Gegensatz dazu besitzt ein Atomeisbrecher praktisch unbegrenzte Fahrdauer. Er kann monatelang ohne Nachladen der Brennelemente auf See bleiben. 1953 entschied die damalige UDSSR, einen Atomeisbrecher zu bauen. Das Schiff, die *Lenin*, lief vier Jahre später vom Stapel. 1959 absolvierte sie ihre Jungfernfahrt.

> Unser Atomeisbrecher *Lenin* wird nicht nur das Eis der Meere brechen, sondern auch das Eis des Kalten Krieges.
> **Nikita Chruschtschow, sowjetischer Ministerpräsident, 1959 anlässlich seines Besuchs in den Vereinigten Staaten**

Als Energiequelle dienten drei OK-150-Druckwasserreaktoren, von denen in der Regel zwei im Einsatz waren und ein dritter in Reserve stand. In jedem Reaktorkern befanden

ATOMSCHIFFE

Die Sowjetunion, und später Russland, bauten insgesamt zehn zivile Atomschiffe – neun Eisbrecher und ein Containerschiff, die *Sevmorput*. Wahrscheinlich werden auch noch mehr gebaut. Die meisten der Eisbrecher gehören zur *Arktika*-Klasse. Jedes dieser 23000-Tonnen-Schiffe kann länger als sieben Monate auf See bleiben und muss nur alle vier Jahre die Brennelemente wechseln. Bei der Navigation helfen Satelliten, die das Eis überwachen und sicherstellen, dass die Schiffe nicht in zu dickes Eis geraten. Die Eisbrecher sorgen jedoch nicht nur für freie Fahrwasser, manche bringen auch Touristen zum Nordpol. Neben den sowjetischen/russischen Schiffen gab es nur drei weitere zivile Atomschiffe: die *Mutsu* (Japan), die *Otto Hahn* (Deutschland) und die *Savannah* (USA). Alle drei sind im Ruhestand, sodass Russland derzeit als einziges Land noch zivile Atomschiffe im Einsatz hat.

sich knapp 8000 angereicherte Uranbrennstäbe in 219 Brennstoffelementen. Das Aggregat war mit gerade einmal 1,6 m Höhe und 1 m Durchmesser sehr kompakt.

Zur Kühlung des Brennstoffs und zum Abtransport der Wärme strömte Wasser durch die Kanäle im Kern. Die Temperatur des in die Reaktoren einlaufenden Kühlwassers betrug 248 °C, die des auslaufenden Wasser 825 °C. Um ein Sieden des Wassers zu verhindern, wurde es unter großem Druck gehalten, bei etwa 28 bar. Das extrem heiße Druckwasser erwärmte im Sekundärkreislauf Wasser zur Erzeugung von Dampf für die Schiffsturbinen. Diese trieben die Generatoren zur Stromversorgung der Motoren an, die die Propeller drehten.

Die von den Reaktoren erzeugte Energie erlaubte es der *Lenin*, einen Weg durch bis

UNTEN: *Der größte Eisbrecher der Welt ist die* 50 Let Pobedy *(*50 Jahre Sieg*), ein riesiges russisches Atomschiff der* Arktika*-Klasse.*

zu 2,5 m dickes Eis zu bahnen. Das Schiff verbrauchte nun nicht mehr mehrere Tonnen Dieselöl pro Stunde, sondern gerade einmal 45 g Urantreibstoff pro Tag.

Innen soll die *Lenin* mit relativ komfortablen Wohnquartieren für ihre 243 Besatzungsmitglieder ausgestattet gewesen sein, darunter Sauna, Bibliothek, Kino, Rauchersalon und ein Musikzimmer mit einem Konzertflügel.

Atomunfälle

Die *Lenin* hatte ein, eventuell auch zwei Atomunfälle. Aufgrund der Geheimniskrämerei der Sowjetunion im Kalten Krieg, selbst in nichtmilitärischen Angelegenheiten, kamen nur wenige Details ans Licht. 1965 stellte man beim Wechseln der Brennelemente fest, dass einige davon in einem der drei Reaktoren gebrochen und deformiert waren. Die Untersuchung zeigte, dass Kühlwasser vom Reaktor entfernt worden war, obwohl er noch Brennelemente enthielt. Diese hatten sich ohne Kühlmittel überhitzt und verbogen oder

ATOME FÜR DEN FRIEDEN

Die NS *Savannah* war das erste Atom-Handelsschiff und lief 1959, zwei Jahre nach der *Lenin*, vom Stapel. Ihr Bau erfolgte auf Initiative von US-Präsident Dwight D. Eisenhower, der damit im Rahmen seines Programms «Atoms for Peace» (Atome für den Frieden) die friedliche Nutzung von Kernenergie propagieren wollte. So fungierte die *Savannah* vorrangig als Botschafterin für diesen Zweck und war nicht auf kommerziellen Erfolg ausgerichtet. Sie war schön im Aussehen, im Betrieb jedoch teurer als Dieselschiffe, bedurfte zudem einer größeren Crew, besaß geringere Ladekapazität und war schwieriger zu be- und entladen. Zunächst diente die *Savannah* als Passagier- und Frachtschiff, dann nur noch als Frachtschiff. Als sie 1971 stillgelegt wurde, hatte sie 720 000 Kilometer zurückgelegt, 87 heimische und ausländische Häfen angelaufen und 1,4 Millionen Besucher empfangen.

sind zum Teil sogar geschmolzen. Nur 94 der Brennelemente konnten entfernt werden. Die übrigen 125 steckten im Reaktor fest und ließen sich nicht herausziehen. Der gesamte Kern wurde herausgenommen und im Meer entsorgt.

Ein zweiter Unfall, bei dem es ebenfalls um Kühlwasserverlust ging, ereignete sich möglicherweise 1967, wobei es sich auch um eine andere Version des ersten Unfalls handeln könnte. Einer der Reaktoren hatte ein Leck im Kühlrohrsystem. Um die undichte Stelle zu finden, musste der biologische Schutzschild, bestehend aus Beton und Metallspänen, geöffnet werden. Man schlug ihn mit Vorschlaghämmern auf und beschädigte dabei den Reaktorkern so schwer, dass er sich nicht mehr reparieren ließ. Die gesamte Reaktorkammer wurde samt Dampfgeneratoren und Pumpen vom Schiff entfernt.

OBEN: *Dieses dünne Eis ist für die* Lenin *ein leichtes Spiel. Sie kann bis zu 2,5 m dickes Eis durchbrechen. Spätere Eisbrecher, wie die* 50 Let Pobedy, *werden sogar mit doppelt so dicken Eisschichten fertig.*

Man verholte die *Lenin* dann in die Zvezdochka-Werft in Sewerodwinsk in Nordrussland, um 1970 eine neue Reaktoreinheit einzubauen. Die ursprünglichen drei OK-150-Reaktoren wurden nun durch zwei verbesserte und leistungsstärkere OK-900-Reaktoren ersetzt. Diese dienten dem Schiff als Energiequelle, bis man es 1989 außer Dienst stellte, weil der Rumpf nach 30 Jahren Eisbrechen Verschleißerscheinungen zeigte. Die *Lenin* hatte mehr als 925 000 km zurückgelegt und 3741 Schiffen einen Weg durch das gefrorene Polarmeer gebahnt. 1990 wurden die abgebrannten Brennelemente aus den Reaktoren entfernt, das Schiff in die Atomflot-Basis für Atomeisbrecher in Murmansk überführt und im Hafen vertäut. Im Jahr 2000 wurde der Umbau zu einem Museum beschlossen, das 2009 eröffnete.

Andere Länder experimentierten ebenfalls mit zivilen Atomschiffen, doch die hohen Kosten, die potenziell verheerenden Folgen von Unfällen mit ihren Atomreaktoren sowie der Aufwand für die sichere Außerdienststellung am Ende ihrer Dienstzeit machten sie in den meisten Fällen unrentabel. Es folgten viele weitere Militärfahrzeuge mit Atomantrieb, insbesondere Flugzeugträger und U-Boote. Das neue Zeitalter ziviler Atomschiffe stellte sich jedoch nicht ein.

LINKS: *Der Kontrollraum der* Savannah *sieht aus wie der eines Kernkraftwerks, da viele der Systeme und Kontrolleinrichtungen die gleichen sind.*

SS *Torrey Canyon*

Am 18. März 1967 schrieb die *Torrey Canyon* Geschichte, als sie auf Grund lief. Ihr Unfall machte weltweit Schlagzeilen, denn sie war kein gewöhnliches Schiff. Die *Torrey Canyon* war damals das größte Schiff, das je havarierte – ein Supertanker voller Öl, der die erste große Ölkatastrophe auf See verursachte.

TYP: LR2-Öltanker der *Suezmax*-Klasse

STAPELLAUF: Newport News, Virginia, USA, 1959

LÄNGE: 297 m

TONNAGE: 61 263 BRT

KONSTRUKTION: geschweißter Stahl

ANTRIEB: Dampfturbine, 1 Propeller

Am 19. Februar 1967 wurde die *Torrey Canyon* in Kuweit mit mehr als 101 000 Tonnen Rohöl beladen. Dann setzte sie Kurs auf die Kanarischen Inseln, wo sie am 14. März eintraf. Dort erst informierte man Kapitän Pastrengo Rugiati über seinen Zielhafen, Milford Haven in Wales. Es war üblich, die Destination möglichst spät zu bestätigen, um das Schiff je nach Lage auf dem Ölmarkt in die Vereinigten Staaten, einen Mittelmeerhafen oder nach Westeuropa zu schicken. Der Kapitän wurde angewiesen, spätestens am 18. März um 23.00 Uhr in Milford Haven einzutreffen, sonst müsste er eine

RECHTS: *Eine von Orkanböen aufgepeitschte See schlägt gegen die auf Grund gelaufene* Torrey Canyon. *Das war zu viel für den Tanker, er brach entzwei und das gesamte Öl floss ins Meer.*

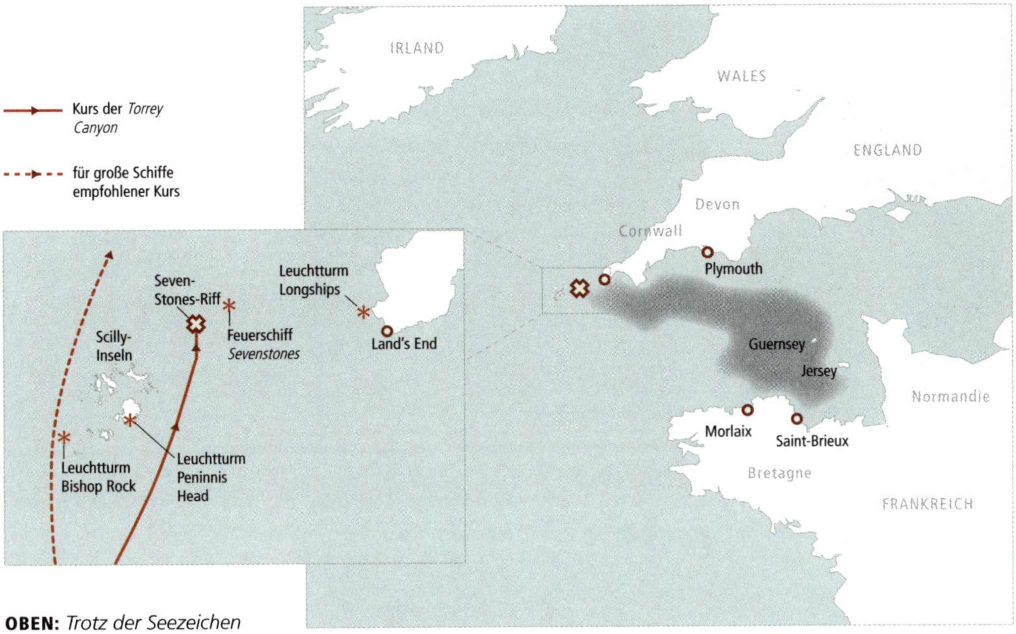

OBEN: *Trotz der Seezeichen wie dem* Sevenstones-*Feuerschiff lief die* Torrey Canyon *auf Grund. Ein Navigationsfehler und Probleme auf der Schiffsbrücke brachten sie auf Kollisionskurs mit dem Pollard Rock – einem Teil des «Seven Stones»-Riffs vor der Südwestspitze Englands.*

Woche warten, bis die Flut wieder hoch genug stünde, damit er in den Hafen einlaufen könnte. Es würde schwierig werden, den Termin einzuhalten, der Kapitän stand unter enormem Druck, Verzögerungen zu vermeiden.

Am 17. März setzte Rugiati das Schiff für die Nacht auf Autopilot, am nächsten Morgen würde er steuerbords die Scilly Isles sehen. Doch sie lagen wider Erwarten backbords. Starke Meeresströmungen hatten die *Torrey Canyon* in der Nacht vom Kurs abgebracht. Sie steuerte auf eine Durchfahrt zwischen den Scilly-Inseln und der Südwestspitze von Cornwall auf dem britischen Festland zu, in der sich dummerweise auch das Seven-Stones-Riff befindet. Es ist bei Flut nicht zu sehen und gereichte schon unzähligen Schiffen zum Verhängnis.

Durch die Lücke

Rugiati beschloss, zwischen Inseln und Riff hindurchzufahren, und zwar in der sicheren Tiefwasserrinne. Da bemerkten die Offiziere einen Fehler in ihren Positionsberechnungen – das Schiff befand sich viel näher am Riff als gedacht. Der Steuermann wurde angewiesen, nach Nord zu drehen, doch das Schiff reagierte nicht. Der Kapitän vermutete einen technischen Defekt und überprüfte Sicherungen und Hydraulik, aber alles lief einwandfrei. Da sah er, dass ein Steuerhebel auf der Brücke aus seiner Stellung gerissen war, sodass Steuer und Ruder entkoppelt waren. Er brachte den Hebel wieder in Position und befahl eine harte Wende nach Backbord, doch es war zu spät. In voller Fahrt schrammte das Schiff über den Pollard's Rock in den Seven Stones. Der scharfe Fels riss den Rumpfboden der *Torrey Canyon* auf.

OBEN: *Eine von Tankern wie der* Torrey Canyon *verursachte Ölpest bringt vielen Vögeln den Tod: Sie landen im Öl, verkleben ihr Federkleid damit und verschlucken es beim Versuch, sich zu säubern. Bei der Ölkatastrophe der* Torrey Canyon *starben rund 25 000 Vögel.*

Öl begann auszulaufen. Notfallpläne oder Handlungsanweisungen für derartige Unfälle existierten damals noch nicht, noch nie war es zu einem Unglück dieses Ausmaßes gekommen. Man forderte einen Schlepper an und traf Vorbereitungen, das Schiff vom Riff zu ziehen. Um Ballast abzuwerfen, pumpte man einen Teil des gebunkerten Öls ins Meer. Innerhalb kurzer Zeit entstand ein 10 km langer Ölteppich, der tags darauf bereits auf eine Länge von über 30 km angewachsen war. Um die drohende Verseuchung der umliegenden Strände zu verhindern, wurden Schiffe entsandt, die den Ölteppich mit einem Spülmittel besprühen sollten, damit er sich auflöste.

Zwei Versuche, das Schiff flottzumachen, scheiterten. Fünf Männer waren noch an Bord, als es zu einer Explosion kam, bei der zwei Männer ins Meer geschleudert wurden und starben. Ein paar Tage später erreichte das Öl die englische Küste. Weitere Bemühungen, das Schiff vom Riff zu ziehen, blieben ebenfalls erfolglos. Es saß fest und begann nun, auseinanderzubrechen und dabei weiteres Öl ins Meer zu vergießen. Man beschloss, das Schiff und das auslaufende Öl mithilfe von Bomben in Brand zu setzen. Acht Buccaneer-Düsenjets der britischen Marine warfen 42 Bomben ab, Düsenjets der Royal Air Force Flugzeugtreibstoff und Napalm. Für die Schaulustigen war es ein außergewöhnliches Spektakel. Das Schiff fing Feuer, das ausgelaufene Öl auf dem Wasser jedoch nicht. Nichts konnte das Öl auf seinem Weg zur Küste aufhalten, das in den folgenden fünf Monaten Strände in Großbritannien und Frankreich verseuchte. Ein Großteil der Meereslebewesen zwischen Südengland und Frankreich verendete, bis zu 25 000 Vögeln fanden den Tod.

ATLANTIC EMPRESS

Die größte durch ein Schiff verursachte Ölpest ereignete sich am 19. Juli 1979, als die SS *Atlantic Empress* östlich von der zu den Kleinen Antillen zählenden Insel Tobago mit einem anderen Tanker kollidierte, der *Aegean Captain*. Beide Schiffe fingen Feuer. Insgesamt starben auf beiden Schiffen 27 Seeleute, mehrere wurden verletzt. Das Feuer auf der *Aegean Captain* brachte man unter Kontrolle, das Öl konnte herausgepumpt werden. Die brennende *Atlantic Express* konnte jedoch nicht gelöscht werden, sie wurde weit hinaus aufs Meer geschleppt, wo sie nach mehreren Explosionen versank. Der Tanker hatte 287 000 Tonnen Öl verloren.

ÖLSEUCHEN

Zwei der schlimmsten Ölkatastrophen wurden von der *Exxon Valdez* und der *Amoco Cadiz* verursacht. Die *Amoco Cadiz* war ein großer Rohöltanker, der 1978 vor der französischen Küste vor Portsall auf felsigen Grund lief. Sie hatte fast doppelt so viel Öl gebunkert wie die *Torrey Canyon*, die gesamte Ladung lief aus. Das Schwesterschiff der *Amoco Cadiz*, die MT *Haven*, verlor ihre Ölfracht ebenfalls, als sie 1991 Feuer fing und vor der italienischen Küste versank. Am 24. März 1989 stieß der Öltanker *Exxon Valdez* auf das Bligh-Riff im Prinz-William-Sund in Alaska. Dabei liefen mindestens 41 Millionen Liter Öl aus, manche Schätzungen gehen von der doppelten Menge aus. Notfallmaßnahmen gestalteten sich aufgrund der Abgeschiedenheit der Unglücksstelle schwierig. Mehr als 2000 km Küste und eine Meeresfläche von 28 000 Quadratkilometern wurden verseucht.

OBEN: *Als der Öltanker* Amoco Cadiz *1978 vor der bretonischen Küste auf Grund lief, verursachte er die bis dahin größte Ölpest im Meer.*

Lehren für die Zukunft

Die *Torrey Canyon* hatte die erste große Ölpest der Welt verursacht. Eine Untersuchung der Rettungs- und Bergungsmaßnahmen ergab, dass alle durchgeführten Maßnahmen entweder zu spät oder in nicht ausreichendem Umfang erfolgten oder sogar alles noch verschlimmert hatten. So erwies sich das Besprühen des Öls mit Spülmittel als besonders kontraproduktiv. Kleinere Ölverschmutzungen hatte man bisher auf diese Weise beseitigen können. Doch als man den riesigen Ölteppich der *Torrey Canyon* damit besprühte, lösten sich Unmengen Öl im Meerwasser auf, das nun leichter von Meeresorganismen aufgenommen werden konnte. Auch das Spülmittel selbst war ein Problem. Es mag nach einem harmlosen Geschirrreiniger klingen, tatsächlich jedoch handelte es sich um einen Cocktail aus extrem giftigen und für Meereslebewesen schädlichen Chemikalien.

Aus dem Unfall der *Torrey Canyon* zog man wichtige Lehren, um künftig besser mit derartigen Katastrophen umzugehen. Zudem wurden neue Vorschriften und Gesetze erlassen, um das Unfallrisiko zu mindern und die im Ernstfall zu ergreifenden Maßnahmen zu verbessern. Und zu Ernstfällen kam es immer wieder – seit der *Torrey Canyon* ereigneten sich wenigstens zehn weitere durch Supertanker verursachte Ölkatastrophen auf See.

USS *Enterprise*

Die USS *Enterprise* (CVN 65) war das achte Kriegsschiff der amerikanischen Marine mit diesem Namen. Zugleich war es das erste einer neuen Generation von großen Flugzeugträgern mit Nuklearantrieb. Es stand mehr als 50 Jahre im Dienst der US Navy und beteiligte sich an Operationen, die von der Kubakrise in den 1960er-Jahren bis zu den Kriegen im Irak und in Afghanistan in den früheren 2000er-Jahren reichen.

TYP: Flugzeugträger der *Enterprise*-Klasse

STAPELLAUF: Newport News, Virginia, USA, 1960

LÄNGE: 342 m

TONNAGE: 94 781 Tonnen Wasserverdrängung

KONSTRUKTION: geschweißter Stahl

ANTRIEB: 8 Westinghouse-A2W-Kernreaktoren, 280 000 PS (210 MW), 4 Dampfturbinen, 4 Propeller

Der Entwurf für die *Enterprise* war ehrgeizig und experimentell. Sie verfügte über acht Westinghouse-Druckwasserreaktoren, von denen jeweils zwei eine der vier Dampfturbinen antrieben. Erstmals hatte man zwei Reaktoren auf diese Art kombiniert, sodass die zuständigen Ingenieure nicht sicher waren, ob sich dieses Antriebssystem bewähren würde. Es wurde ein großer Erfolg. Während der Langzeiterprobungen auf See erreichte das massive Schiff Spitzengeschwindigkeiten von mehr als 30 Knoten (55 km/h). Es war ein schwimmender Flughafen, den man auf allen Weltmeeren überall platzieren konnte. Die Anzahl der Schiffs- und Flugzeugbesatzungen entsprach der Bevölkerung einer Kleinstadt. In kampfbereitem Zustand bestand die Schiffsbesatzung aus 3200 und das Flugpersonal aus 2480 Mann.

Bei einer ihrer ersten Aufgaben diente die *Enterprise* als Beobachtungsstation für den ersten bemannten Weltraumflug im Februar 1962 mit John Glenn. Ein paar Monate später wurde sie zu ihrem ersten internationalen Konflikt entsandt, der Kubakrise. Die Sowjetunion hatte auf Kuba, nur 145 km von der amerikanischen Küste entfernt, Atomraketen stationiert. Um die Stationierung weiterer Raketen zu verhindern, riefen die Vereinigten Staaten eine

RECHTS: *Die USS* Enterprise (CVN-65) *2003 im Indischen Ozean auf dem Weg in den Persischen Golf zur Luftunterstützung in der Operation «Iraqi Freedom».*

RECHTS: *Die Luftaufnahme der* Enterprise *zeigt ihre Insel. Ursprünglich besaß sie einen Gewölbeaufbau für Radar und andere Antennen. Als das Schiff zwischen 1979 und 1982 umgebaut wurde, modifizierte man die Insel nach dem Vorbild der Flugzeugträger der* Kitty Hawk*-Klasse.*

Blockade Kubas aus und verlangten von der Sowjetunion, die existierenden Raketen zu entfernen. 13 Tage währte die Pattsituation zwischen den beiden Supermächten, während der sich die Welt am Rande eines Atomkriegs bewegte. Schließlich wurde eine Katastrophe abgewendet, als die Sowjetunion einlenkte und willens war, alle Raketen abzubauen, wenn Präsident Kennedy im Gegenzug auf eine Invasion Kubas verzichtete. Zusätzlich erklärte sich Kennedy in geheimer Absprache bereit, US-Raketen aus der Türkei abzuziehen.

FÜR UND WIDER

Atom-Flugzeugträger besitzen im Vergleich zu herkömmlichen Vor- und Nachteile. Der größte Nachteil ist wirtschaftlicher Natur. Nukleargetriebene Träger sind teurer in Bau und Betrieb und auch bei der Wartung, für die sie entsprechend geeignete Werften benötigen. Doch die Vorteile machen die Nachteile wett. Atomträger können quasi unbegrenzt mit Höchstfahrt laufen, müssen seltener den Brennstoff nachladen, verfügen über mehr Strom für Bordsysteme und mehr Platz für Flugzeuge und Treibstoff, und sie stoßen keinen verräterischen Rauch oder Abgase aus, die den Standort preisgeben könnten.

In den Krieg

Nach ihrer Stationierung im Mittelmeer wurde die *Enterprise* nach Vietnam beordert. Sie beteiligte sich im November 1965 als erstes Atomschiff an einem Krieg, als ihre Bordflugzeuge Luftangriffe gegen den Vietcong starteten. Mehr als 13 400 Einsätze hatten ihre Piloten geflogen, als sie Vietnam im Juni 1967 verließ. Es folgten eine Überholung und Besatzungstraining, bevor sie im Januar 1968 zur Machtdemonstration nach Korea entsandt wurde, nachdem Nordkorea das Aufklärungsschiff *Pueblo* der US Navy aufgebracht hatte.

1969 kam sie abermals in Korea zum Einsatz, weil Nordkorea ein Aufklärungsflugzeug der US Navy über dem Japanischen Meer abgeschossen hatte. Im späteren

OBEN: *Eine F/A-18A-Hornet nähert sich dem Flugdeck der* Enterprise. *Gewöhnlich waren rund 60 Flugzeuge auf der* Enterprise *stationiert, obwohl sie Platz für 90 bot.*

Verlauf des Jahres kehrte sie zum Einbau neuer Reaktorkerne nach Newport News zurück. Da sich die Luftfahrttechnologie im Laufe des langen Dienstlebens eines Atom-Flugzeugträgers weiterentwickelt, transportiert er eines Tages Maschinen, die es zur Zeit seiner Entstehung noch nicht gab. So wurde die *Enterprise* 1973, nach einem weiteren Einsatz in Vietnam, für einen neuen Marinefliegertyp umgerüstet, das Überschallflugzeug F-14 Tomcat mit Schwenkflügeln.

In Friedenszeiten unterstützen Kriegsschiffe oft Hilfseinsätze nach Naturkatastrophen. Vor allem Flugzeugträger sind wegen ihrer ungeheuren Größe und ihrer Lufttransportkapazitäten sowie wegen ihrer Anlagen zur Gewinnung von sauberem Trinkwasser aus Meerwasser von besonderem Nutzen. 1975 leistete die *Enterprise* Hilfe auf Mauritius, nachdem Taifun Gervaise die Insel zerstört hatte. Es folgte eine erneute Entsendung nach Vietnam aufgrund einer weiteren Krise, wo die *Enterprise* an der Operation «Frequent Wind» teilnahm und nach dem Einmarsch nordvietnamesischer Truppen in Südvietnam US-Personal aus Saigon evakuierte. In den 1980er-Jahren wurde sie in Libyen und im Persischen Golf benötigt. Nach neuerlichem Umbau und Wechsel der Brennstoffelemente in den frühen 1990er-Jahren unterstützte sie im restlichen Jahrzehnt Missionen in Bosnien und im Irak.

> ICH DENKE, WIR HABEN DEN JACKPOT GEWONNEN.
>
> **Admiral George W. Anderson, Leiter der Marineoperationen, über die Leistungen der Enterprise bei der Erprobung auf See**

Nach dem Terroranschlag vom 11. September 2011 in den Vereinigten Staaten starteten von der *Enterprise* Luftangriffe gegen al-Qaida in Afghanistan. Zudem gab sie Luftunterstützung bei der Invasion des Iraks in den Jahren 2003–2004 und in späteren Operation gegen den Irak und Afghanistan.

RECHTS: *Die USS* Carl Vinson *ist ein amerikanischer Atom-Flugzeugträger der derzeitigen Generation, der* Nimitz-*Klasse. Die Lektionen, die man aus Bau und Betrieb der* Enterprise *gelernt hatte, trugen zur Bauform dieser Superschiffe bei.*

Die erste Außerdienststellung

2012 kehrte die *Enterprise* nach etlichen Hafenbesuchen rund um den Globus wieder in ihre Bauwerft in Newport News zurück, wo man sie stilllegte. Sie war der erste Atom-Flugzeugträger, der außer Dienst gestellt wurde, und mit 51 Jahren das älteste aktive Schiff der US-Marine. 2025 soll sie abgewrackt werden.

Die *Enterprise* sollte das erste Schiff einer Klasse mit sechs Einheiten sein, doch die Kosten erwiesen sich als deutlich höher als erwartet, sodass sie die einzige blieb und im wörtlichen Sinne eine Klasse für sich war. In der Weiterentwicklung entstand eine neue, verbesserte Baureihe atomgetriebener Träger, die *Nimitz*-Klasse. Diese besitzen nur noch zwei anstelle von acht Atomreaktoren wie die *Enterprise*. In der *Nimitz*-Klasse wurden zehn Träger gebaut, die zum Zeitpunkt des Schreibens des Buchs noch aktiv in Dienst standen. Das erste Schiff der nachfolgenden *Gerald R. Ford*-Klasse ist bereits vom Stapel gelaufen, weitere neun dieser nukleargetriebenen Kolosse sollen folgen. Der Name *Enterprise* wird auf den dritten Flugzeugträger der *Ford*-Klasse, *CVN-80*, übergehen, der 2023 vom Stapel laufen und 2025 in Dienst gestellt werden soll.

UNFÄLLE AUF SEE

Schiffe von der Größe einer *Enterprise* benötigen sehr viel Platz, um sicher manövrieren zu können. Gewöhnlich umfahren sie gefährliche Hindernisse in großem Bogen, sonst riskieren sie teure Reparaturen in Millionenhöhe. Die *Enterprise* hatte mehrere kostspielige Kollisionen mit Sandbänken und Felsen unter Wasser. Auch auf dem Flugdeck eines Trägers ist es gefährlich, dort starten, landen und parken bewaffnete Flugzeuge auf einem relativ kleinen Deck. Auf dem Flugdeck der *Enterprise* ereigneten sich zwei schwere Unfälle. Am 14. Januar 1969 überhitzte auf dem Weg nach Vietnam eine Mk-32-Zuni-Rakete eines auf dem Deck parkenden *Phantom*-Jets und explodierte. Die Detonation löste mehrere Brände und weitere Explosionen auf dem Flugdeck aus, dabei wurden 15 Flugzeuge zerstört. Die Feuer brachte man zwar schnell unter Kontrolle, dennoch verloren 27 Besatzungsmitglieder ihr Leben und Hunderte wurden verletzt. Am 8. November 1998 kollidierte eine EA-6B-Prowler bei der Landung auf dem Deck mit einer S-3 Viking, dabei starb die vierköpfige Crew der Prowler.

UNTEN: *Die USS* Rogers *geht längsseits, um der* Enterprise *nach dem schweren Unfall auf ihrem Flugdeck 1969 Hilfe zu leisten.*

DSV *Alvin*

Die Ozeane sind das letzte unentdeckte Gebiet der Erde. Sie bedecken fast drei Viertel der Erdoberfläche, doch mehr als 95 Prozent sind noch unerforscht. Ein kleines Tauchgefährt mit dem Namen *Alvin* revolutionierte die Meeresforschung. Es ist seit mehr als 50 Jahren das führende bemannte Tauchboot zur Erkundung der Tiefsee.

TYP: Tiefsee-Tauchboot

STAPELLAUF: Bahamas, 1964

LÄNGE: 7 m

TONNAGE: 20,4 Tonnen Wasserverdrängung

KONSTRUKTION: bis 1973 Stahlkugel, danach Titankugel

ANTRIEB: 7 batteriebetriebene elektrische Strahlruder

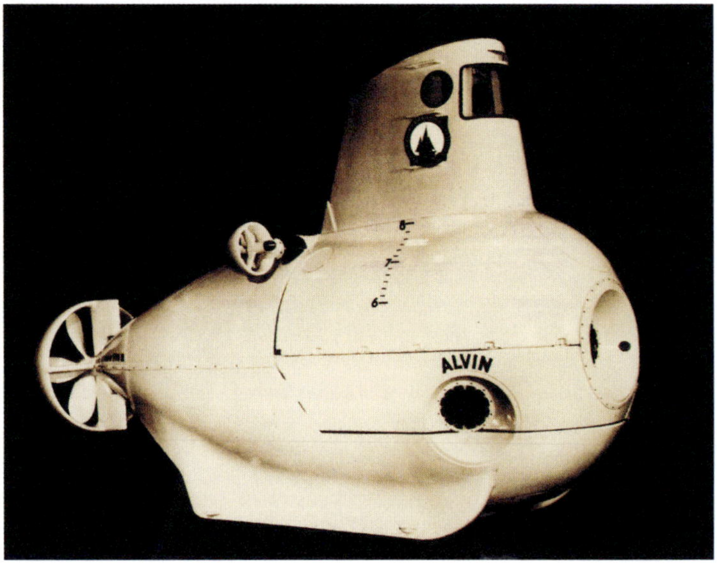

OBEN *RECHTS: Die US Navy veröffentlichte dieses Foto von* Alvin *im Jahr 1964. Das kleine Tauchboot wurde seither mehrfach modernisiert und kann inzwischen sehr viel tiefer tauchen.*

GANZ *RECHTS:* Alvin *wurde 1970 für einen Tauchgang mit feinen Netzen ausgestattet, um Planktonproben für ein Forschungsprojekt der Harvard-Universität zu sammeln.*

Die *Alvin* ist Eigentum der amerikanischen Marine und wird vom Woods Hole Oceanographic Institute (WHOI) an der Küste von Massachusetts betrieben. Das Meeresforschungsinstitut wurde 1930, nur 54 Jahre nach Beendigung der *Challenger*-Expedition, die den Beginn der modernen Ozeanografie markierte, gegründet. Nachdem die Wissenschaftler die Ozeane 20 Jahre lang an der Oberfläche erforscht hatten, wollten sie nun ein neues Gefährt bauen, um die Unterwasserwelt mit eigenen Augen zu sehen. Heraus kam *Alvin*, benannt nach dem WHOI-Wissenschaftler Allyn Vine (1914–1994), der maßgeblich zum Entstehen des Tauchboots beigetragen hatte.

Die dreiköpfige Besatzung von *Alvin* (ein Pilot und zwei Forscher) sitzt in einer druckfesten Kugel, umgeben von einem Außenkörper, in dem die Lufttanks, Batterien und syntaktischer Schaum für den Auftrieb untergebracht sind. Die Crew kann mithilfe von Robotergreifarmen Proben sammeln und in einen vorn am Boot befestigten Korb legen. Die Crew-Kapsel bestand ursprünglich aus Stahl, wurde 1973 aber durch eine stärkere Titankugel ersetzt. Dadurch verdoppelte sich *Alvins* Tauchtiefe auf 3660 m, die 1976, nach weiteren Test, auf 4000 m erhöht wurde. 2011–2012 erfolgte

DIE ERSTEN TIEFTAUCHGÄNGE

Die ersten Tiefseeerkundungen wurden in den 1930er-Jahren mit einer sogenannten Bathysphäre oder Tiefseekugel unternommen, einer hohlen Metallkugel, die am Ende eines langen Kabels unter Wasser hing. In der Kugel saßen der Meeresbiologe William Beebe und der Erfinder der Bathysphäre Otis Barton und schauten durch ein winziges, dickes Bullauge nach draußen. Zwischen 1930 und 1934 absolvierten sie damit mehr als 30 Tauchgänge, der tiefste ging 923 m hinab. Die Tauchgänge ermöglichten es Menschen erstmals, Lebewesen der Tiefsee in ihrem natürlichen Lebensraum zu beobachten.

RECHTS: *William Beebe schaut aus der offenen Luke seiner Bathysphäre. Dank der Kugelform widerstand sie dem starken Wasserdruck in der Tiefsee.*

eine komplette Zerlegung im Rahmen einer Modernisierung zur Verbesserung von Leistung und Tauchtiefe. Man installierte eine neue, größere und dickere Titankapsel, die *Alvin* eine Tauchtiefe von 4500 m ermöglichte. Diese soll nach einer zweiten Modernisierungsphase sogar 6500 m betragen und damit weltweit 98 Prozent des Meeresbodens zugänglich machen.

Für die Beobachtungen stehen der Crew jetzt fünf anstelle von drei Bullaugen zur Verfügung. Zudem erhielt *Alvin* neueste LED-Lampen und High-Definition-Kameras. Strahlruder, Greifarme, Batterien und Sammelkörbe wurden lösbar angebracht, damit sie abgeworfen werden können, falls das Boot damit irgendwo hängenbleiben oder feststecken sollte. *Alvin* war sozusagen neu geboren.

Bomben und Wracks

Zu *Alvins* berühmtesten Tauchgängen gehören die Suche nach einer verlorenen Wasserstoffbombe und Untersuchungen des *Titanic*-Wracks. Am

17. Januar 1966 kollidierte ein B-52-Bomber der US-Luftwaffe mit einem Boing-KC-135-Tankflugzeug während der Luftbetankung über der spanischen Mittelmeerküste. Beide Maschinen zerbrachen und stürzten ab. Die B-52 hatte vier Wasserstoffbomben an Bord, von denen drei in der Nähe des Dorfs Palomares landeten. Der nichtnukleare Brisanzsprengstoff in den Bomben detonierte, sodass die Umgebung mit Plutonium verseucht wurde. Die vierte Bombe vermutete man im Meer. Schiffe und U-Boote starteten eine weiträumige Suche, bis *Alvin* die Bombe schließlich am 17. März ortete. Der unbemannte, kabelgesteuerte Tauchroboter CURV-III (Cable-Controlled Undersea Recovery Vehicle) wurde nach unten geschickt, um sie zu bergen.

UNTEN: *1977 untersuchte* Alvin *den Galapagosgraben, einen vulkanischen Hotspot unter Wasser, aus dem heißes Wasser durch Spalten am Meeresgrund des Pazifiks herausquillt.*

1977 unternahm *Alvin* einige der ersten Tauchfahrten zu hydrothermalen Spalten. An diesen Stellen quillt heißes, chemikalienreiches Wasser aus dem Meeresboden und bildet häufig sogenannte «Schwarze Raucher», hohe, schlotartige Felsenformationen. Die Crews der *Alvin* erforschten Meereslebewesen, die sich in der Umgebung dieser Schlote ansammeln. 1986 tauchten die Forscher mit *Alvin* 12-mal zur *Titanic* hinab, um das Wrack zu fotografieren und es mithilfe eines Prototyps des *Jason*-Tauchroboters zu erkunden.

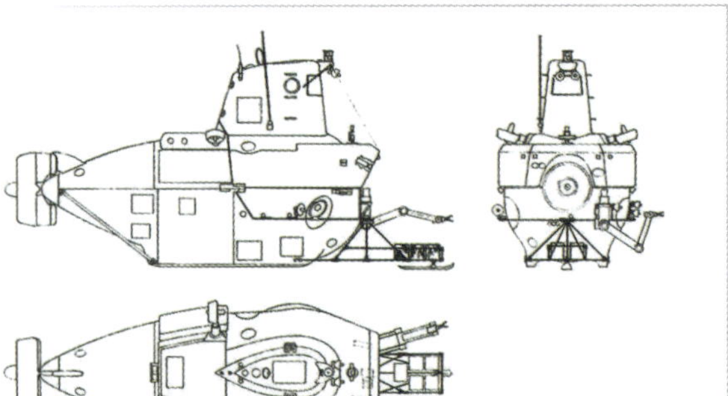

OBEN: *Die drei Ansichten von* Alvin *zeigen die Strahlruder achtern, das Segel über der Crewkugel, das vordere große kreisförmige Sichtfenster und den Sammelkorb vorn.*

Unfälle und wütende Fische

Alvin ist zu klein und zu langsam für selbstständigen Betrieb, daher nennt man das Gefährt auch Tauchboot. Es wird vom Begleit- oder Mutterschiff, dem Forschungsschiff *Atlantis*, zum Einsatzort gebracht und mithilfe eines Krans am Schiffsheck ins Wasser gelassen und nach Beendigung der Expedition wieder an Bord geholt.

Trotz der feindlichen und gefährlichen Umgebung, in der *Alvin* operiert, kam es bislang nur zu wenigen Unfällen. Im September 1967 verlor *Alvin* während einer rauen Bergung einen Greifarm. Er wurde später gefunden, repariert und wieder montiert. Der schlimmste Unfall ereignete sich im Oktober 1968. Als man *Alvin* zu Wasser ließ, riss das Kabel, mit dem er gehalten wurde. Er glitt in die Wellen und versank 5000 m tief. Der Pilot Ed Bland, der sich zu diesem Zeitpunkt im Inneren befand, konnte gerade noch herausklettern, bevor *Alvin* in der Tiefe verschwand. Knapp ein Jahr später wurde das erstaunlicherweise nahezu unversehrte Tauchboot geortet und gehoben. Die von der Crew in der Kugel verstauten Sandwiches sollen sogar noch essbar gewesen sein!

Auf den vielen Expeditionen unter Wasser begegnete *Alvin* allerlei Meerestieren. 1967 wurde er vor den Bahamas von einem Schwertfisch angegriffen. Der Fisch verfing sich in *Alvins* Außenhaut und kam nicht mehr frei. So gelangte er mit an die Oberfläche – und wurde zum Dinner serviert!

In seiner 50-jährigen Dienstzeit hat *Alvin* bisher über 4700 Tauchgänge absolviert und es 13 000 Wissenschaftlern, Ingenieuren und Beobachtern ermöglicht, den Meeresgrund zu erkunden. Ein typischer Tauchgang dauert rund sechs Stunden – zwei zum Abtauchen, zwei für die Arbeit in der Tiefe und zwei zum Auftauchen. *Alvin* kann bequem bis zu zehn Stunden unter Wasser bleiben, im Notfall sogar bis zu 72 Stunden. Bei den Expeditionen wurden Hunderte bislang unbekannte Spezies von Bakterien bis zu riesigen Meereswürmern entdeckt. Die laufenden Überholungen und Modernisierungen stellen sicher, dass *Alvin* viele weitere Jahre führend in der Tiefseeforschung bleiben wird.

FREITAUCHER

Die Bathysphäre führte zur Entwicklung eines neuen Tauchgefährts, des Bathyskaphs. Anders als Beebes Kugel ist ein Bathyskaph nicht mit einem Kabel zum Überwasserschiff verbunden. Die Crew sitzt unterhalb eines mit Benzin gefüllten Auftriebskörpers. Zum Abtauchen werden die Tanks mit Meerwasser geflutet, um das Gefährt zu beschweren, zum Aufsteigen wird schwerer Ballast abgeworfen, damit es leichter wird. Kleine Propeller machen es eingeschränkt manövrierbar. Der erste Bathyskaph war 1948 der *FNRS-2*, der berühmteste jedoch *Trieste* (Foto). Damit vollbrachten Jacques Piccard und Don Walsh am 23. Januar 1960 den ersten bemannten Abstieg ins Challengertief, die tiefste bekannteste Stelle aller Ozeane. Sie tauchten 10 916 m hinab.

Glomar Explorer

1974 steuerte das Bohrschiff *Glomar Explorer* ein Ziel im Pazifik an, um kartoffelgroße Metallklumpen, sogenannte Manganknollen, die sich am Meeresgrund bilden, zu sammeln. So lautete zumindest die offizielle Darstellung. Tatsächlich jedoch hatte man die *Glomar Explorer* speziell für den US-amerikanischen Geheimdienst CIA (Central Intelligence Agency) gebaut, der eine waghalsige Geheimmission durchzuführen beabsichtigte, um an Militärgeheimnisse der Sowjetunion zu gelangen.

TYP: Bohrschiff

STAPELLAUF: Chester, Pennsylvania, USA, 1972

LÄNGE: 189 m

TONNAGE: 51 310 Tonnen Wasserverdrängung

KONSTRUKTION: geschweißter Stahl

ANTRIEB: 5 16-Zylinder-Nordberg-Dieselmotoren zum Antrieb von Generatoren, die 6 Elektromotoren mit 2200 PS (1,6 MW) mit Strom versorgen, 2 Propeller

Am 8. März 1968 sank etwa 2510 km nordwestlich von Hawaii das sowjetische Raketen-U-Boot *K-129*. Die Ursache ist nach wie vor unbekannt. Die Suche der sowjetischen Marine blieb erfolglos, die US-Marine dagegen hatte mehr Glück. Deren geheime Unterwasser-Mikrophone hatten zum Zeitpunkt des Untergangs ein für ein «Implosionsgeschehen» typisches Geräusch aufgefangen, das mit großer Wahrscheinlichkeit vom U-Boot erzeugt wurde, als es in der Tiefe zerdrückt wurde. Dadurch konnte die US Navy die Unglücksstelle grob bestimmen und mit ihrem U-Boot *Halibut* den Meeresgrund mithilfe von Sonar und Kameras abtasten, bis sie das russische U-Boot ortete. Die Bilder zeigten es auf dem Grund in rund 5000 m Tiefe liegend.

Eine Bergung von *K-129* böte den Vereinigten Staaten eine einmalige Gelegenheit, an sowjetische Militärgeheimnisse zu gelangen. Man wollte einen Versuch wagen und Präsident Richard Nixon bewilligte das Projekt höchstpersönlich. Die erste Hürde bestand darin, dass es weder im militärischen noch im zivilen Bereich ein Schiff gab, das ein Wrack aus dieser Tiefe hätte bergen können – daher beschloss die CIA, eines zu bauen. Daraus ergab sich ein zweites Problem. Wenn die Sowjets etwas vom Vorhaben der Amerikaner, das Boot in ihre Hände zu bekommen, mitbekämen, würden sie sicherlich versuchen, die Aktion zu sabotieren. Also musste die wahre Mission des Vorhabens verborgen bleiben. Nach offizieller Verlautbarung

RECHTS: *Das* K-129, *das die* Glomar Explorer *heimlich zu bergen versuchte, war ein sowjetisches U-Boot der Golf-II-Klasse, ähnlich wie dieses.*

OBEN: *Die* Glomar Explorer *kehrte 1974 zu ihrem Dock im kalifornischen Long Beach zurück, nachdem sie versucht hatte, das Wrack eines sowjetischen U-Boots vom Meeresgrund zu bergen.*

baute man ein neues, gewöhnliches Bohrschiff zum Abbau wertvoller Manganknollen. Diese metallhaltigen Klumpen übersäen an manchen Stellen der Tiefsee den Grund und enthalten außer Mangan auch Eisen, Kupfer, Kobalt und Nickel. Die Mission erhielt den Codenamen «Project Azorian».

Bau der *Explorer*

Die *K-129* wog untergetaucht 2743 Tonnen. Um dieses Gewicht zu heben, bedurfte es eines großen Schiffes, dessen wahre Bestimmung jedoch verborgen bleiben musste. Wie brachte man ein U-Boot an die Oberfläche, ohne dass Flugzeuge oder Schiffe mit Spionageauftrag etwas bemerkten? Die Lösung lag in einer innovativen Schiffskonstruktion: Man würde Türen im Rumpfboden öffnen, das U-Boot in eine geheime Schiffskammer hochziehen, die Türen wieder schließen und wegfahren. Die Operation à la James Bond würde unbeobachtet unter Wasser stattfinden.

Die *Glomar Explorer* erreichte die Bergungsstelle am 4. Juli 1974. Sie besaß, ähnlich wie Ölplattformen, einen großen Bohrturm. Auf dem Deck lagerten 18 m lange Stahlrohre: Mithilfe eines Krans wurde jedes Rohr senkrecht aufgestellt, in das darunter befindliche Rohrende geschraubt und ins Wasser abgesenkt. Das wiederholte man, bis das Rohrgestänge lang genug war, um das U-Boot zu erreichen. Am unteren Ende des Gestänges befand sich eine riesige «Kralle» mit Greifarmen, von der Crew auf den Spitznamen *Clementine* getauft. Man hatte sie unter strenger Geheimhaltung in einem permanenten Versteck erbaut, damit Spionageflugzeuge oder -satelliten sie nicht fotografieren konnten. Installiert wurde die Kralle im geheimen Schiffsraum, im sogenannten Moonpool, und zwar von unten her mithilfe einer Tauchschute.

Clementine wurde über dem U-Boot positioniert, dann packten ihre Hydraulikgreifarme das Boot. Kameras übertrugen Bilder zur Besatzung. Alles lief nach Plan. Sowjetische Schiffe umkreisten die *Explorer* – eines ließ sogar einen Hubschrauber starten, der alles aus nächster Nähe in Augenschein nahm und fotografierte –, doch nichts wies darauf hin, dass die *Glomar Explorer* etwas anderes sein könnte als das vermeintliche Bohrschiff.

Die Sowjets hatten zwar irgendwie Wind von einer Geheimoperation bekommen, wussten jedoch nicht, worum es sich handelte. Ebenso wenig kannten sie die genaue Unglücksstelle und vermochten deshalb nicht zu sagen, ob die *Glomar Explorer* sich über dem *K-129* befand. Und selbst wenn, so hätten sowjetische Ingenieure es nicht für möglich gehalten, ein U-Boot aus so großer Tiefe bergen zu können.

Doch dann lief etwas aus dem Ruder. Das U-Boot hatte etwa ein Drittel des Wegs nach oben geschafft, als *Clementines* Hydraulikgreifer aussetzten. Ein ungestütztes Teil des Bootes brach ab und fiel zurück auf den Grund. Nur die vorderen 11 m des U-Boots konnten erfolgreich in den Moonpool der *Glomar* gehoben werden. Im Wrackteil fand man die sterblichen Überreste von sechs Besatzungsmitgliedern. Sie erhielten eine Seebestattung mit allen militärischen Ehren (der Film wurde später den Russen übergeben). Die für die CIA interessantesten Bootsteile – Raketen-, Kontroll- und Maschinenräume sowie die Kommunikationsanlage – waren verloren. Die Sowjetunion glaubte, dass zwei der Torpedos mit atomaren Sprengköpfen von der CIA geborgen wurden. Dies scheint mit den von der Crew der *Glomar Explorer* angeblich gemessenen Strahlenwerten übereinzustimmen.

RECHTS: *Von der* Glomar Explorer *wurde eine Hebevorrichtung zum U-Boot abgesenkt, mit der es hochgehoben und durch eine Öffnung im Rumpf in eine geheime Schiffskammer hineingezogen wurde.*

GLOMAR CHALLENGER

Die *Glomar Explorer* wird häufig mit der *Glomar Challenger* verwechselt, einem Forschungsschiff für Tiefseebohrungen. Die *Glomar Challenger*, benannt nach dem Ozeanvermessungsschiff HMS *Challenger* aus dem 19. Jahrhundert, holte von den späten 1960er-Jahren bis in die frühen 1980er-Jahre 15 Jahre lang insgesamt fast 20 000 Bohrkernproben aus Atlantik, Pazifik, Indischem Ozean, Mittelmeer und Rotem Meer. Die Kernbohrungen aus dem Atlantik lieferten Beweise für die Theorien über Ozeanbodenspreizung, Plattentektonik und Kontinentaldrift.

OBEN: *Die* Glomar Challenger *wird häufig mit der* Glomar Explorer *verwechselt. Sie war jedoch ein echtes Forschungsschiff, das Bohrungen vornahm und in keinerlei geheimnisumwitterte Missionen verwickelt war.*

Undichte Stelle

Das Azorian-Projekt blieb nicht lange geheim. Kurz vor Beginn der Mission wurde in den Büros der *Summa Corporation* eingebrochen. Das Unternehmen gehörte zum Hughes-Firmenimperium. Einige der gestohlenen Unterlagen stellten eine Verbindung von Flieger und Geschäftsmann Howard Hughes zur CIA und der *Glomar Explorer* her. Die CIA war wegen des Diebstahls in großer Sorge und zog das FBI ins Vertrauen, das wiederum die Polizei von Los Angeles bat, in dem Fall zu ermitteln. So kam die Geschichte zwangsläufig den Medien zu Ohren. Die CIA bat die Presse um Vertraulichkeit. Trotzdem veröffentlichte die *Los Angeles Times* am 18. Februar 1975 einen Artikel über die von ihr «Projekt Jennifer» genannte Mission. Nun griffen Fernsehreporter die Geschichte auf und berichteten ebenfalls darüber. Die Deckung der *Glomar Explorer* war aufgeflogen, sodass man nun auf die Bergung des restlichen U-Boots verzichtete.

Die Navy legte die *Glomar Explorer* die nächsten 20 Jahre still. Erst in den späten 1990er-Jahren wurde sie als echtes Tiefsee-Bohrschiff umgerüstet und an das Unternehmen Global Marine Drilling vermietet. Nach einer Reihe von Fusionen und Übernahmen entstand aus der Global Marine Drilling die Transocean Inc., die die *Glomar Explorer* erwarb. Im April 2015 gab man bekannt, dass das inzwischen auf *GSF Explorer* umgetaufte Schiff verschrottet würde.

MS *Allure of the Seas*

Im Laufe des 19. und 20. Jahrhunderts nahmen Ozeandampfer immer größere Dimensionen an. Zu Beginn des 21. Jahrhunderts brach ein neues Schiff alle Rekorde als größtes jemals gebautes Passagierschiff: die *Allure of the Seas*. Sie ist so groß und schwer wie die größten atomgetriebenen Flugzeugträger und senkrecht aufgestellt würde sie den Eiffelturm um 38 m überragen.

TYP: Kreuzfahrtschiff der *Oasis*-Klasse

STAPELLAUF: Turku, Finnland, 2009

LÄNGE: 362 m

TONNAGE: 225 282 BRZ

KONSTRUKTION: geschweißter Stahl

ANTRIEB: 3 Wärtsilä-12V46D-Dieselmotoren mit 18 590 PS (13 860 kW) plus 3 Wärtsilä-16V46D-Dieselmotoren mit 24 780 PS (18 480 kW) zum Antrieb von Generatoren, die 3 Azipods und 4 Querstrahlsteueranlagen mit Strom versorgen

Mit dem Aufkommen von Linienflügen verloren interkontinentale Reisen auf Ozeandampfern an Bedeutung. Doch während immer weniger Passagiere über den Seeweg von A nach B fuhren, gewannen Vergnügungskreuzfahrten zunehmend an Beliebtheit. Die meisten der alten Ozeandampfer eigneten sich nicht für diesen Zweck. Kreuzfahrtschiffe benötigen weniger Tiefgang (Rumpftiefe unterhalb der Wasserlinie), um in kleinere Häfen einlaufen zu können, und im Vergleich zu gewöhnlichen Passagierschiffen eine höhere Anzahl an Kabinen mit Meerblick. Die neue Generation von Kreuzfahrtschiffen legte mehr Gewicht auf Unterhaltung und Annehmlichkeiten und wurde selbst zur Urlaubsdestination – ein schwimmendes Resort und nicht mehr nur reines Transportmittel.

RECHTS: *Die* Allure of the Seas *ist so groß, dass sie sogar ihren eigenen «Central Park» besitzt. Er verläuft längs in der Mitte des Schiffs und ist mit Tausenden lebender Bäume und anderen Pflanzen bestückt.*

OBEN: *Gigantische Kreuzfahrtschiffe wie die* Allure of the Seas, *hier in ihrem Heimathafen in Fort Lauderdale, erinnern an schwimmende Wohnhäuser. Das Schiff ist so ausgelegt, dass möglichst viele Kabinen über Meerblick verfügen.*

2015 waren die beiden Kreuzfahrtschiffe der *Oasis*-Klasse, die *Oasis of the Seas* und die *Allure of the Seas*, die größten Passagierschiffe der Welt. Ein drittes Schiff der *Oasis*-Baureihe, die *Harmony of the Seas*, kam 2016 dazu, weitere sollen folgen. Ihre Wasserverdrängung von rund 100 000 Tonnen entspricht grob derjenigen der weltgrößten Kriegsschiffe. Zwar sind die *Oasis* und *Allure* baugleich, dennoch fiel die *Allure of the Seas* 50 mm länger aus als die *Oasis*. Die *Allure* wurde 2008–2009 im finnischen Turku erbaut und lief am 20. November 2009 vom Stapel. Ein Jahr später begab sie sich auf Jungfernfahrt.

DAS PROBLEM DER PIRATERIE

Die *Allure of the Seas* ist auf Kreuzfahrten in der Karibik spezialisiert, eine Region, die vor knapp 400 Jahren eine Piraten-Hochburg war. Seeräuber wie Blackbeard und Captain Kidd überfielen spanische, französische und englische Schiffe. In den 1830er-Jahren wurde die Piraterie in der Karibik ausgemerzt, doch in anderen Teilen der Welt stellt sie noch immer eine konkrete Gefahr dar. Kreuzfahrtschiffe geraten dabei eher selten ins Visier der heutigen Seeräuber, die Frachter mit wertvoller Ladung und kleinen Crews vorziehen. Mit kleinen Schnellbooten und ausgerüstet mit Automatikwaffen nähern sie sich dem Schiff und entern es. Sie halten Crew, Schiff und Ladung gefangen, bis Lösegeld fließt. Zu den besonders gefährlichen Regionen zählen die Küste vor Somalia, die Malakkastraße, der Golf von Guinea und das Südchinesische Meer. Trotz Seepatrouillen und von den Reedereien selbst ergriffener Abwehrmaßnahmen dürfte die Piraterie in manchen Gegenden weiterhin eine Gefahr bleiben.

OBEN: *Im Jahr 2010 unterfuhr die* Allure of the Seas *die dänische Brücke über den Großen Belt, obwohl sie 7 m höher ist als die Brücke!*

Bitte ducken!

Um von der Ostsee in den Atlantik und in ihren Heimathafen Port Everglades in Florida, USA, zu gelangen, musste die *Allure of the Seas* die dänische Brücke über den Großen Belt unterfahren. Die Durchfahrtshöhe der Fahrrinne zwischen zwei Brückenpfeilern beträgt 65 m. Doch leider misst die *Allure* von der Wasserlinie bis zur Oberkante ihrer Schornsteine 72 m! Die Aufgabe schien unmöglich. Hatten die Schiffbauer einen fatalen Fehler gemacht? Als die *Allure* auf die Brücke zuhielt, erteilte ihr Kapitän drei Kommandos. Zuerst befahl er, die einziehbaren Schlote des Schiffs einzufahren. Dann ließ er die Ballasttanks mit Tausenden Tonnen Wasser fluten, damit das Schiff tiefer im Wasser liegt. Und als letztes beschleunigte er auf 20 Knoten (37 km/h). In flachem Wasser wird auf diese Weise der sogenannte Absunk (auch Squat-Effekt) erzeugt: Wasser, das zwischen Schiff und Grund fließt, muss schneller fließen, um sich durchzuzwängen, dadurch fällt der Wasserdruck und das Schiff wird nach unten gezogen. Auf diese Weise konnte die *Allure of the Seas* die Brücke gefahrlos unterfahren.

SCHIFFE DER ZUKUNFT

Von Zeit zu Zeit gibt es Pläne, noch größere Schiffe als die *Allure of the Seas* zu bauen, ja sogar schwimmende Städte, in denen Menschen dauerhaft leben könnten. Deutlich größere Ozeanriesen als die *Allure of the Seas* oder andere der *Oasis*-Klasse sind jedoch kaum vorstellbar, denn so mancher von Kreuzfahrtschiffen gern angelaufener Hafen bliebe ihnen dann verwehrt. Auch Militärschiffe dürften ihr Limit in dieser Hinsicht erreicht haben. Die Flugzeugträger der *Nimitz*- und *Gerald R. Ford*-Klasse sind heutzutage die größten Militärschiffe auf See. Noch gewaltigere Kriegsschiffe sind unwahrscheinlich, denn große Schiffe sind auch große Ziele. Die Erfindung von Torpedos und ferngelenkten Raketen zeigt, dass kleine Waffen riesige Schiffe zerstören können und die Größe eines Kriegsschiffes keine Überlebensgarantie ist. Vielleicht haben wir die größten Schiffe, die es je geben wird, bereits gesehen.

Antrieb per Gondeln

Schiffe wie die *Allure of the Seas* verfügen über ein völlig anderes Antriebssystem als die alten Ozeandampfer. Bei Letzteren trieb gewöhnlich ein Verbrennungs- oder ein Elektromotor eine Welle an, die den Rumpf durchdrang und am Ende einen Propeller drehte. Das Steuern erfolgte über ein Steuerruder. Bei modernen Schiffen wie der *Allure of the Seas* erfolgen Antrieb und Steuerung über sogenannte Azipod-Systeme. Diese Propellergondeln werden achtern unter dem Schiffsrumpf angebracht und enthalten jeweils einen Elektromotor für den Antrieb eines Propellers. Die Gondeln sind drehbar, sodass sich das Schiff auf diese Weise steuern lässt und Steuerruder überflüssig werden. Die *Allure of the Seas* verfügt über drei Azipods mit jeweils einem 6-m-Propeller.

RECHTS: *Steuerruder sind out, Azipods in. Die drehbaren Propellergondeln der* Allure of the Seas *dienen sowohl zum Antrieb als auch zum Steuern.*

UNTEN: *Das «Aqua Theater» auf der* Allure of the Seas *ist tagsüber ein Swimming-Pool und nachts ein Theater, in dem Wasserspringer und Akrobaten ihre Wassershows präsentieren.*

Anders als bei herkömmlichen Schiffspropellern, die das Schiff vorwärtsschieben, befindet sich der Azipod-Propeller gewöhnlich vor der Gondel und zieht das Schiff durchs Wasser. Bei konventionellem Aufbau wird der Strömungsfluss des Wassers durch Hindernisse in Form von Schraubenwelle und Stevenrohr gestört, bevor es den Propeller erreicht. Vor den Azipod-Propellern dagegen steht der Wasserströmung nichts im Weg. Dadurch erhöht sich die Propellerleistung um 5 Prozent oder mehr. Die *Allure* verfügt zudem über vier Querstrahlsteueranlagen, dank derer sie auf engem Raum in kleinen Häfen besser manövrieren kann. Jede Querstrahlsteueranlage ist zehnmal leistungsstärker als ein Formel-1-Rennwagen.

Das turmhohe Schiff besitzt 18 Decks – 16 für die 5492 Passagiere und zwei für die 2384 Personen starke Besatzung. Zu den Annehmlichkeiten für die Gäste zählen mehr als ein Dutzend Restaurants, vier Pools, Jacuzzis, zwei FlowRider (Surfanlagen), Geschäfte, Theater, Sportanlagen und Fitnessräume, ein baumgesäumter Park und die erste Seilrutsche, die je auf einem Kreuzfahrtschiff installiert wurde.

Die *Allure of the Seas* ist ein Gigant, musste den Größenrekord 2016 aber an die *Harmony of the Seas* abtreten, das dritte Schiff der *Oasis*-Klasse, das angeblich rund 2 m länger ist als die *Allure*.

Literatur

ALLGEMEINES

Alexander, Caroline. *Die Bounty: Die wahre Geschichte der Meuterei auf der Bounty.* Berlin Verlag, 2004.

Ballard, Robert D. *Die Suche nach der Titanic.* Verlag Tessloff, 1988.

Ballard, Robert D. *Das Geheimnis der Lusitania: Eine Schiffskatastrophe verändert die Welt.* Verlag Ullstein Tb, 2000.

Ballard, Robert D. *Die Suche nach dem verlorenen Wrack der ISIS.* Tessloff Verlag, 1990.

Bergreen, Laurence. *Columbus: The Four Voyages 1492–1504.* Penguin, 2013.

Cawthorne, Nigel. *Shipwrecks: Disasters of the Deep Seas.* Arcturus, 2013.

Frame, Chris; Cross, Rachelle. *The Evolution of the Transatlantic Liner.* History Press, 2013.

Giggal, Kenneth (illus. Cornelis de Vriés). *Great Classic Sailing Ships.* Webb & Bower, 1988.

Griffiths, Denis; Lambert, Andrew; Walker, Fred. *Brunel's Ships.* Chatham Publishing, 1999.

Hough, Richard. *Captain James Cook: A Biography.* Coronet, 2003.

Ireland, Bernard. *The Hamlyn History of Ships.* Hamlyn, 1999.

Jefferson, Sam. *Clipper Ships and the Golden Age of Sail: Races and Rivalries on the Nineteenth Century High Seas.* Adlard Coles, 2014.

Kentley, Eric. *Cutty Sark: The Last of the Tea Clippers.* Conway, 2014.

Lavery, Brian. *The Conquest of the Ocean: The Illustrated History of Seafaring.* Dorling Kindersley, 2013.

Lavery, Brian. *Schiffe: 5000 Jahre Seefahrt.* Dorling Kindersley, 2012.

Payne, Lincoln. *The Sea and Civilization: A Maritime History of the World.* Atlantic Books, 2014.

Philbrick, Nathaniel. *Im Herzen der See: Die letzte Fahrt des Walfängers Essex.* Heyne Verlag, 2015.

Rayner, Ranulf. *Die Geschichte des America's Cup: Von 1851 bis heute.* BLV Buchverlag, 2003.

Rediker, Marcus. *The* Amistad *Rebellion: An Atlantic Odyssey of Slavery and Freedom.* Verso, 2013.

FORSCHUNGSREISEN

Alexander, Caroline. *Die Endurance: Shackletons legendäre Expedition in die Antarktis.* Berlin Verlag, 2001.

Ballard, Robert D. *Adventures in Ocean Exploration: From the Discovery of the* ‹Titanic› *to the Search for Noah's Flood.* National Geographic, 2001.

Barrie, David. *Sextant: Die Vermessung der Meere.* Malik National Geographic, 2017.

Fernández-Armesto, Felipe (ed.). *The Times Atlas of World Exploration.* HarperCollins, 1991.

Keay, John (gen. ed.). *The Royal Geographical Society History of World Exploration.* Hamlyn, 1991.

Lincoln, Margarette (ed.). *Science and Exploration in the Pacific: European Voyages to the Southern Oceans in the Eighteenth Century.* Boydell, 2001.

Sobel, Dava. *Längengrad: Die wahre Geschichte eines einsamen Genies, welches das größte wissenschaftliche Problem seiner Zeit löste.* Malik National Geographic, 2013.

U-BOOTE

Bak, Richard. *The CSS* Hunley*: The Greatest Undersea Adventure of the Civil War.* Cooper Square Press, 2003.

Hoyt, Edwin P. *The Voyage of the* Hunley*: The Chronicle of the Pathbreaking Confederate Submarine.* Burford Books, 2002.

Hutchinson, Robert. *Kampf unter Wasser: Unterseeboote von 1776 bis heute.* Motorbuch, 2006.

Polmar, Norman; White, Michael. *Project Azorian: The CIA and the Raising of the* K-129. Naval Institute Press, 2012.

KRIEGSSCHIFFE

Ballard, Robert D. *Die Entdeckung der Bismarck.* Ullstein, 1997.

Ballard, Robert D. *Versenkt im Pazifik: Schiffsfriedhof Guadalcanal.* Ullstein Hc, 1993.

Hore, Peter. *Battleships.* Lorenz, 2014.

Ireland, Bernard. *Jane's Kriegsschiffe des 20. Jahrhunderts.* Bechtermünz, 1996.

Ireland, Bernard; Grove, Eric. *100 Jahre Krieg zur See.* Motorbuch Verlag, 1999.

McGowan, Alan. *HMS* ‹Victory›*: Her Construction, Career and Restoration.* Caxton, 2003.

Nelson, James L. *Reign of Iron: The Story of the First Ironclads, The* Monitor *and the* Merrimack. Harper Perennial, 2005.

Ross, David. *The World's Greatest Battleships: Illustrated History.* Amber Books, 2013.

Rule, Margaret. *‹Mary Rose›: The Excavation and Raising of Henry VIII's Flagship.* Conway Maritime Press, 1983.

Walker, Sally M. *Secrets of a Civil War Submarine: Solving the Mysteries of the* H. L. Hunley. Carolrhoda Books, 2005.

NÜTZLICHE WEBSEITEN

MUSEEN IN DEUTSCHLAND, DER SCHWEIZ UND ÖSTERREICH

Schiffbau- und Schifffahrtsmuseum Rostock
www.schifffahrtsmuseum-rostock.de

Internationales Maritimes Museum Hamburg
www.imm-hamburg.de

Deutsches Museum München
www.deutsches-museum.de

Deutsches Schifffahrtsmuseum, Bremerhaven
www.dsm.museum

Verkehrshaus der Schweiz, Luzern
www.verkehrshaus.ch

Schweizerisches Schifffahrtsmuseum im Basler Rheinhafen
www.verkehrsdrehscheibe.ch

Schifffahrtsmuseum Spitz/Donau
www.schifffahrtsmuseum-spitz.at

Oberösterreichisches Schifffahrtsmuseum
www.schloss-greinburg.at

WEITERE INTERESSANTE WEBSEITEN

Die Reise der HMS *Beagle*. AboutDarwin.com.
www.aboutdarwin.com/voyage/voyage01.html

‹*Calypso*›. Cousteau: Custodians of the Sea Since 1943.
www.cousteau.org/who/calypso

Die Geschichte der *Cutty Sark*. Royal Museums Greenwich.
www.rmg.co.uk/cutty-sark/history

First Fleet Fellowship Victoria Inc.
www.firstfleetfellowship.org.au

Fram-Museum
www.frammuseum.no

Brunels SS *Great Britain*
www.ssgreatbritain.org

Historische Schiffe im Vereinigten Königreich
www.nationalhistoricships.org.uk

Karavellen. Hochseesegler InDepthInfo.com.
www.indepthinfo.com/articles/caravel.htm

Kon-Tiki-Museum
www.kon-tiki.no

Liberty-Schiffe. GlobalSecurity.org.
www.globalsecurity.org/military/systems/ship/liberty-ships.htm

‹*Lusitania*›. PBS: Lost Liners. (Verlorengegangene Ozeandampfer)
www.pbs.org/lostliners/lusitania.html

The Mariners' Museum and Park
www.marinersmuseum.org

Mary Rose-Museum
www.maryrose.org

‹The *Mayflower*›. History.com.
www.history.com/topics/mayflower

Schlachtschiff *Missouri*, Museumsschiff
www.ussmissouri.org

National Maritime Museum Cornwall (Seefahrtsmuseum Cornwall)
www.nmmc.co.uk

National Oceanic and Atmospheric Administration (US-Klimabehörde)
www.oceanexplorer.noaa.gov

USS *Nautilus* («Submarine Force»-Museum)
www.ussnautilus.org

Nydamboot
www.nydam.nu

Ozeandampfer
www.thegreatoceanliners.com

‹*Rainbow Warrior*›. Greenpeace.
www.greenpeace.de/die-greenpeace-flotte

N.S. *Savannah*
www.ns-savannah.org

Schildkrötenschiff
www.navy.memorieshop.com/Korea/index.html

Joshua Slocum Society International
www.joshuaslocumsocietyintl.org

‹Steaming Across the Atlantic›. (Mit Dampffahrt über den Atlantik) ConnecticutHistory.org.
www.connecticuthistory.org/steaming-across-the-atlantic

Die letzte Reise der *Torrey Canyon*. Splash Maritime Training.
www.splashmaritime.com.au/Marops/data/less/Poll/torreycan.htm

‹Trireme›. Ancient History Encyclopedia.
www.ancient.eu/trireme

‹*Turbinia*›. National Historic Ships UK.
www.nationalhistoricships.org.uk/register/138/turbinia

Deutsche U-Boote
www.uboat.net

Vasa Museum Stockholm
www.vasamuseet.se/de

HMS *Warrior*
www.hmswarrior.org

Wikingerschiffmuseum Oslo
www.visitoslo.com/de/produkt/?TLp=181482Woods Hole Oceanographic Institution
www.whoi.edu

World Shipping Council
www.worldshipping.org

‹*Yamato*›. World War II Database. (Datenbank Zweiter Weltkrieg)
ww2db.com/ship_spec.php?ship_id=1

Register

Bildnachweis

Alamy Stock Photo
9: © travelpixs; 30: © Chris Hellier; 33: © The Art Archive; 80 (oben): © World History Archive; 127: © Heritage Image Partnership Ltd; 156: Trinity Mirror/Mirrorpix; 181: © Everett Collection Inc.; 197: © ITAR-TASS Photo Agency

Creative Commons
10 (unten): © Iris Fernandez/Ancient World Image Bank; 12: © MatthiasKabel/SwissChocolateSC; 15 (oben): © Maciej Szczepańczyk; 15 (unten): © Alaniaris; 17 (oben): © Bullenwächter; 19 (unten), 101 (unten): © Geni; 22 (oben): © Sailko; 29: © Vmenkov; 31: © Steve46814; 40 (unten), 41 (unten): © Peter Crossman vom Mary Rose Trust; 41 (oben), 160: © Tony Hisgett; 48: © Mupshot; 50: © Archives New Zealand; 60: © State Library of New South Wales; 62 (unten): © JJ Harrison; 73, 74 (unten), 76 (unten): © Wellcome Trust; 75: © Graeme Bartlett; 84: © Mike Peel; 100 (oben): © Barry Lewis; 100 (unten): © Paul Hermans; 109: © Georges Jansoone; 113: © Dr. Mirko Junge; 125 (oben): © Pat David; 128: © Dan Kasberger; 149: © Nyctopterus; 152: © Maomatic/Shipbucket.com; 162: © Kallgan; 166: © Alexpl; 168 (oben): © Hideyuki KAMON; 170: © René Beauchamp; 171: © Peters, Hans/Anefo; 173: © Olivier Bernard; 195: © Christopher Michel; 196: © Acroterion; 200: © Brocken Inaglory; 203: © Bill Larkins; 211: © TedQuackenbush; 214: © DaMongMan; 215: © Jonathan Palombo; 216: © Martin Nikolaj Christensen; 217 (unten): © Rennett Stowe

Getty
21: © De Agostini Picture Library; 22 (unten): © Annie Griffiths Belt; 25, 107: © De Agostini Picture Library; 39: © Epics; 63: © Topical Press Agency/Springer; Umschlagvorderseite, 70 (oben), 83, 87 (oben): © Science & Society Picture Library; 71: © Universal History Archive; 79: © Hartford Courant; 122, 153: © ullstein bild; 139: © David Paul Morris/Stringer; 143: © Print Collector; 150: © Fox Photos/Stringer; 169, 183 (oben): © Time Life Pictures; 172: © ABC Photo Archives; 191: © Tom Stoddart Archive; 192: © AFP/Stringer; 198: © Popperfoto; 208 (oben): © Emory Kristof und Alvin Chandler

Shutterstock
3: © Sergey Kohl; 7, 47: © Joseph Sohm; 8: © hecke61; 28: © SIHASAKPRACHUM; Umschlagrückseite (oben), 45, 68, 136, 137, 164 (oben), 164 (unten): © Everett Historical; 59 (oben): © David Muscroft; 59 (unten): © Margaret Smeaton; 93: © Christopher Halloran; 131: © Sergey Kohl; 158, 159 (oben): © McCarthy's PhotoWorks; 180 (oben): © Anton_Ivanov; 180 (unten): © Pixeljoy; 184: © egd; 185: © hxdyl; 187: © Dlabajdesign; 193: © ChameleonsEye; 194: © svic | Shutterstock

Diverse
10 (oben): © Dorling Kindersley | Thinkstock
151: © André Wilquin | Mary Evans Picture Library
212: © Claus Lunau | Science Photo Library

Kartenillustrationen von Lindsey Johns.

Alle anderen Abbildungen sind gemeinfrei (Public Domain).

Anmerkung zur Tonnage

Im Laufe der Jahrhunderte wurden Größe und Gewicht von Schiffen in den verschiedensten Einheiten gemessen. Manche «Tonnage»-Zahlen beziehen sich gar nicht auf das Gewicht, sondern sind ein Maß für die Ladekapazität eines Schiffes. Dies reicht zurück ins 14. Jahrhundert, als Schiffe zuerst nach ihrer Ladekapazität besteuert wurden. Bis ins 19. Jahrhundert wurde die Kapazität eines Schiffes oft in so und so viel Tonnen Last oder Tragfähigkeit angegeben. Von den vielen weiteren Größen der Schiffsvermessung gehören die folgenden zu den gebräuchlichsten:
Wasserverdrängung oder Verdrängung bezieht sich auf das Gewicht des Wassers, das ein schwimmendes Schiff verdrängt. Es entspricht dem Gewicht des Schiffes.

Die Bruttoregistertonne (BRT), eingeführt Mitte des 19. Jahrhunderts, ist eine Vermessungseinheit für das gesamte Innenvolumen eines Schiffs. Eine Registertonne entspricht dem Volumen von 100 englischen Kubikfuß (ca. 2,83 m³). Berechnet wird die Bruttoregistertonne, indem man das Schiffsvolumen in Kubikfuß durch 100 teilt.

Die Bruttoraumzahl (BRZ) ersetzt gemäß einer internationalen Vereinbarung von 1969 die Bruttoregistertonne. Diese Zahl berechnet sich anhand einer mathematischen Formel auf Grundlage des Schiffsvolumens in Kubikmetern.